# YOUR MONEY AND YOUR BRAIN

## How the New Science of Neuroeconomics Can Help Make You Rich

# 投資進化論

## 揭開“投腦”不理性的真相

（原大腦煉金術）

傑森・茲威格
Jason Zweig

劉道捷──譯

*For my wife, who did real work with love and grace*

Contents

認識人類賺錢的源頭

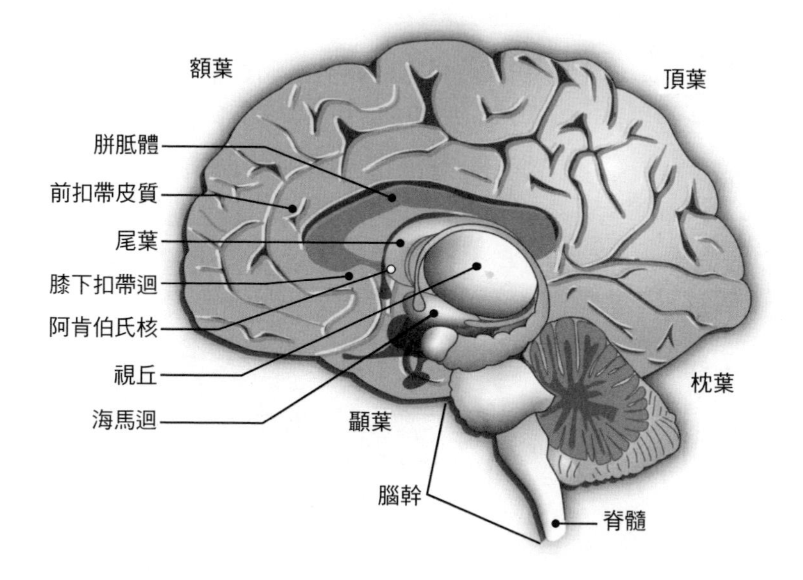

為何頭腦總促使我們做不理性的投資？

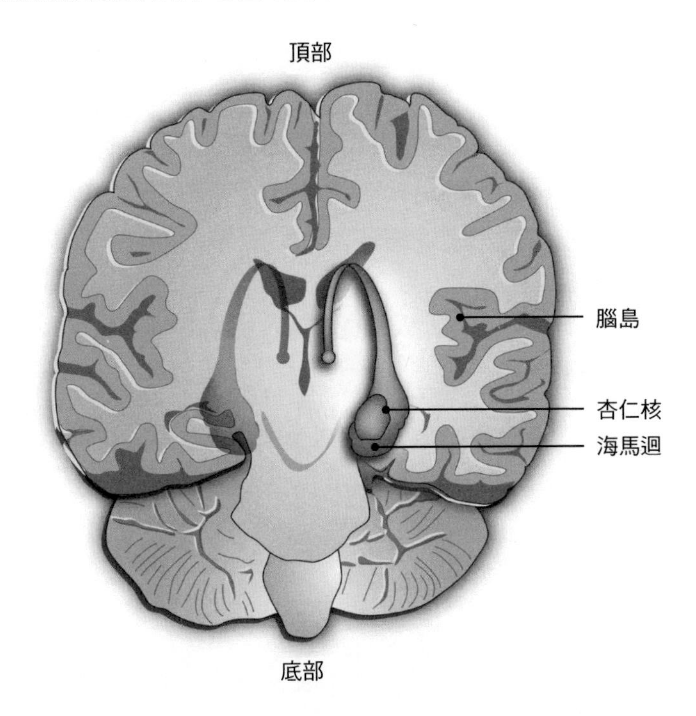

人腦的進化速度快，還是投資理論的演變快？

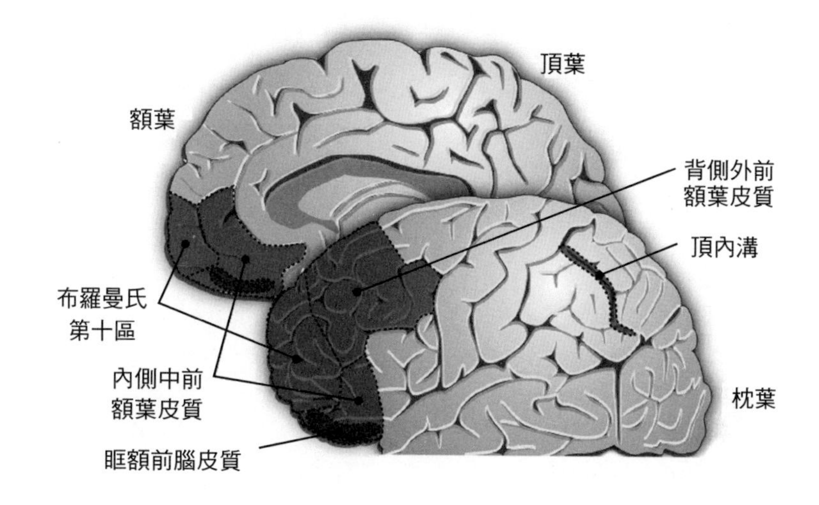

Chapter 1

# 神經經濟學

頭腦是我們想像自己用來思想的器官。

——安布洛斯·畢爾斯（Ambrose Bierce）

「我怎麼可能這麼笨？」要是你從來沒有這樣氣急敗壞的自怨自艾，你就不是投資人。

人類所有行為中，可能沒有一種行為像投資這樣，讓這麼多聰明人覺得自己這麼笨。這就是為什麼我下定決心，要用投資人可以了解的說法，說明你做和金錢有關的決定時，腦海裡到底在玩什麼花樣的原因。想善盡利用任何工具或機器，稍微了解東西怎麼運作，至少會有幫助；除非你能夠善盡利用你的頭腦，否則你絕不可能儘量增加自己的財富。

幸好過去幾年裡，科學家對人腦評估報酬、風險和計算機率的方式，找到驚人的發現。我們現在可以利用神奇的造影科技，觀察你投資時頭腦裡的神經迴路到底怎麼開開關關。

我從 1987 年開始擔任財經記者，我所了解跟投資有關的東西當中，還沒有什麼東西，像「神經經濟學」驚人的研究成果這樣，讓我這麼興奮。

我們靠著這種結合神經科學、經濟學和心理學的新創領域，不但可以從理論上或實務上，也可以從生物基本功能上，了解投資行為背後的驅動力量，這些基本睿智的靈光可以讓你對自己的投資行為，了解到空前未有的地步。

我在這次增進財務自知之明的終極追求中，會帶你進入世界頂尖神經經濟學家主持的實驗室，因為我讓這些專家一再研究我的頭腦（他們一致認定我的頭腦很簡單，就是亂成一團），我要根據自己的第一手經驗，描述他們有趣的實驗。

神經經濟學最新的發現顯示，我們所知道的大部分投資知識都不對。理論上，我們愈深入研究自己的投資、愈努力了解投資，我們賺的錢會愈多。經濟學家長久以來，一直堅稱投資人知道自己的需要，了解風險與報酬之間的交換，而且會合理的利用資訊，努力達成目標。

然而，實際上，這些假設經常錯得離譜，看看下表，看你比較像哪一邊的人。

| 理論上 | 實際上 |
| --- | --- |
| 你有清楚一貫的財務目標。 | 你不知道自己的目標是什麼，從你上次自認為知道目標到現在，目標已經改變了。 |
| 你小心計算成功與失敗的機率。 | 你堂兄弟推薦的股票「穩賺不賠」——等到股價跌到一文不值時，你們兩個才深感震驚。 |
| 你十分清楚自己能夠安然的承受多少風險。 | 市場上漲時，你說自己承受風險的能力很高，行情下跌時，你很快地就變成沒有承受能力。 |
| 你有效處理所有既有資訊，希望儘量增加自己未來的財富。 | 你擁有安隆（Enron Corp.）和世界通訊（WorldCom）的股票，但是你從來沒有細讀過他們財務報表中的細小文字，錯過了問題即將爆發的先兆。 |
| 你愈精明，賺的錢愈多。 | 1720 年，牛頓爵士在股市崩盤中虧的一乾二淨，卻開闢了一條理財失敗的小路，吸引很多天才不斷地走上去。 |
| 你愈密切注意自己的投資，賺的錢愈多。 | 凡是不斷追蹤自己的持股有什麼消息的人，賺到的報酬率不如幾乎完全不注意的人。 |
| 你愈努力研究投資，賺的錢愈多。 | 「專業」投資人的績效大致都不會勝過「業餘玩家」。 |

你並不孤獨，就像節食者遊走在普立提金（Pritikin）、艾特金斯（Atkins）和邁阿密南海灘（South Beach）等節食法之間，最後體重卻至少跟開始節食時一樣，投資人一向是自己最可怕的敵人，即使投資人比較清楚這種事，結果也一樣。

- 人人都知道，應該低買高賣，但是大家卻經常高買低賣。
- 人人都知道，幾乎不可能打敗大盤，但是幾乎每個人都認為自己可以打敗大盤。
- 人人都知道，恐慌時賣出很不好，但是如果一家公司宣布每股盈餘為 23 美分，而不是 24 美分，總市值卻可能在一分半內，跌掉 50 億美元。
- 人人都知道，華爾街的策略師不能預測市場走勢，投資人還是聽信理財大師在電視上說的每一個字。
- 人人都知道，追逐熱門股或熱門基金一定會受傷，每年卻有千百萬投資人飛蛾撲火，很多人只不過一、兩年前，才發誓絕對不再受傷。

本書的主題之一是我們投資時，頭腦經常促使我們做一些在邏輯上沒有道理、在情感上卻很有道理的事情。這樣不會使我們變得不理性，反而會讓我們更有人性。我們頭腦原來就設計成會努力爭取更多東西，提高我們的生存機率、避免降低生存機率。我們頭腦深處有一些情感迴路，促使我們憑著直覺，喜歡我們認為可能有報酬的東西，避開似乎有風險的東西。

你的頭腦裡只有薄薄一層相當現代的分析迴路，可以對抗細胞發展千百萬年後造成的這種衝動，這種迴路經常不敵頭腦中最古老部分的強大情感力量，這就是知道正確答案和做出正確行為大不相同的原因。

- 一位住在北卡羅萊納州格林斯博羅（Greensboro），我稱之為愛德的房地產業主管，一次又一次的孤注一擲，投資在高科技和生物科技公司上。上次計算時，愛德投資的這種股票至少有四檔虧損90%以上。他回憶說，虧掉一半的錢後，「我發誓如果股價再跌10%，我一定會賣掉，結果股價繼續下跌，我不斷降低賣出的價位，而不是出脫股票。我覺得，唯一比帳面上虧這麼多錢還糟糕的事情，是賣掉股票、實現虧損。」他的會計師提醒他，如果他賣掉股票，他可以提列虧損，減少所得稅負擔，但愛德還是賣不下手。他難過地問：「如果股票從現在開始上漲，我怎麼辦？這樣我會覺得自己兩次都很愚蠢，一次是買股票的時候，一次是賣股票的時候。」
- 1950年代，蘭德公司（RAND Corp.）一位年輕研究人員考慮自己應該把多少退休金，配置在股票和債券上。他是線性規劃專家，知道「我應該計算不同資產類別的歷史共變數，劃出效率前緣，但是我卻想到如果股市直線上漲，我沒有投入股市，或是股市大幅下跌，我的資金卻全部投入股市，我會有多麼難過。我希望儘量減少未來的難過，因此我把提撥的投資金額分成兩半，分別投資在債券和股票上。」這位研究人員叫做哈利．馬克維茲（Harry M. Markowitz），很多年前，他寫了一篇叫做「投資組合選擇」的文章，發表在《財務學報》（Journal of Finance）上，正確說明怎麼計算風險和投資之間的交換。1990 年，馬克維茲因為在這方面的數學突破，和別人合得諾貝爾經濟學獎，但他卻無法把這種突破用在自己的投資組合上。

- 退伍軍官傑克．赫斯特（Jack Hurst）和太太住在亞特蘭大附近，他們似乎是很保守的投資人，沒有信用卡債，所有資金幾乎都投資在固定配息的績優股上。但是赫斯特也有所謂的「操作」帳戶，裡面有少許資金，專門從事大膽的賭博。押注幾檔機會不大的股票，是他所說追求「樂透美夢」的方法，這種美夢對他很重要，因為他得了肌萎縮性側索硬化症（amyotrophic lateral sclerosis, ALS，也叫漸凍人症候群）；他從 1989 年起就完全癱瘓，他想投資，只能靠著操作附有特殊開關、能夠研判他臉部肌肉電流信號的手提電腦。2004 年時，他的「樂透彩」選股中有一檔是天狼星衛星電台（Sirius Satellite Radio），這是美國波動最激烈的股票之一。他的夢想是買一部四肢麻痹患者專用的定製溫尼巴哥（Winnebago）露營車，資助一所「漸凍人之家」，讓病人和家屬得到特別的照護，他同時是保守和積極的投資人。

簡單的說，我們投資時，頭腦根本不像自己想像的那麼持續一貫、那麼有效率、有條理，連諾貝爾經濟學獎得主都不能照自己的經濟理論去做。你投資時，不管你是管理數十億美元的專業基金經理人，還是只有 6 萬美元退休帳戶的一般人，你都會結合冷靜的機率計算和直覺反應，面對獲利的興奮和虧損的痛苦。

我們兩眼之間三磅重的組織裡，聚集了一千億個神經元，這些神經元可能在你想到金錢時，產生情感風暴。你投資時，頭腦不只是負責加加減減、乘乘除除、負責估計和評估而已，你賺錢、虧損或拿錢去冒險時，會激發人類可能有的最強烈情感。普林斯頓大學心理學家丹尼爾·卡尼曼（Daniel Kahneman）說：「財務決定不見得只跟金錢有關，也跟避免後悔或創造光榮之類的無形動機有關。」

你做投資決定時，必須以過去的資料、目前對風險的直覺、以及將來會得到的報酬為基礎，你的心裡會因此充滿希望、貪婪、高傲、驚訝、恐懼、恐慌、後悔和快樂之類的感覺。這就是為什麼我編排本書章節時，以一般人投資時經歷的一系列激烈情感起伏為依據的原因。

以日常生活的大部分目標來說，你的頭腦是運作十分完美的機器，能夠在片刻之間，引導你逃脫危險，同時很可靠地指引你追求食物、住所和愛情之類的基本報酬。但是面對金融市場每天挑戰性高出非常多的抉擇時，同樣具有直覺又聰明的頭腦，卻可能引導你走入歧途。你做跟金錢有關的決定時，頭腦會發揮所有既雜亂又神奇的複雜功能，處在最好和最壞的狀況中，也就是處在最深層的人性狀態中。

實際情形並不等於你想做出高明財務決定時，情感是你的敵人，理智卻是你的朋友。頭部受傷、不能運用腦海中情感迴路的人，可能變成非常糟糕的投資人。就你的投資組合來說，沒有感情的純理性和不受理智節制的純感性，可能同樣不好。神經經濟學顯示，你控制感情而不是扼殺感情時，可以得到最好的成果。本書要幫忙你在感情與理智之間，找到適當的平衡。

最重要的是，本書應該比你過去所掌控過的所有東西，更能幫助你了解自己的投資自我。你可能認為，你已經知道自己是哪一種投資人，但是你很可能錯了。

投資作家「亞當・斯密」（Adam Smith）在經典傑作《金錢遊戲》（Money Game）中說過：「如果你不知道自己是什麼樣的人，想在華爾街上找到答案，要付出高昂的代價。」（1999年買進網路股的人知道代價到底多高昂，當時他們買進網路股時，自以為能夠忍受很高的風險，隨後的三年裡，卻虧損了95%。）這麼多年來，我逐漸認為投資人只有三種：一種人認為自己是天才，一種人認為自己是白癡，第三種人不知道自己是什麼樣的人。一般而言，只有第三種人才是唯一正確的人。如果你認為自己是理財天才，你幾乎可以確定自己一定比想像中笨──你需要用鏈子把頭腦鏈起來，這樣才能控制希望打敗每一個人的徒勞做法。如果你認為自己是理財白癡，你很可能比自己想像的精明──你需要訓練自己的頭腦，以便了解成為成功投資人之道。

比較了解自己是什麼樣的投資人可以讓你發財，或是讓你省下一筆錢財，學習神經經濟學提供的基本教訓這麼重要，原因就在這裡：

- 錢財的得失不只是財務或心理上的結果而已，也是生物上的變化，對頭腦和身體有深刻的實質影響；
- 比較投資賺錢和吸食白粉或嗎啡而「超嗨」的人，會發現兩者的神經活動沒有差別；
- 刺激重複兩次後──例如一檔股價連續兩天各上漲一美分後──人腦會自動、下意識、而且無法控制地預期漲勢會重複第三次；
- 一旦大家認定投資報酬「可以預測」，這種明顯的型態遭到破壞時，大家的腦部會發出警報；
- 腦部處理財務虧損的區域和應付致命危險的區域相同；
- 預期獲利和實際獲利，在腦海中完全用不同的方式表達，這點有助於說明為什麼「金錢買不到快樂」；
- 對好事和壞事的「期望」經常比實際「體驗」還強烈。

我們都知道，除非你真正了解問題的原因，否則很難解決問題。多年來，很多投資人告訴我，他們最大的困擾是無法從錯誤中學習。他們像旋轉輪中的小老鼠一樣，追逐理財美夢的速度愈快，一無所成的速度愈快。

神經經濟學的最新發現提供你真正的機會，讓你可以跳出令人煩惱的旋轉輪，在理財方面變得心平氣和。本書讓你比以前更了解投資時的腦部活動狀況，應該可以幫助你：

- 訂出務實又可以達成的目標。
- 賺到比較高的報酬率，同時提高安全程度。
- 成為比較鎮定、比較有耐心的投資人。
- 利用新聞、過濾市場上的雜音。
- 衡量自己能力的局限。
- 儘量降低錯誤的次數和嚴重性。
- 犯錯時不再自怨自艾。
- 控制你能控制的東西，放棄其他的一切。

我為寫這本書進行研究時，一再發現有極多的證據，證明大部分人不了解自己的行為。有很多書的主題是「你所知道的所有投資知識幾乎都是錯的」，卻沒有什麼書告訴你：**你對自己的所有了解都是錯的，進而讓你變成更高明的投資人**。

總之，本書探討人的神奇力量和令人難堪的弱點，討論投資時頭腦內部的運作，也討論人之所以為人的道理。不管你認為你對投資有多了解，你總是可以在理財的最後一個領域，也就是在自我方面，學到更多。

Chapter 2

# 思考與感覺

判定理智如何克制情感、判定理智有什麼力有未逮的地方前，我們首先必須知道天性的力量與弱點。

——班尼迪克·史賓諾沙（Benedict de Spinoza）

## 腸胃科醫師的本能反應

不久以前，紐約市腸胃科醫師克拉克·哈里斯（Clark Nelson Harris）買了CNH全球公司（CNH Global N.V.）的股票，這家公司生產農業機械與建築設備。朋友問他，為什麼以為這檔股票會上漲，平常買進股票前都會自行研究的哈里斯醫師承認，他對這家公司幾乎一無所知（公司設在荷蘭）。他住在城市裡，對拖拉機、打包機、推土機或鋤耕機也一無所知，但他就是喜歡這檔股票。哈里斯醫師解釋說，他的中名叫尼爾遜，因此這家公司的股票代碼CNH跟他的名字縮寫完全相同。他很高興地承認，這就是他買這檔股票的原因。朋友問他是否有其他原因，哈里斯醫師回答說：「我只是對這檔股票有好感，如此而已。」

不是只有腸胃科醫師做理財決定時，才靠本能反應。1999年，電腦知識公司（Computer Literacy Inc.）的股價一天暴漲33%，完全是因為公司把名字改成比較流行的豐腦公司（fatbrain.com）。1998到1999年間，有一種類股的表現超過所有科技股，超漲的幅度高達63%之多，完全是因為這些公司把公司名字加上.com、.net或Internet（網際網路）。

波士頓塞爾提克籃球隊（Boston Celtics）公開上市期間，股價對於和業務有關的重要因素、例如興建新體育館之類的消息，幾乎毫無反應，卻隨著球隊前一天晚上籃球比賽贏球或輸球，而大漲大跌。至少在短期內，塞爾提克的股價不是由營收或純益之類的基本面因素決定，而是由球迷關心的事情，例如昨天晚上的得分決定。

其他投資人依賴本能反應的程度，甚至比哈里斯醫師或是塞爾提克隊球迷還嚴重。2002年下半年，有一位交易者上網說明自己為什麼買脆奶甜甜圈公司（Krispy Kreme Doughnuts Inc.）時說：「不可思議的是，我的老闆以每個甜甜圈六美元的價格，買了30打甜甜圈，請整個辦公室的人吃……嗯，太好吃了，不必用咖啡來破壞美味，今天加碼買進這檔股票。」另一位上脆奶甜甜圈股票佈告板的人說：「因為他們的甜甜圈太好吃了，這檔股票會飛躍上漲。」

上述判斷第一個共通的地方是全都由直覺驅動。買這些股票的人沒有分析基本面的業務；而是憑著感覺、激動和靈感買進。這些判斷第二個共通的地方是全都不對，哈里斯醫師買進 CNH 股票後，這家公司的表現一直不如大盤，豐腦公司已經不是獨立公司，很多「達康公司」在 1999 到 2002 年間，股價跌幅超過 90%，塞爾提克隊股價在季後賽的報酬率高於球季期間，脆奶甜甜圈還是一樣好吃，股價卻大約下跌了四分之三。

不是只有天真的散戶才用這種方式思考：針對 250 多位財務分析師所做的訪調發現，超過 91%的人認為，評估投資項目時，最重要的工作是把事實編織成有力的「題材」。基金經理人經常談到一檔股票給人的「感覺對不對」，專業交易者每天經常根據「本能告訴我的事情」、搬動幾十億美元，世界最著名的避險基金經理人喬治．索羅斯（George Soros）據說在背痛發作時，考慮拋售持股。

瑪爾肯．葛拉威爾（Malcolm Gladwell）在大作《決斷兩秒間》（Blink）中聲稱，「快速做出的決定和慎重小心做出的決定一樣好。」葛拉威爾是高明的作家，但是談到投資時，他的說法危險之至。直覺可能產生快速、精確的完美判斷，但是只有在適當的情況下，在達成良好決定的規則簡單而穩定的情況下，才會這樣。不幸的是，投資決定根本不簡單，「至少在短期內」，成功的關鍵可能很不穩定。債券表現優異一段時間後，你一買進，報酬率就變得很差；你的新興市場股票基金虧損了很多年，就在你贖回後，價值翻揚一倍。在金融市場這種瘋人院裡，唯一適用的規則是莫非定律（Murphy's Law），但是連這個定律都有一點邪氣：**可能出錯的事情一定會出錯，但是只有在你最料想不到的時候出錯。**

葛拉威爾的確承認直覺經常可能誤導我們，卻沒有強調我們對自己直覺的直覺也可能造成誤導。股市很多反諷當中，最讓人痛苦的諷刺是：**你直覺認為自己很正確，就是顯示你投資錯誤最明確的信號。你愈相信自己會賺大錢的直覺，通常虧掉的錢愈多。**

在這種規則主導的遊戲中，如果你只是「迅速決斷」，你的投資結果會很慘。在投資遊戲中，直覺的確扮演一定的角色，但是直覺應該扮演附屬的角色，而不是主導的角色。還好你可以更善用自己的直覺，不必只靠直覺投資。要做最好的理財決定，要靠頭腦的兩大力量：直覺和分析、也就是感覺和思考。本章要告訴你怎麼最善盡利用這兩大力量。

## 人有兩個腦

急智問題：如果約翰·甘迺迪（John F. Kennedy）沒有遭到暗殺，現在應該幾歲？

現在決定你要不要重新考慮你的答案。如果你像一般人一樣，一開始，你自然會猜甘迺迪應該有 76 或 77 歲了。你再考慮一下，很可能會另外加個十歲（正確答案是：甘迺迪 1917 年

5 月 29 日出生，你自己算吧。）不只是一般人的第一個答案不對，2004 年時，我拿這個小小的急智問題，問世界上一位頂尖的決策專家，他最先的猜測是甘迺迪應該有 75 歲；我請他再考慮一下後，他把答案改為 86 歲。

為什麼我們一開始會答錯，然後這麼隨便地改變答案？你一開始碰到這個問題時，直覺立刻召喚強而有力的鮮活記憶，記得甘迺迪是生氣勃勃又年輕的領袖，然後你把這位年輕總統的年齡往上加，卻加地不夠，原因或許是你拿他跟詹森或雷根等年紀比較大的總統比較，認為甘迺迪似乎比實際年齡還年輕。甘迺迪的娃娃臉極為鮮活地印在你的記憶中，甚至壓倒了你應該考慮的其他資料，例如他死後已經過了多少年。

心理學家把這種程序叫做「定錨與調整」，這種程序幫忙我們非常順利地過日子，一旦有人促請你重新考慮，你頭腦中負責分析的部分很可能會重新體認，略微修改你的直覺錯誤：「我們算一算，我猜甘迺迪遇刺時應該是四十五、六歲，他大概是在 1963 年遇刺的，因此，如果他今天還活著，大概有 90 歲了。」

但是你的直覺並非總是讓你的理性有機會重新思考。1970 年代初期，耶路撒冷希伯來大學心理學家阿莫斯・特佛斯基（Amos Tversky）和卡尼曼請受測者，旋轉上面有 0 到 100 數字的幸運輪，然後請受測者估計聯合國會員國中，非洲國家的比率高於或低於他們剛剛轉出來的數字。幸運輪轉出來的數字會有很大的影響，雖然這種顯然隨機又完全無關的數字應該對受測者毫無影響，但是一般說來，轉出 10 的受測者猜聯合國會員國中，非洲國家所占的比率只有 25%，轉出 65 的人猜非洲國家占 45%。

你可以用下面這個簡單的練習，測試自己的定錨傾向。拿你電話號碼的最後三個字加上 400（例如，如果你的電話號碼尾數是 237，加上 400，會變成 637。）現在回答下面兩個問題：匈奴王阿提拉（Attila）是在這一年之前、還是之後在歐洲戰敗？你認為阿提拉戰敗正確的年份是哪一年？

雖然電話號碼跟歐洲人和中世紀蠻族的戰爭無關，針對幾百個人所做的實驗卻顯示，平均猜測的年度會隨著定錨數字而上升：

| 電話號碼加 **400** 的答案介於： | 阿提拉戰敗年份的平均猜測值： |
|---|---|
| 400 至 599 | 西元 629 年 |
| 600 至 799 | 西元 680 年 |
| 800 至 999 | 西元 789 年 |
| 1,000 至 1,199 | 西元 885 年 |
| 1,200 至 1,399 | 西元 985 年 |

正確答案是西元 451 年。

你的直覺一抓住某個數字——任何數字——數字就會跟你粘

在一起，就好像數字外表塗了一層膠水一樣。這就是為什麼房地產經紀人通常會先讓你看市場上最貴的房子，這樣相形之下，別的房子看來都會很便宜——這也是為什麼共同基金公司幾乎總是以每股 10 元的價格，推出新基金，用開始時的「廉價」，吸引新投資人。在財務世界裡，處處都可以看到定錨，除非你知道為什麼定錨這麼有力，否則你不可能全面對抗定錨。

下面是另一個實驗，可以顯示直覺和分析性思考之間的拔河：

一支糖果棒和一片口香糖合計賣 1.1 美元，糖果棒的價格比口香糖貴 1 美元。急智問題：口香糖賣多少錢？

現在考慮 30 秒左右，決定你要不要改變答案。

幾乎每個人一開始都說，口香糖賣 10 美分，大部分人都不會注意到答案錯誤，除非明白要求他們再考慮一下。你稍微想一想，很可能就知道自己算錯了：如果口香糖賣 10 美分，糖果棒的價格比口香糖多 1 美元，那麼糖果棒就是賣 1.1 美元，但是 1.1 美元 +10 美分 =1.2 美元，答案絕不可能對。你稍微想一想，就會得到正確答案：口香糖賣 5 美分，糖果棒賣 1.05 美元。

除非你頭腦中負責分析的部分知道自己的直覺可能犯錯，否則你不可能正確解答這種問題。我借用洛杉磯加州大學心理學家馬修・李伯曼（Matthew Lieberman）所用的名詞，把你投資時頭腦的兩部分叫做反射（直覺）系統和反射（分析性）系統。

大部分理財決定是這兩種思考方法之間的拔河。看看圖2.1，就可以知道分析要打敗直覺多麼難，即使你已經證明自己的認知會騙你，還是很難克服這種幻覺。你知道你所看到的東西一定不對，但是你仍然覺得對。誠如卡尼曼說的一樣，「你必須知道正確的認知需要用尺來量。」

圖 2.1 哪一條線比較長？

在著名的慕勒萊爾錯覺（Mueller-Lyer Illusion）中，上方的線看起來比下方的線短，事實上，兩條線一樣長，你用尺量一量，就可以證明這一點。但是你的直覺太有力了，總是不斷地告訴你下面這條線比較長，雖然你的分析性頭腦證明這樣不對。

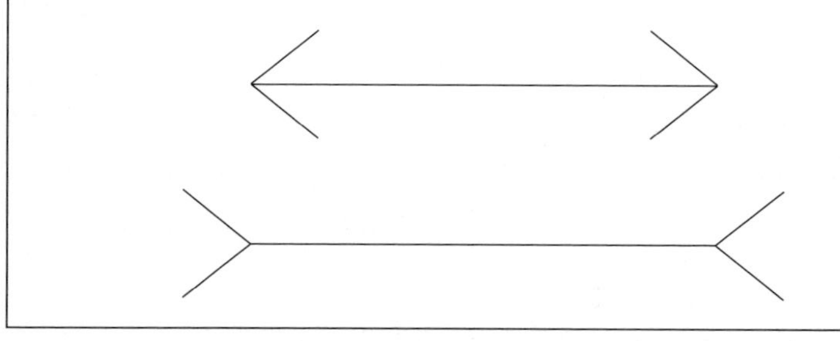

然而，說你的反射性頭腦極為有力卻很愚笨、你的反射性頭腦無力卻很精明，卻根本不對。事實上，每一個系統都善於做一些事情，不善於做另一些事情。我們先了解兩個系統怎麼運作，看看你有什麼方法，可以促使兩個系統在投資上更能幫忙你。

## 反射性頭腦

一般認為，感性的想法在「右腦」發生，理性的推理在「左腦」發生，這種想法不完全錯誤。但是實際情況比較複雜，兩種思考大致上是在不同的區域進行，但是左是右不會比是上是下還要近。

反射系統主要位於大腦皮質下方，大部分人認為，這裡是腦部負責「思考」的地方。雖然大腦皮質也是情感系統重要的一環，大部分反射性程序發生在大腦皮質下方的基底核和邊緣系統。基底核是位在頭腦中心有很多結締組織（也叫「紋狀體」，因為基底核外表有很多條紋。）基底核在辨認和尋找我們認為算是報酬的幾乎所有東西上，如食物、飲水、社會地位、性和金錢方面，扮演核心的角色，也在皮質之間扮演某種中繼站的角色，皮質是組織複雜思想的地方，邊緣系統是最先處理外界很多刺激的地方。

所有哺乳動物都有邊緣系統，我們的邊緣系統運作情形和其他哺乳動物很類似——好比心裡的燃點。如果我們要生存下去，我們需要儘快追求報酬、避免風險。邊緣結構如杏仁核和視丘，負責捕捉影像、聲音與氣味之類的感覺因素，然後以電光石火的速度，把這些因素放在從壞到好的基本量尺上，予以評估，這些評估再進而轉變成恐懼或喜悅之類的情感，激勵你的身體採取行動。

反射系統運作的速度非常快，以至於你腦部的意識部分還不知道有什麼事情需要反應前，就已經反應完畢（想想看你在公路上，有多少次還沒有看出危險，就轉動方向盤，避開危險。）你頭腦的這些部分可以在不到十分之一秒內，發出警告。

洛杉磯加州大學的李伯曼說，反射系統（有些研究人員稱之為系統一）是「最先努力做出大部分判斷和決定的地方」。我們依靠直覺，初步了解我們周遭的世界，只有在什麼東西讓直覺想不通時，我們才利用自己的分析系統。就像卡尼曼所說，「我們大致上是靠著系統一的軟體運作。」

事實上，反射性腦部不是完整的單一系統，而是由一大堆亂成一團的結構和程序構成，負責用不同的方法，解決不同的問題，包括驚恐反射、型態辨識、風險或報酬的認知，以及判斷我們碰到的人性格如何。然而，這些程序有一個共同的地方，就是通常都在意識層的下方快速、自動運作。

這樣我們就可以在大部分的時間裡，忽視周遭發生的大部分事情，除非這些事情升高，到了需要我們避免或追求的風險或報酬水準。加拿大安大略省漢彌爾頓麥瑪斯特大學（McMaster University）行為生態學家魯文．杜卡斯（Reuven Dukas）曾經指出，必須同時注意一個以上的刺激，會大大減少鳥類和魚類能夠辨認和捕捉的食物數量。人類沒有不同，「能者多勞」是生活中的事實，我們對每項新任務能夠投入的注意力，也會因此下降，把精神從一件事情轉移到另一件事情上，會引起杜卡斯所說的「效能降低期間」。你轉移注意力時，頭腦會像自行車騎士暫停踩踏板，然後必須恢復全速一樣。杜卡斯說的好，人的設計是要「把注意力集中在可能最重要的刺激上。」

我們的頭腦畢竟不可能注意周遭發生的每件事情。你休息時，你的頭腦——大約占一般人體重的 2%——要把你吸進去的氧氣和燃燒的熱量消耗掉 20%。因為你的頭腦以極高的「固定成本」運作，你必須忽略身邊發生的大部分事情。這些事情絕大部分都不重要，如果你必須對每件事情持續不斷地付出同樣的注意力，你的頭腦在短期內，就會因為資訊超載燒掉。洛杉磯加州大學的李伯曼說：「思考會讓你筋疲力盡，因此除非有必要，反映性系統通常不希望什麼事情都做。」

因此，我們的直覺負責擔任經驗的第一個過濾器，負責在瞬間進行篩檢程序，讓我們能夠保留重要的智能，應付可能最重要的事情。因為反射系統極為善於辨識類似的地方，看到不同時，會立刻發出警訊。例如你在路上開車時，每一秒鐘裡，都有幾百個刺激從你意識下方注意力雷達中滑過去，包括房子、樹木、店面、出口標誌、招牌、里程標誌、頭上的飛機、來車的廠牌、顏色和牌照、路燈電線桿上棲息的鳥類、汽車音響系統中發出的大部分音樂，甚至你小孩在後座做的大部分事情。每件事情都以同樣模糊的方式順利閃過去，因為一切都是熟悉型態的一部分，你可以輕鬆愉快地應付過去。

但是一旦出現突發的事情，例如前面的卡車爆胎，行人跨越馬路，或招牌指出你最喜歡的商店舉行大拍賣，你的反射系統會從背景中，捕捉這些事情，讓你踩下煞車。你的反射系統瀏覽環境中大致相同的東西，因此你可以集中注意力，注意意外、新奇、發覺突然改變或大幅改變得東西。你可能認為你做出了「有意識的決定」，但是你經常是受到促使人類遠祖規避風險、追求報酬的相同基本衝動策動。就像神經科學家安恩．歐曼（Arne Ohman）說的一樣，進化把我們的情感設計成「使我們希望做遠祖必須做的事情。」

投資人為什麼要關心這種事？奧勒岡大學心理學家保羅．史洛維奇（Paul Slovic）解釋說：「反射系統很複雜，幾百萬年來，都對人類很有用，但是在現代世界裡，生活充滿了遠比立即威脅複雜很多的問題，反射系統並不適當，可能讓我們陷入麻煩。」你的反射系統極為注意變化，以至於讓你很難注意不變得東西。如果道瓊 30 種工業股價指數（Dow Jones Industrial Index）從 12,683.89 點，跌到 12,578.03 點，新聞播報員會大叫：「道瓊指數今天大跌 106 點！」你的反射系統會對這種規模的變化產生反應，忽略了指數的計算基礎。因此下跌 106 點感覺上好像大跌，會使你的脈搏加速，掌心流汗，甚至把你嚇得退場。你的情感排擠了指數水準改變不到 1%的事實。

同樣地，你的反射系統會促使你更注意像火箭一樣上漲、或是像石頭一樣下跌的個股，比較不注意重要多了卻比較不明顯的整個投資組合價值的變化。你總是會受到誘惑，想投資去年上漲「123%」的共同基金，這個火紅的數字吸引了你的注意力，使你不注意這檔基金比較長期的平凡表現（難怪基金廣告用超大的字，刊出「123%」，卻用超小的字，刊出長期績效數字。）

加州理工學院（California Institute of Technology）經濟學家柯林・康梅樂（Colin Camerer）總結反射系統時說：「反射系統有點像狗警衛，會做出迅速卻有點差勁的決定，總是會攻擊小偷，有時候卻也可能攻擊郵差。」這就是為什麼「快速決定」思考可能害投資人碰到問題的原因。

## 反映性頭腦

但是你從事投資時，頭腦不只是有直覺和情感而已，還有一種重要的平衡力量，就是反映性系統。這種功能大致上在前額葉皮質裡發生，前額葉皮質位在你的額頭後方，是額葉的一部分，額葉像腰果一樣彎曲，包圍著頭腦的核心。美國國家衛生研究院（National Institutes of Health）神經科學家喬登・葛拉夫曼（Jordan Grafman）把前額葉皮質叫做「頭腦的執行長」。神經元在前額葉皮質裡，跟頭腦的其他部分形成錯綜複雜的關係，根據片段資訊，得出一般的結論，把你過去的經驗整理成可以辨識的類別，就你身邊變化的原因形成理論，並且為未來規劃。反映系統的另一個中樞是頂葉，頂葉位在你耳後的上方，負責處理數字和語文資訊。

反映系統也負責處理情感，你大致上是用這個系統處理比較複雜的問題，如「我的投資組合分散投資的程度是否足夠？」或是「我應該買什麼東西，送給太太當結婚紀念日禮物？」反射性腦部碰到不能獨力解決的狀況時，反映性腦部可能介入幫忙。如果反射性腦部是優先啟動系統，是最先用直覺方式，處理問題的「行動」迴路，那麼反映性腦部就是備用機器，是從事分析性思考的「意外」迴路。

如果有人要你每隔 17，從 6,853 倒算回去，你的直覺會變成一片空白，然後經過片刻後，你會意識到自己在想 6,836、6,819、6,802 之類的數字。洛杉磯加州大學的李伯曼說：「你從來不覺得這個系統像是自行運作一樣，你不但知道系統在運作，也覺得好像你負責推動系統運作一樣，你覺得你因為什麼原因，開啟了這個系統，好讓你在其中放進語言文字。」

葛拉夫曼曾經證明前額葉皮質受損的人，例如因為腦充血或癌症而受損的病人，在評估建議和做長期計畫方面，會有困難。葛拉夫曼對前額葉病人提出業績預測，這些預測都不是由不同的專家當場說出，而是透過投影，在電腦螢幕上的顧問影像口中說出；目標是要判斷哪一位顧問值得信任。

參與實驗的受測者在 40 次實驗中，有很多機會比較每一位專家的預測和實際的結果。另一組腦部沒有受損的控制組人員，很快就學會偏愛預測結果最正確的專家。然而，前額葉病人做判斷時，是用直覺的方式，而不是用概念性的方式，依賴葛拉夫曼所說的「通常和良好選擇無關的提示做判斷。」

例如，有一位病人喜歡影像打在綠色背景的顧問，「因為這時是春天。」看來如果前額葉皮質受損，頭腦的內部制衡系統會遭到破壞，反射性區域可能不會受到任何阻擋，就取得主導地位。

愛荷華大學學生在一項實驗中，接受主持人短暫打出來的數字，學生必須記憶，然後讓他們選擇水果沙拉或巧克力蛋糕作為報酬。學生記憶的數字長達七位數時，63%的學生選擇蛋糕。然而，要求學生必須記憶的數字只有兩位數時，59%的學生選擇水果沙拉。

我們的反映性頭腦知道水果沙拉比較健康，但是我們的反射性頭腦喜歡濃稠又容易增胖的巧克力蛋糕。如果反映性頭腦忙於判斷別的事情，例如設法記住七位數字，那麼衝動可能很容易占到上風。一方面，如果我們沒有很費力地做別的事情（例如記憶兩位數之類的小麻煩），那麼反映系統可以壓制反射系統的情感衝動。

## 為什麼你會表現聰明臉孔笨肚腸？

但是反映性頭腦並非絕對正確。西班牙巴塞隆納龐部法布拉大學（Pompeu Fabra University）心理學家大衛·霍格斯（David Hogarth）指出，想像你在超級市場排隊結帳，你的購物車裡堆得很高，這些東西要花多少錢？你會用直覺估計，會快速、務實地比較這次你的車子裝得多滿，比較一整車的東西通常要多少錢。

例如，如果你裝的東西比平常多 30%，你會反射性地把你平常買東西的費用乘以 1.3，在幾秒鐘內，直覺會告訴你，「看來大約要花 100 美元。」你可以做所有這些事情，甚至不知道自己正在這樣做。但是如果你試著用反映性的頭腦計算總價，結果如何？這時你必須把車裡幾十樣東西的每一項分別加起來，心裡不斷的計算總價，到你算完每一樣東西為止（包括令人困擾的項目，例如每磅 1.79 美元的葡萄 1.8 磅，不對，是每磅 2.79 美元吧？）你可能才費力地加好幾樣東西的價格，就忘掉了數字，放棄計算。

電腦神經科學家利用電腦設計原則，研究人腦的功能和設計，認為反映系統可能是依靠他們所說的「樹狀搜尋」程序，倫敦大學學院電腦神經科學專家納塔尼爾·道氏（Nathaniel Daw）解釋說，這種處理方法名字起源於古典的決策樹意象：例如在一張棋盤上，一組未來可能的選擇會隨著每一個後續的行動長得更寬，就像樹枝向外擴展，離樹幹愈來愈遠一樣。如果道氏和同事說的對，你的反映系統會費力地在經驗、預測和結果中摸索，一次處理一個項目，以便得到決定——很像螞蟻在樹枝和小枝椏上上下下、來來回回，找到想要的東西一樣。就像前面說的購物車例子一樣，樹狀搜索方法的成敗，受到你記憶的力量和你評估的東西複雜程度限制。

在金融市場中，盲目依賴反映系統的人最後經常會見木不見林，而且輸得一乾二淨。雖然醫師當投資人的名聲不好，在我的經驗裡，工程師還更差，原因可能是工程師受到的訓練是要計算和評估每一種可能的變數。

我認識很多每天花兩、三小時分析股票的工程師，他們經常認為自己發現了獨一無二的統計秘密，讓他們可以打敗大盤。因為他們抑制了自己的直覺，他們的分析無法針對最明顯的事實，對他們提出警告：華爾街對太陽底下的每一樣事情，都會做出像洪流一般多的統計數字，因此華爾街上總是有東西可以測量評估。不幸的是，至少有一億其他投資人可以看到相同的資料，利用這些資料最大的價值，同時，在任何時刻，都可能有無法預見的事件突襲市場，使大家的統計分析至少暫時失靈。

1987 年的情形就是這樣，當時投資機構運用深奧的「投資組合保險」（portfolio insurance）電腦程式，保護自己，結果卻不能完全保障大投資人免於虧損，事實上，可能還促使美國股市在一天裡，創下暴跌 23％的記錄。這種事情 1998 年再度發生，經營長期資本管理避險基金公司（Long-Term Capital Management）的博士、諾貝爾獎得主和其他天才，評估了所能想像到的所有因素，就是沒有評估融資太多的風險，而且認為市場會保持「正常」。市場陷入瘋狂狀態後，長期資本投資公司不支倒地，幾乎拖著全球金融體系一起沉淪。

問題難以解決時，反映性系統可能會把挑戰「交回來」，讓反射性腦部負責。霍格斯和已故的芝加哥大學學者席雷爾・艾恩洪（Hillel Einhorn）在一項實驗中，告訴受測者，說一位專家宣稱，他預測市場會上漲後，市場總是會漲。他們告訴受測者，可以觀察下列證據中一種以上的證據，驗證這位專家的說法：

一、他預測市場會漲後，市場的表現如何

二、他預測市場會跌後，市場的表現如何

三、市場上漲前，他有什麼預測

四、市場下跌前，他有什麼預測

然後他們要求受測者，最低限度需要什麼證據，才能確認專家的話是否正確。整整48%的受測者回答說，只需要第一項的證據，只有22%的受測者說出正確答案：最低限度需要看看這位專家在第一項和第四項中的說法是否正確。即使專家預測市場會漲時，市場總是上漲，你仍然需要知道他在市場下跌前說了什麼（畢竟市場並非總是上漲。）要專家接受這兩項考驗，是確定他的說法正確與否唯一的方法。令人驚訝的是，這個研究是在倫敦大學統計系教授和研究生之間進行，他們整天都處理數字，當然應該更清楚。

要正確回答霍格斯和艾恩洪的問題，你只需要知道，判斷什麼事情正確與否，最可靠的方法是設法證明這件事不正確，這是科學方法的基礎，是推翻世界是平的、地球是宇宙中心之類舊正統「真理」的批判心態。但是你的直覺中沒有這種批判性思考，直覺最善於處理明確的現實狀況，要處理「不是什麼」的抽象觀念時，你需要動用很多腦力，發動反映系統，比較各種選擇、評估各種證據，需要問一些難以回答的問題，如：「在什麼情況下，這一點不再正確或行不通？」

就像普林斯頓大學的蘇珊・費斯克（Susan Fiske）和洛杉磯加州大學的雪莉・泰勒（Shelley Taylor）兩位心理學家說的一樣，人腦是「差勁的認知工具」，通常會避免做這種事情，如果反映系統不能方便地找出答案，反射性腦部會利用感覺和情感信號作為捷徑，重新恢復控制。這是連統計專家都不能正確回答霍格斯和艾恩洪問題的原因，在第一個答案感覺和聽起來極為正確的時候，為什麼要花精神，嘗試驗證所有四個答案的邏輯？

## 軟糖豆症候群（Jellybean Syndrome）

「思考」和「感覺」之間的衝突可能造成十分怪異的結果。

麻州大學心理學家在一個小碗和一個大碗中，放一些軟糖豆，小碗裡放十顆軟糖豆，其中九顆總是白色的，一顆是紅色的；大碗裡有 100 顆軟糖豆；每次實驗時，裡面都有 91 到 95 顆是白色的，其餘是紅色的。如果參與試驗的人能夠從大碗和小碗中，抓出紅色的軟糖豆，就可以賺到 1 美元。但是主持人首先提醒他們，小碗中紅色軟糖豆占了 10%的比率，大碗中所占的比率不超過 9%（請參閱圖 2.2，大致看看這項實驗的情形。）每個人嘗試抓出紅色軟糖豆前，兩個碗都會經過徹底搖晃，然後遮起來，預防作弊。

圖 2.2 你應該抓哪一個碗？

在這項實驗中，研究人員告訴受測者，設法從兩個碗中抓出彩色的軟糖豆。左邊的碗裡有 10%的軟糖豆是彩色的；右邊的碗裡只有 9%是彩色軟糖豆。但是大家仍然喜歡去抓「明知」成功機率比較低的碗，因為他們「覺得」抓這個碗贏錢的可能性比較高。

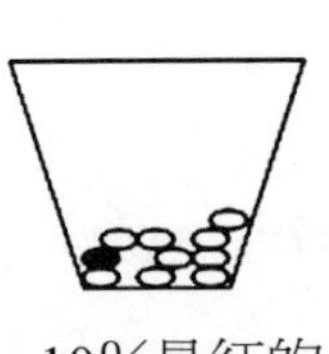

10%是紅的

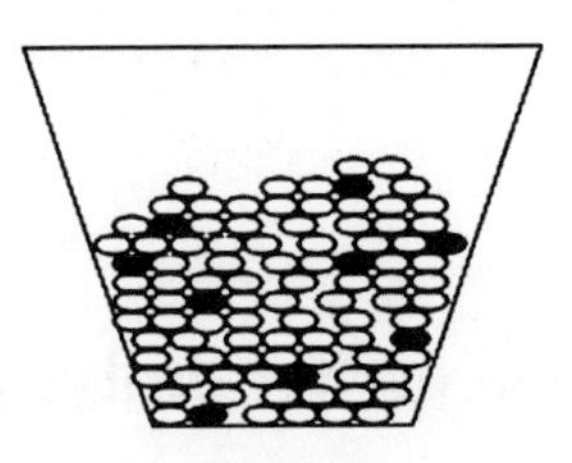

9%的是紅的

大家會抓哪一個碗？利用反映系統進行分析思考的人總是會去抓小碗，因為小碗的成功機率一定是 10%，從大碗裡抓到紅色軟糖豆的機率不可能高於 9%。然而，略低於三分之二的受測者，偏愛抓紅色軟糖豆比率為 9%的大碗。

即使大碗裡只有 5%的紅色軟糖豆，將近四分之一的受測者還是選擇去抓大碗，不理會反映系統告訴他們的邏輯與機率。一位受測者對研究人員解釋說：「我抓有更多顆紅色軟糖豆的碗，因為碗裡看起來有比較多顆紅色軟糖豆可以抓，雖然我知道裡面也有更多的白色的軟糖豆，也知道機率對我不利。」心理學家塞穆爾・艾普斯坦（Seymour Epstein）和維洛尼加・鄧斯雷吉（Veronika Dense-Raj）解釋說，參與者「立刻承認自己的行為不理性……他們雖然知道機率對自己不利，仍然覺得碗裡有比較多顆紅色軟糖豆時，自己比較有機會。」

軟糖豆症候群的正式名稱是「分母盲點」，每一個分式看起來當然都像下面這個樣子：

分子 / 分母

你每筆投資的影響可以用最簡單的方式，用下列式子表現出來：

盈虧總額 / 財富總額

在這個基本投資分式中，分子不斷變動，而且經常大幅變動，分母的變動和緩多了。例如，假設你有 20 萬美元的財產，昨天你投資的股票總市值完全沒有變動。如果今天你的股票上漲 1,000 美元，那麼分式中的分子立刻從 0 升到 1,000，分母卻從 20 萬美元微增為 20.1 萬美元。從 0 跳到 1,000 刺激而明顯，從 20 萬增加到 20.1 萬卻幾乎完全看不出來。

但是分母才重要，才代表真正的財富。畢竟你的財產總額比任何一天金額升降的數字重要多了。雖然如此，很多投資人還是沉迷在變化最大的數字上，忽略了大很多又最為重要的金額。

1980 年代末期，心理學家保羅・安得瑞森（Paul Andreassen）進行了一系列著名的實驗，他在哥倫比亞和哈佛兩所大學的實驗室裡，設置模擬股市，讓一組投資人看股價水準；另一組只能看股價變化。結果注重股價水準的人比注意股價變化的人多賺五到十倍，倍數要看股價變化程度多大而定，其中的原因在於沉迷股價變化的投資人交易次數太多，想從暫時性的波動中獲利，注意股價水準的人比較樂於長期持有。

軟糖豆症候群也在其他地方清楚表現出來，共同基金收取的管理費和其他費用是很小的數字，一年通常不到 2%，績效卻可能是很大的數字，有時候一年會超過 20%。費用數字幾乎完全不會波動，績效數字卻不斷地起起伏伏，難怪散戶挑選基金時，總是說他們認為過去的績效遠比目前的費用重要多了。

投資專家理當比較清楚，卻至少和散戶一樣，容易受到軟糖豆症候群影響：財務顧問最近分析共同基金時，把費用列為第八重要的因素，落在績效、風險、基金歷史和目前的經理人任職時間多長等因素後面。不幸的是，這些因素都不能幫助所謂的專家，找出會賺到最高報酬率的基金。幾十年的嚴格研究證明：影響共同基金未來績效唯一最重要的因素，是相當固定的小數字，也就是基金的管理費和費用。超高的績效有來有去，但是費用絕對不會消失。績效和名聲之類的因素比較光鮮亮麗，卻幾乎完全沒有預測基金報酬率的力量，但是比基金費用明顯，而且不斷變化，因此抓住了我們的注意力，促使散戶和投資專家都從錯誤的軟糖豆罐子裡挑選基金。

## 善盡利用兩者之長

整體說來，情形很清楚，你投資時，要像老電視劇《星艦迷航記》（Star Trek）裡的史巴克（Spock）那樣冷靜、理智很難，比較容易像麥考伊（McCoy）醫師那樣情緒衝動。因為兩種系統都各有優缺點，身為投資人，你的挑戰是如何加強反映與反射系統的合作，以便在思考和感覺之間，找到適當的平衡。下面的幾個建議對你或許有幫助。

### 說到信任，要相信你的直覺

共同基金經理人弗烈德·柯布瑞克（Fred Kobrick）曾經參

加一個令人心動的法人說明會，主持說明會的是一家快速成長公司的執行長。法說會結束後，柯布瑞克走向執行長，告訴他自己對這家公司印象深刻，很可能會買進這檔股票。執行長伸出手來要跟他握手時，柯布瑞克注意到執行長襯衫袖口繡的字母很特別，接著柯布瑞克看到公司另外幾位經理人袖口也用同樣的方式繡字。他回憶說，「那一剎那間，我知道我不再想買這檔股票，如果這些傢伙買襯衫時，連替自己想一想都不會，怎麼可能會把壞消息告訴老闆？」

大部分投資人當然不可能跟執行長面對面會晤，但是應該睜大情感的眼睛，研讀可能透露公司老闆性格的兩份文件，就是年度委託書聲明和年報中董事長寫給股東的信。委託書聲明會讓你了解經理人領多少薪酬，有沒有讓你不安的利益衝突。董事長的信會顯示他是否把市場榮景（他無法控制）的功勞，不公平地歸功於自己，或是逃避決策不佳（他可以控制）的責任。如果董事長的信吹噓公司未來會欣欣向榮，卻略過目前的惡劣狀況，就是你應該覺得困擾的另一個跡象。龐部法布拉大學的霍格斯說：「如果你開始覺得可疑，要把你的情感當成資料來處理，疑心是顯示你應該考慮延後做決定的信號。」

面對面判斷性格時，依靠直覺可以讓你不會太冷靜、合理。例如：如果你要挑選營業員或財務規劃專家，幫忙你理財，以對方的專業資歷多可觀，做為做決定的主要依據，可能不對【很多投資人太容易困於財務資歷的文字障，例如企管碩士、會計師、財務分析師、財務規劃師、法律士（J.D）和哲學博士等等。】完全根據教育或專業資歷選擇財務顧問，可能讓你搭上在技術方面有足夠的能力，卻跟你不「麻吉」的人，在市場走向極端時，不能幫忙你管理情感。因此，你首先應該上相關協會的網站，研究每個心目中人選的背景，看看對方是否曾經因為對投資人不公平，遭到主管機關懲戒。在你至少找到兩位記錄同樣乾淨的人選後，你可以考慮每個人的教育背景和其他資格，挑選你的直覺告訴你在感情上跟你比較合得來，也比較合於你自己個性的人。

## 知道反射系統什麼時候會發揮主導作用

共同基金投資人通常在買賣類股基金時，會賠得一乾二淨，這種事情不足為奇。分析整個產業需要非常多的反映性研究，每個產業有幾十家公司，供應幾百種互相競爭的產品和服務，你很難客觀地說明整個產業將來會不會獲利。但是你的反射系統會挑選容易多了的訊息，例如「油價飆漲！」或是「網際網路改變全世界！」，以致於你很容易分心，忘了進行更深入的分析。

心理學家史洛維奇警告，這種興奮之情到處瀰漫時，「就很難運用分析系統。跟著感覺走，知道什麼東西熱門，什麼東西會產生最鮮明的意象，容易多了，就像聽到別人說：『噢，奈米機器可以創造驚人利潤』，就跟著買奈米科技股一樣。」

然而，大部分人依靠這種反射式思考時，不但沒有賺到驚人利潤，反而嚴重虧損。1999 到 2000 年間，就在科技產業超高報酬率變成像灰燼一樣冰冷時，投資人搶進科技類股基金，至少虧了 300 億美元。

金融市場無聲無息地隨意前進時，反映性判斷比較容易克服反射性的直覺。但是多頭市場釋出驚人的高報酬率、或是空頭市場造成令人十分難過的虧損時，反射系統會占上風，這時三思而行會變得極為重要。

## 問另一個問題

三思而行的方法之一是訂出程序，確保自己問正確的問題。就像卡尼曼說的一樣，「大家碰到困難的問題時，有時候會用簡單地答案回答。」其中的原因是反射系統不喜歡不確定，會迅速地用自己可以了解的方式，重新架構問題，用輕鬆的方式回答。

例如，碰到「這檔股票會繼續上漲嗎？」之類難以解決的問題時，很多投資人會看股價走勢圖，如果趨勢線向上，他們立刻就會回答「會」，不知道自己的反射系統欺騙自己，回答了完全不同的問題。圖表顯示的真正意義只是回答一個容易多了的問題：「這檔股票最近一直上漲嗎？」卡尼曼說，處在這種狀況的人「不是搞混了自己想要回答的問題，只是沒有注意到自己回答的是不同的問題。」

問後續問題，例如問「我怎麼知道？」或「有什麼證據？」或「我需要更多資訊嗎？」之類的問題，可以強迫你注意到自己的反射系統回答錯誤的問題。芝加哥大學心理學家奚愷元有另一個建議：「如果別人碰到這個問題，問你有什麼建議時，你會告訴他們怎麼做？我經常用這種方式做決定，就是把自己設想成別人。」奚愷元的建議特別有用，因為一旦你想像自己對別人提供建議，你也可以想像別人會逼問你：「你確定嗎？你怎麼知道？」

## 不要只是證明；要設法反證

我們已經知道，反射性頭腦認為，要證明一種說法，最好的方法是不斷尋找證據，證明這種說法正確。但是要更確定這種說法正確，唯一的方法是更努力尋找證明這種說法不正確的證據。

基金經理人經常說：「我們賣掉比買進價格下跌15%的股票，為基金增加價值。」他們為了證明，舉出手中保留持股的績效。事實上，你應該要求看看賣掉的股票後續表現如何；只有這種方法，才能說明基金公司是否應該賣掉這些股票。同樣的，投資顧問公司吹噓說，公司靠著解雇表現不好的基金經理人，創造優異的報酬率時，要請他們提供遭到解雇的經理人後來表現的資料。只有研究這種「沒有人注意的結果」，你才能真正測試這些人的說法正確與否（令人尷尬的是，這些專家經常從來沒有分析過這種證據！）

## 用常識克服你的意識

一般說來，影像和聲音會激發你的反射系統，文字和數字會激發你的反映系統。證券經紀商和保險公司打廣告時，會播出金色的人帶著金色的獵犬，在金色的海灘上散步，原因就在這裡，這種影像會在你的反射系統中，激發強而有力的舒適與安全的情感。這也是為什麼共同基金公司用「像高山一樣的圖表」，展示投資組合績效的原因，這些圖表顯示初期投資經過一段時間成長後，會累積成十分清楚、像喜馬拉雅山一樣高的財富。

行動會傳達本身的力量。半個世紀前，神經生物學家傑洛米・雷特文（Jerome Lettvin）證明，青蛙看到模仿蒼蠅動作的抽象展示時，視覺神經裡的特殊細胞會對青蛙腦部送出信號，即使展示的影像和形狀很不像蒼蠅，假蒼蠅不動或移動曲線不像真蒼蠅時，細胞不會反應。雷特文斷定，青蛙天生經過設計，在物體「間歇移動」符合獵物特有的型態時，會起而行動，激發青蛙反應的不只是獵物本身，也包括獵物的動作。

人像青蛙一樣，天生容易受到行動刺激，用「攀升」或「躍漲」之類的行動動詞描述市況，比用「出現漲勢」之類中性名詞說明市況，會讓投資人預期股市繼續上漲的期望變得強烈多了。言辭中激發快速行動的意象會激發我們的頭腦，預期市場一定會「設法有所行動」。

比喻具有情感上的力量，這就是你絕不應該被動接受包裝原封不動資訊的原因，你一定要用不同的方法，拆開包裝。營業員或財務規劃師遞給你一張彩色鮮豔的圖表時，要問下面的問題：這項投資用比較長的不同時間架構評估時，結果如何？這檔股票或基金和其他類似投資相比、和市場指數之類客觀指標相比，結果如何？根據過去的績效記錄，這種投資在什麼情況下，可能表現差勁？鑒於所有證據都顯示過去的績效不能預測未來成果，這種投資用其他至少同樣重要的標準，例如用年度費用和稅後報酬率來評估，結果如何？

## 只有傻瓜投資時才沒有規矩

有人問偉大的投資分析師班傑明·葛拉漢（Benjamin Graham），怎麼才能成為成功的投資人時，他回答說：「大家不需要特別的眼光或智慧，大家最需要的是採用和堅持簡單規則的性格。」我在附錄一裡列出十條投資基本規則，可以稱為投資十誡。十誡的第一個字母合在一起，變成 THINK TWICE（三思而行）。每次市場出現可能讓你迷失的情感衝動時刻，要用十誡來檢驗你最初的衝動。做任何投資決定前遵守十誡，可以預防自己不被猜測牽著鼻子走，可以不受市場暫時性的突然變化打擊。

## 從一數到十

你的情感洶湧澎湃，想做出將來可能後悔的匆促決定前，要休息一下。密西根大學心理學家肯特．貝李奇（Kent Berridge）和聖地牙哥加州大學心理學家皮歐特．溫吉爾曼（Piotr Winkielman）都曾經指出，我們可能在完全不知道心裡想什麼的情況下，被情感牽著鼻子走，貝李奇和溫吉爾曼把這種現象叫做「無意識的情感」。

要了解這種情感的作用，可以看看他們做的一項實驗，實驗中口渴的人必須決定願意付多少錢買飲料。其中一組平均只願意付 10 美分，另一組願意付 38 美分，兩組唯一的不同是：小氣組看過一張生氣臉孔的照片不到 15 分之一秒，這種視覺經驗太短，沒有人意識到自己看過照片，大方組看的是快樂臉孔的照片，看的時間一樣短，參與實驗的人都不知道自己是否覺得比較快樂或比較焦急，但是看過影像後大約一分鐘內，他們的行為都受到這種下意識影像產生的無意識情感左右。

溫吉爾曼說：「呈現時間很短的刺激，所發生的影響經常超過呈現時間較長的刺激，因為你不知道是什麼東西造成你的情緒或信念，你可能更願意配合。」

密西根大學心理學家諾伯特．許瓦茲（Norbert Schwarz）說，反射系統「會配合現狀調整，你的情緒會影響你一時的行為，但是你所做決定的影響，可能遠遠超過這麼短暫的時刻。」你覺得特別樂觀時，可能冒你在正常時候會避免的財務風險；

另一方面；如果你覺得焦急或不安全時，可能會避免你在別的時候樂於接受的風險。

陽光普照時，幾乎所有的人都會覺得心情比烏雲密佈時開朗，不錯，雖然每天的雲量毫無經濟理性的意義，陽光燦爛的日子裡，股票報酬率會略高於烏雲滿天時。有些研究甚至記錄狼人效應（werewolf effect），就是滿月時，股票的報酬率只有新月時的一半。足球隊輸掉世界盃淘汰賽的國家於輸球隔天，股市表現平均比全球股價指數差 0.4 個百分點。

企業只要替上市股票取動聽好記的股票代碼，就可以利用你的反射系統。股票代碼像熟悉字眼（如 MOO 或 GEEK 或 KAR）的股票，表現通常勝過代碼無法發音，如 LXK 或 CINF 或 PHM 的股票，至少短期內如此。然而，長期而言，股票代碼有趣的公司卻有令人難過的倒閉傾向。

因此，除非你投資時，刻意注意不受一時情緒波動的影響，否則你可能永遠無法達成財務穩定的目標。許瓦茲警告說「如果沒有考慮到隔天，千萬別做重要決定」時，說的不是老生常談，而是說明新近得到最新科學研究印證的基本智慧，如果你考慮過一個晚上，而不是一衝動就行動，做得投資決定幾乎總是比較好。

李伯曼說，另一個方法是請不同意你意見的人，提供「第二意見」，設法把你的投資構想，說給跟你熟識、卻習於跟你唱反調的人聽。就這點來說，你的配偶可能很理想，不過最適合的人應該是在事業上；而不是愛情上的好夥伴。

值得注意的是，美國很多最有創意、最成功的公司，是由彼此意見能夠互相制衡的雙人組領導：波克夏公司（Hathaway Berkshire）由華倫・巴菲特（Warren Buffett）和查理・蒙格（Charles Munger）領導；雅虎公司（Yahoo!）由大衛・費羅（David Filo）和楊致遠領導；Google 公司由賴利・佩吉（Larry Page）和謝爾蓋・布林（Sergey Brin）領導。如果你認識一位你能夠信任、又對你嚴格的人，一定要養成習慣，在採取行動前，把你的投資構想說給對方聽。

最後一個方法是設法把你的思考「具體化」。許瓦茲解釋說：「你的思考在身體裡進行，你身體的反應會跟神經活動互動。」

下面這個方法聽起來很怪異，不過用手臂出力推堅硬的表面，可能有助於多用反映性思考、少用感性思考。例如，推開電腦或桌子，實際上可以讓你和做決定時的感性層面保持距離。接著，把這種用手臂出力推的動作當成提醒，你「出力推」時，要記得參考附錄一裡的投資十誡，「三思而後行」。你甚至可以用自己的掌上型電腦或黑莓機，自動向你自己發出提示，問你在採取任何投資行動前，「是否曾經出力推，三思而後行？」

上述所有心理招數，都可以提供聖克拉拉大學（Santa Clara University）財務學教授梅爾・史泰曼（Meir Statman）所說的「冷水澡」，幫忙你避開打鐵趁熱的衝動。

## 市場「眨眼」時，要瞪回去

如果一檔股票因為壞消息崩跌，可能受到永久的傷害，也可能只是受到暫時性的過度反應傷害。事前針對投資標的進行研究，你可以做好出擊的準備。如果你是認真的股票投資人，你了解的公司突然變成便宜貨時，你總是應該準備買進。美盛價值信託（Legg Mason Value Trust Fund）與美盛機會基金（Legg Mason Opportunity Fund）著名的經理人比爾．米勒（Bill Miller）就是這樣做。

2004 年夏天，報導指出，主管機關調查生涯教育公司（Career Education Corp.）的帳目與經營手法，投資人驚慌拋售，公司股價因而從 70 美元上下，跌到 27 美元。但是米勒知道這家經營職業學校的公司獲利穩健，而且他認為將來可能繼續如此。因此市場「眨眼」時，米勒立刻瞪回去，用極低的價格，從恐慌的賣方手中，吃進 200 萬股（到 2004 年底，這檔股票已經從夏季恐慌的低點，回升將近 50%。）

事先做好作業，碰到只知道在順境投資、一看到麻煩跡象就恐慌，產生「臨時性」思考的人，就可以好好利用。巴菲特每年詳細閱讀安布公司（Anheuser-Busch）的年報，連續研究了 25 年，非常熟悉這家公司，同時耐心等待公司股價跌到他願意買進的價位。最後，到 2005 年初，安布股價下跌，已經非常了解這家公司的巴菲特吃進了大筆股權。

**股票有價格；企業有價值。**

短期內，有人想買賣股票、有看來像消息的事情發生時，股價就會變化。有時候，消息十分荒唐，例如，1997 年 10 月 1 日，大眾共同投資公司（Massmutual Corporate Investors）股價躍漲 2.4%，成交量暴增到正常的 11 倍。那天世界通訊宣佈出價併購 MCI 通訊公司（MCI Communications），大眾共同公司在紐約證券交易所的股票代碼是 MCI，數以千計的投資人顯然認為，世界通訊提出併購建議後，這檔股票應該會上漲，因而瘋狂搶進。但是 MCI 通訊是在那斯達克股市交易，代碼是 MCIC，因此大眾共同股價是在誤認的鬧劇中上漲。同樣的，1999 年初，曼納科技公司（Mannatech Inc.）公開上市的頭兩天裡，狂漲 368%，因為風靡網路的交易者誤認為曼納科技是科技股；事實上，這家公司是行銷瀉藥和營養品的公司。

長期而言，股票本身沒有生命；只是標的事業的交易工具，如果事業長期獲利增加，股票會變得更有價值，股價會跟著上漲。股價在一個交易日裡，經常會變動上千次，這種情形並不罕見，但是在實際的企業世界裡，任何一天裡，企業的價值幾乎完全不會變化。長期而言，企業價值會變化，卻不是隨時都會變化，股票像天氣一樣，幾乎持續不斷的變化，而且不會發出預警；事業像氣候，變化的頻率和緩多了，也比較容易預測多了。短期內，引起我們注意的是天氣，天氣似乎決定了環境，但是長期而言，真正重要的是氣候。

所有這些變動可能讓人極為困擾，因此巴菲特說：「我總是喜歡在不知道價格的情況下，研究投資標的，因為如果你看到價格，價格會自動對你產生一些影響。」指揮家同樣發現，如果在布幕後試聽，可以比較客觀地評估古典音樂家，因為這樣音樂家長相如何地先入為主之見，不會影響評估。

因此，一旦你對一家公司有興趣，兩週內不看這家公司的股價是好主意，兩週結束時，你不再十分清楚公司的股價，這時再進行評估，不理會股價，完全只注意企業價值。開始時要下列這種問題：我了解這家公司的產品或服務嗎？如果這檔股票沒有公開上市，我仍然希望擁有這種事業嗎？在最近的企業併購熱潮中，大家評估過多少家類似的公司？什麼因素會使這家公司將來變得更有價值？我研究過這家公司的財務報表、包括「風險因素聲明」和附註嗎？（弱點經常會在附註中揭露）？

巴菲特說，所有這些研究真的會指引你回到一個核心問題：「我的第一個和最後一個問題是『我了解這家公司嗎？』我說的了解是從經濟觀點，相當清楚公司五年或十年後的樣子。」如果你不能輕鬆地回答這個基本問題，你就不應該買這檔股票。

## 注意重要因素

券商或共同基金公司寄給你的對帳單在設計時，經常都希望打動你的反射系統：對帳單會強調每一樣投資短期的價格變化，不是強調你的財產總值。這樣對帳單看起來不會那麼無聊，市場激烈漲跌時尤其如此。但是這樣會讓你更容易被第一個直覺牽著走，害你經常買高賣低。卡尼曼警告說：「考慮一種決定最自然的方法，並非總是做決定最好的方法。」

如果你的財務顧問或基金公司不能評估你的整體財務狀況，你要自行評估：打開 Excel 或類似軟體的試算表，在每一個日曆季用普通的小字，輸入你每一種投資的價值。再用 Excel 的「自動加總」功能，計算你的財產總值。用大寫黑字強調總值（如果你不會用 Excel，劃線的紙張也可以用；一定要用比較大、比較黑的數字記錄總值。）要了解你的投資組合表現如何，不要看每一行的數字，要把本季的總值跟前一季相比，跟一年前、三年前和五年前相比。現在你很容易看出任何持股的劇烈波動，對你整個投資組合有多少明顯的影響。卡尼曼把這種刻意的比較，稱為應用反射系統的「宏觀評估」，這樣可以幫忙你，避免因為單一投資的盈虧，刺激你採取賣低或買高之類將來會後悔的反射行動。

不管你是投資個股，還是把錢放在 401（k）或其他退休計畫中，宏觀評估會幫忙你專注長期成長和所有資產的穩定性，而不是注意單一資產的短期跳動，這樣你最後會變得比較富有、比較鎮定。

Chapter 3

# 貪婪

貪愛銀子的、不因得銀子知足。

——《傳道書》（Ecclesiastes）

## 「我知道那種感覺多好」

辛蘿莉（Laurie Zink）忍不住買樂透彩的衝動，她很清楚中加州超級加碼樂透彩的機會是41,416,353分之一，但是她不管。她說：「我知道機會多渺茫，但是在我心裡，機率的現實和中獎感覺多快樂的認知脫鉤。」

辛蘿莉是范德比大學人類學系畢業生，現在是精明、勤奮的電視製作人，但是她被機會渺茫的蟲蟲咬過，沒有辦法把蟲子甜美的毒性從系統裡排出去。2001年，她大學畢業三個月後，參加了國家廣播公司（NBC）實境秀《失落》（Lost）節目。她和夥伴被人蒙住雙眼，丟在玻利維亞遙遠的山頂，身上帶著100美元、幾天量的食物和飲水、一個急救包和帳篷。三星期後，辛蘿莉和她的夥伴回到紐約港的自由女神像，驚訝的發現他們各自贏得 10 萬美元的獎金。

贏得這筆大獎的興奮從此銘刻在辛蘿莉的腦海裡，現在每次加州樂透彩的獎金變得「很大」時，她都會買一張彩券，她根本不是樂透迷，一年只陷入這種衝動幾次，但是那種感覺讓她著迷，就像強迫性衝動一樣。

辛蘿莉說：「我知道『如果中獎怎麼辦』那種感覺完全不理性，但是那種感覺會驅策我走進便利商店，從皮夾裡掏出錢來，買一張樂透彩券。從理性上來說，我知道我不會中獎。但是就像大家說的一樣，『唉，你永遠都不會知道。』而且我很清楚中獎時多快樂。」辛蘿莉像飛蛾撲火一樣，一再買樂透彩券，其實是典型的例子：針對至少中過俄亥俄州樂透彩 100 萬美元得主所做的調查發現，82%的人中大獎後，會定期繼續買樂透彩。

不論你是否像辛蘿莉一樣，中過大獎，你已經知道賺錢的感覺一定很好，你很可能不知道的是，預期賺錢比實際賺到錢的感覺更好。

你頭腦裡當然沒有專門處理財務報酬的金錢量尺，實際上，你的頭腦處理潛在的投資（或賭博）獲利時，是把這種獲利當成一大類基本報酬的一環──其中包括食物、飲料、住處、安全、性、毒品、音樂、令人愉快的香味、美麗的臉孔、甚至包括學習信任別人或取悅令慈的社會互動。財務利得只是這種古老愉快經驗中最現代的成員，因為我們很早就發現，金錢是供應許多其他快樂的根本，人腦反射性部分對潛在財務利得的反應強度，至少跟反應得到比較基本報酬的強度一樣強烈。

德國吉森大學（Justus-Liebig-University, Giessen）神經科學家彼得・柯許（Peter Kirsch）說：「雖然金錢不能滿足任何基本需要，你不能吃錢，也不能跟金錢結成配偶，但是金錢和報酬之間的關係非常強烈。」

預期會有財務利得，會使頭腦的反射性部分進入最高警戒，把所有的注意力集中在手頭的任務上。例如，你買進一檔股票後，會注意股價是否可能繼續上漲，這種興奮唯一的限制是你的想像力。但是結果本身——假設你買進股票後，股票真的上漲——卻不會讓人這麼興奮，尤其是你一直預期股價上漲時，更是如此。

等到你獲利落袋時，貪婪的興奮已經淡化，變成好比神經打哈欠一樣的東西，即使你得到你想要的利得也一樣。不錯，賺錢的感覺很好，但是沒有預期會賺錢的感覺那麼好。你的頭腦形成一種殘酷的諷刺，對理財行為有非常大的影響，就是你的頭腦天生具有一種生物機制，使你在預期獲利時比實際獲利時還興奮。

## 馬克・吐溫（Mark Twain）的發財夢

神經科學家能夠追蹤人腦內部活動之前很久，馬克・吐溫就知道，預期發大財的感覺比實際發大財還好。馬克・吐溫在他早年的回憶錄《艱苦歲月》（Roughing It）中，回憶他和合夥人 1862 年在內華達挖到白銀礦脈時的情形，馬克・吐溫整個晚上睡不著，「就像身上裝了電池一樣」，非常清楚的幻想要在舊金山市中心，蓋一棟兩英畝大的豪宅，要到歐洲旅行三年，以至於「我躺在床上，對未來的憧憬繞著身體不斷打轉。」在這十天令人激奮的日子裡，馬克・吐溫是紙上百萬富翁，然後這兩個合夥人的白銀礦脈所有權因為一項法律細節的關係，突然失效。馬克・吐溫在「痛苦、傷心、絕望」之餘，永遠忘不了他想到自己曾經發大財的歡欣。

後來馬克・吐溫在傑作《三萬美元的遺產》（The $30,000 Bequest）寓言故事裡，嘲笑福斯特（Foster）夫婦得知自己可能繼承總額 3 萬美元（大約等於今天的 60 萬美元）時，幻想建立空中樓閣的事情。福斯特太太把還沒有繼承到的錢投資下去，一再「對想像中的營業員發出想像的委託」，到最後，福斯特夫婦幻想「財富滾滾而來」，他們想像中的投資組合成長到 24 億美元〔大約等於今天比爾・蓋茲（Bill Gates）的財富〕。這位卑微的小店老闆和太太在「欣喜若狂」的情況下做白日夢，夢想住在「非常寬大的豪華宮殿裡」，還「駕駛私人遊艇四處遊蕩」。但是結果這筆遺產是殘忍的惡作劇，他們不會有什麼暴利，福斯特夫婦震驚地說不出話來，雙雙因為傷心過度而死亡。

其中有一個終極的諷刺：馬克．吐溫雖然可以嘲笑自己和別人的極端貪婪，卻一再把自己的錢，投入有希望得到高報酬、卻永遠不會實現的高風險事業中，馬克．吐溫在後來的長久歲月中，把現金和夢想投入多得驚人的愚蠢投機，包括以白堊為基礎的印刷製程，能夠在絲綢上重製相片的機器、一種粉狀的營養品、複雜的機械排版設備、螺旋帽針和改善的葡萄剪刀設計。

為什麼馬克．吐溫這種極為聰明、多疑而且已經致富的人這麼經常、這麼容易被迅速致富的荒唐騙局欺騙？他很可能是身不由己，很像辛蘿莉買樂透彩，想要重溫贏得實境秀大獎時的興奮，馬克．吐溫一定也是受到某種力量驅動，想重溫 1862 年在維吉尼亞市（Virginia City）挖到龐大白銀礦脈時內心深處興奮的悸動，每次他想到錢的時候，那種回憶就促使他的期望迴路進入過動狀態，結果就是終身強迫性地追求賺大錢，使馬克．吐溫淪落在從富有到負債、再破產、然後再來一遍的瘋狂循環中。

## 頭腦的無線網路

我在史丹福大學布萊安·納森（Brian Knutson）的神經科學實驗室裡，經歷過貪婪狂潮的實驗。納森長得短小精幹、精神飽滿、滿面笑容，熱情感人。他原來主修比較宗教學，現在研究腦部如何產生情感。納森把我放進功能性核磁共振造影掃描機（functional magnetic resonance imaging, fMRI），追蹤我玩他設計的投資遊戲時腦部的活動狀況。功能性核磁共振掃描機藉著結合巨大的磁場和無線信號，可以鎖定腦部血流高低潮時含氧水準的瞬間變化，研究人員可以根據這種變化，畫出腦部從事特定任務時神經區域的圖像。

躺在功能性核磁共振機器裡吵極了；如果你想像自己躺在倒扣著的鑄鐵浴槽裡，同時淘氣鬼用鐵條敲擊浴槽，用牙醫用的電鑽鑽浴槽，還在上面倒一桶滾珠軸承，你就可以想像到是什麼樣子。但是我發現，我們很快就會適應所有的嗡嗡作響和叮叮噹當的聲音。我經過幾分鐘後，就準備接受納森的實驗，代表不同盈虧水準的形狀開始在顯示器上展現。

在納森的實驗裡，功能性核磁共振機器內部有一個顯示器，會顯示各種象徵讓我看，圓圈代表我可以贏錢；方格表示我可能輸錢。每一個圓圈或方格裡，直線處在什麼位置，會顯示我賭多少錢（在左邊代表沒有下注；在中間代表賭 1 美元；在右邊代表賭 5 美元），橫線的位置（上中下）顯示掌握輸贏的難易度。因此，右邊有一條直線、上方有一條橫線的圓圈表示我可能贏 5 美元，但是我的機會很渺茫，方格中間有一條直線、靠近下方的地方有一條橫線，表示我可能輸 1 美元，但是我應該相當容易就可以避免輸錢。

每個形狀出現後，會有兩秒到兩秒半的時間，這是期望期，這時我應該緊張地等待贏錢或輸錢的機會，然後會有一個白格子出現片刻。要贏到上面所顯示的金額，或是如果可能輸錢時，要避免輸掉這種金額，我必須在信號出現時，用手指按下按鈕，如果我按太早或太晚，就會錯過贏錢的機會（或是鎖定損失）。難度分為三種，如果是最難的水準，我按鈕的時間不到五分之一秒，因此我大約只有 20%的機會成功。每次實驗後，螢幕會顯示我剛才輸贏多少錢，螢幕也會更新我的累計得分。

代表小賠、小賺的形狀出現時，似乎不會發生什麼大事，我會平靜地按鈕，不是贏錢就是輸錢。但是如果代表輕鬆賺大錢的圓圈出現時，不管我怎麼努力讓自己鎮定和深思熟慮，我都可以感覺到全身湧起期望的浪潮（如果我前幾次嘗試時，沒有贏到什麼錢，或是連續輸了幾次，那種貪心的刺激感覺會更厲害。）就像運動比賽播報員瑪麗．艾伯特（Mary Albert）預告遠距離跳投唰的一聲穿透籃網時一樣，我腦海裡會帶著期望的緊張聲音低呼「進了！」我心裡會想「來了、我的機會來了。」這時，功能性磁振造影掃描機會顯示，我腦海中名叫阿肯伯氏核的反射性部分神經元會瘋狂地發動。納森後來測量功能性核磁共振掃描機追蹤的活動時，發現可能賺到 5 美元時，腦部信號的強度大約是可能賺到 1 美元時的兩倍。

阿肯伯氏核深藏在你兩眼後方，在腦部額葉最後方，對著你頭部的中心向後彎曲（請參閱彩圖 1）是你腦部裡協助你預期報酬的一環，因此跟體驗性歡樂有關，當然不足為奇。腦部很多其他部位也是期望迴路的一環，期望迴路廣泛分佈在你反射性頭腦的很多地方，非常像無線網路熱點散佈在大城市中心一樣（反映性腦部至少有一個叫做眶額前腦皮質的地方，似乎也和這個期望系統連接）但阿肯伯氏核是報酬網路的中央開關之一。

相形之下，得知我所採取行動的結果如何，就不是什麼大事了，每次我在適當時機按鈕，得到報酬，我只覺得一股微溫的滿足感，強度遠遠不如我知道結果前的熱切盼望那麼強。事實上，納森的掃描器發現，和我希望得到報酬時相比，我得到報酬時，我的阿肯伯氏核發射的神經元強度低多了（請參閱彩圖 2）根據納森研究幾十個人的結果來看，你頭腦的反應非常不可能跟別人大不相同。

哈佛醫學院神經科學家漢斯．布瑞特（Hans Breiter）說：「報酬的體驗主要有兩種基本方式，性是個好例子：性當中有很長的興奮過程，終點是滿足；或者可以說你真的很餓，而且在準備食物時，準備會使興奮升高，最後你終於把東西吃下去了，接下來的滿足感可能根本不是什麼大不了的幸福感，興奮其實是幸福感的主要成分，引發大部分興奮的東西是期望，不是滿足。」

想在功能性核磁共振機器的圓筒裡，測試性期望和性滿足的差別，應該很不容易，不舒服更是不用說。但是專家測試過期望和實際品嘗食物味道之間的不同。受測者知道自己看到某種形狀後，會得到一口糖水，他們看到這種形狀時，阿肯伯氏核發射的強度遠遠超過得到糖水時，這點證實了布瑞特所說想像美食至少跟吃到美食一樣讓人興奮。金錢也是以同樣的方式運作，就像一句老話說的一樣，抱著希望勝過實際接受。

## 不耐煩的老鼠

我們投資時，為什麼反射性腦部比較重視我們可能得到的東西，比較不重視我們確實得到的東西？這種功能是納森的恩師、寶林格林俄亥俄州立大學（Bowling Green State University）的傑克·潘賽普（Jaak Panksepp）所說「尋找系統」的一環。在人類幾百萬年的進化史中，期望的興奮促使我們的意識處在高度警覺的狀態，讓我們做好抓住不確定報酬的準備。奧勒岡大學的史洛維奇說，我們腦中的期望迴路擔負「鼓勵指標」的功能，讓我們能夠追求只有靠著耐心與決心才能得到的較長期報酬。如果我們不能從想像未來的財富中得到快樂，我們絕對不可能鼓勵自己堅持到贏得財富時為止，我們應該只會抓住擺在眼前、立即可以得到的利益。

法國散文家蒙田（Michel de Montaigne）寫道：「如果把我們放在酒瓶和火腿之間，如果我們對喝酒和吃東西的胃口完全相同，毫無疑問地，我們會找不出解決方法，只好渴死和餓死。」在約翰·巴斯（John Barth）1958年出版的小說《窮途末路》（End of the Road）中，主角之一的雅各·洪納（Jacob Horner）沒有想像未來歡樂的能力，因此每次碰到必須選擇時，都會陷入癱瘓狀態。洪納的醫師杜基（Dockey）教他「左邊、前面和字母優先順序」的簡單規則——選擇在左邊、在最前面、第一個字母最接近字母表開頭的東西。這些規則雖然荒唐，卻至少讓洪納能夠開始行動。如果我們的尋找系統不能作用，我們全都會像洪納一樣，面臨一個以上的選擇時，會變得猶豫不決，無法動彈。就像杜基醫師告訴洪納的一樣：「選擇就是存在，如果你不選擇，你就不存在。」

研究期望在其他動物身上怎麼運作，可以讓我們更了解期望。日本富山醫藥大學的小野武年領導的研究小組研究老鼠怎麼期望報酬。小野和同事證明，得到水、糖水之類報酬的希望或電流刺激，會啟動老鼠腦部叫做感覺丘腦的地方。這個迴路像雙排電燈開關一樣，明顯的分成兩階段打開：首先是在百分之一秒的時間裡，出現神經閃電，對腦部的其他部分發出信號，指出可能會有報酬出現（事實上，老鼠看到預測會有報酬的信號出現時，腦部會尖叫「來了！」）然後出現持續升高的反應，神經元不斷地發射，一直到報酬發出為止；可能的獎勵愈受歡迎，神經元發射的程度愈厲害，報酬最後出現時，老鼠撲上去的速度愈快，在這段期間裡，老鼠似乎在判斷報酬最可能以什麼形式出現。

因此，期望的第一階段似乎是一種回顧的形式：老鼠從過去多次實驗中，得知出現某種聲音或燈光，跟獎勵的發送有關，因此信號幾乎會立刻引發警戒。第二階段是前瞻的形式：在信號出現和報酬送出之間，老鼠會努力辨認哪一種報酬會出現。老鼠的預測愈正確，腦部會讓老鼠進入愈完善的準備狀態（小野的研究小組發現，老鼠會在大約四分之一秒的時間裡，喝完一份清水，但是可以在不到20分之一秒的時間裡，喝光糖水。）小野說，期望的兩個階段似乎是比較「已經學到的經驗」和「未來結果」的方法。艾蜜莉・狄金遜（Emily Dickinson）的詩句：「回顧是展望的一半，有時候幾乎還更多」，把這種觀念表達的十分清楚。

心理學家最近一直在探索期望迴路受損時，會有什麼變化。英國劍橋大學進行過一項實驗，把老鼠放進隔間裡，老鼠可以用爪子壓兩片控制桿中的一個，壓其中一片控制桿時，老鼠會立刻得到一粒糖粒的獎勵，壓另一片控制桿的話，可以得到四粒美味的糖粒，但是要延後十到60秒才能得到。擁有完整無缺腦部的老鼠極為不耐煩，但是一半時間裡，還是會選擇數量比較多的延後獎勵。

然而，如果老鼠腦部阿肯伯氏核患有新型態期望缺失症、而不是患有注意力缺失症，會因為沒有正常功能的阿肯伯氏核，幾乎完全不能接受延後滿足，這種老鼠超過80%的時間裡，都會選擇比較早出現、但是數量比較少的獎品，這種老鼠喪失了預期未來報酬的能力，被迫進行劍橋大學心理學家魯道夫・卡迪諾（Rudolf Cardinal）所說的「衝動性選擇」。照他的說法，期望迴路或許可以讓正常的老鼠，「集中認知能力」，注意不久之後即將出現的東西。但是對於阿肯伯氏核功能失常的老鼠來說，當下最重要，未來根本不存在。

因此我們腦部功能中的尋求系統一部分是好事，一部分是壞事，我們的期望迴路迫使我們密切注意報酬即將來臨的可能性，卻也促使我們在預期未來時，讓我們感覺到比未來真正實現時還好的感覺。這就是為什麼大部分人，極為難以了解「金錢買不到幸福」這句老話正確無誤，因為我們永遠覺得金錢應該能夠買到幸福。

## 為什麼好消息可能糟糕之至？

華爾街有一句老話，說「謠言紛紛時買進，消息實現時賣出。」這句老生常談背後的理論是：「投資高手」之間傳說紛紛，指出會發生大事情時，股價會上漲，等到一般大眾得知好消息時，高手就在頭部賣的一乾二淨，股價就急轉直下。

這句老話的確有幾分道理，但是很可能跟大家腦部裡的期望迴路比較有關係，跟想像中少數大投資人腦力高人一等比較無關。賽雷拉基因組集團（Celera Genomics Group）是個鮮明的例子，證明股價會靠著希望飛躍上漲，希望實現後會慘跌。1999 年 9 月 8 日，賽雷拉開始為人類基因組定序。賽雷拉如果能夠標定人類 30 億對遺傳因子中每一對的序列，就可以創造生物科技史上最偉大的進步。賽雷拉耀眼的事業開始吸引大家的注意力，投資人抱著期望，開始瘋狂。1999 年 12 月，柯文證券公司（SG Cowen Securities）生物科技股分析師艾力克．施密特（Eric Schmidt）摘要說明市場的心態：「投資人現在對這個部門熱情之至，希望今天能夠擁有會推動明日經濟的題材。」賽雷拉股價從定序計畫開始時的 17.41 美元，飛躍上漲到 2000 年初的 244 美元。

隨後到 2000 年 6 月 26 日，賽雷拉首席科學家柯雷．文特（J. Craig Venter）和美國總統喬治．布希（George W. Bush）、英國首相東尼．布萊爾（Tony Blair）在白宮舉行轟動一時的記者會，宣佈「人類十萬年記錄中歷史性的一刻。」賽雷拉正式宣佈完全破解人類的基因密碼，股票的反應如何？答案是慘跌，當天就暴跌 10.2%，隔天又跌了 12.7%。

賽雷拉的運氣根本沒有變壞，事實上正好相反：賽雷拉的成就可以說是科學奇蹟，因此為什麼股票會崩盤？最可能的解釋是：期望之火非常輕易地就被現實的冷水澆熄。一旦投資人期望非常久的好消息出現，興奮之情就會完全消失，隨之而來的是情感真空，未來沒有像過去所想像的那麼美好的痛苦認知，幾乎立刻填滿真空〔就像尤基・貝拉（Yogi Berra）的名言一樣：「未來不像過去想像的這麼美好。」〕投資人得到期望的東西，再也沒有指望，因此出脫股票，造成股票崩盤。

到 2006 年底，賽雷拉基因組公司股票——分為兩類，其中一種以愛普雷拉公司（Applera Corp.）的名義掛牌——交易價大約為 14 美元，比空前新高價低 90%以上，這點顯示：買進充滿交易者貪婪心態的公司股票十分危險。

## 記憶的元素是金錢

德國研究人員最近在一項著名的實驗中，測試大家對財務利得的期望是否能夠改善記憶。一群神經科學家用核磁共振機器，掃描受測者的腦部，同時放鐵錘、汽車或葡萄串的影像讓受測者看。有些影像附有贏得 0.5 歐元（約 0.65 美元）的機會，有些影像完全沒有獎勵。受測者很快就知道哪些圖片附有賺錢的機會，核磁共振掃描顯示，這種影像出現時，受測者的期望迴路會瘋狂發射。

研究人員隨後立刻讓受測者，看一套數量比較多的圖片，其中有些圖片沒有在核磁共振掃描機器裡展示過，受測者十分精確地區分出哪些圖片在實驗中展示過，也同樣善於分辨哪些圖片預示會有財務利得，哪些圖片跟報酬無關。

三星期後，受測者回到實驗室，再度看這些圖片。然而，這次出現了一些有趣的事情：受測者雖然三星期沒有看過這些影像了，卻能夠更輕鬆的分辨哪些影像預示會有財務利得，哪些影像沒有！研究人員對這種發現深感震驚，就回頭重新評估三星期前的功能性核磁共振掃描，結果發現附有潛在報酬的影像，不但引發期望迴路更強烈的活動，也引發腦部存放長期記憶的海馬迴更強烈的活動。

看來最初的期望火焰用了什麼方法，把潛在報酬的回憶更深入的烙印在腦海裡。神經科學家恩拉．杜賽爾（Emrah Duezel）說：「就記憶的形成而言，報酬的期望比接受報酬還重要。」一旦你知道某種賭博可能贏錢，你會記得那種狀況、記得期望賭贏的興奮，記憶清楚的程度和時間的長久，遠超過你對賭博沒有贏錢的記憶。就像畫家在粉彩上噴東西，讓顏色固定一樣，期望扮演固定劑的角色，讓你牢牢記住贏得報酬的情況。

特婁康考迪亞大學（Concordia University）神經科學家彼得．習斯格（Peter Shizgal）說：「對某些人來說，感覺很好的記憶可能排擠比較重要的所有財務資訊。」

習斯格說了下面這個故事：「我認識的一位心理學家有一個病人，這個病人有強迫性賭博症狀，某一個周末，病人大約賭贏 10 萬美元。因此心理學家問病人：『噢，你的整體輸贏如何？』病人說：『噢，輸了 190 萬美元，以前我輸了 200 萬美元，但是現在我贏回了 10 萬美元！』」習斯格解釋說：「病人回答的第一部分完全不帶情感，就好像這種資訊已經存在，毫無影響，只有大贏才真正值得記住，會繼續控制病人的行為。」

難怪這麼多人回顧自己過去的投資時，總是看到可以媲美巴菲特的績效，事實上，我們真正的績效記錄充滿了錯誤與虧損，因為預期獲利會協助我們記得過去的獲利，後見之明經常可能把我們 0.2 的模糊視力，變成好像 2.0 的完美視力。

因此，期望就像小野武年用老鼠所做實驗顯示的一樣，似乎是分為兩個階段的程序，第一階段是靠著回憶回頭看，第二階段是帶著希望向前看。這點應該可以說明為什麼辛蘿莉贏得實境秀大獎前，從來沒有買過樂透彩券，現在卻喜歡玩樂透，也可以說明為什麼馬克・吐溫雖然很富有，還是持續不斷地嘗試各種發大財的方法。

## 期望中的期望

老鼠實驗顯示，老鼠看到預測會有報酬出現的信號後，阿肯伯氏核在十分之一秒的時間裡，會發出信號，接下來的 5 到 15 秒內，這些信號會促使老鼠採取行動，追逐信號所預測的報酬。報酬與預測報酬信號之間有一種心智跳躍過程，有助於說明為什麼海洛因癮君子一看到注射筒，就會感覺到無法抗拒的衝動，迫切地想要注射一筒。這也是為什麼賭場地板的裝飾品叮噹作響，也會讓強迫性賭徒，掏出皮夾來的原因。

杜斯妥耶夫斯基（Dostoyevsky）在中篇小說《賭徒》（Gambler）中寫道：「雖然我才走在走廊上，要向賭場走去，我一聽到兩個房間之外錢幣掉下來叮噹作響的聲音，我幾乎就全身震動。」因為光是看到預測性的信號，就可能引發衝動性的感情，便利商店才會把樂透機器，放在收銀機旁邊，證券商才會一進大門，就擺急速閃動的電子股價看板，或是在接待廳裡放電視機，電視機永遠鎖定國家廣播公司商業台（CNBC）。

報酬很接近時，頭腦會非常不願意等待。靈長類頭腦中央尾殼核的神經元甚至在預測信號出現前，就會開始變得活躍。猴子知道如果把眼睛瞄向特殊的形狀，就會得到一杯水，猴子也大致知道下一個信號什麼時候可能出現。

令人驚異的是，信號出現前 1.5 秒，猴子的尾殼核神經元就會開始大量發射。換句話說，一旦我們知道報酬近在眼前，我們不但會把注意力，鎖定在利得或利得可能出現的信號上，甚至會鎖定在信號可能出現的暗示上。日本和光地方的理化學研究所的中原裕之，把這種早期發作的警訊稱為「預期報酬的預期」。這種情形好像伊凡・巴伏洛夫（Ivan Pavlov）實驗中的狗一樣，不但在鈴聲響時會流口水，看到巴伏洛夫開始走向鈴鐺時，就會流口水。

這點有助於說明為什麼到了 1990 年代末期，前一天賺錢的當日沖銷客一坐在電腦前面，就會沈迷其中的原因。思科公司（Cisco Systems）連續十季每股盈餘勝過華爾街的預測 1 美分，光是思科下一次公佈盈餘的時間接近，就足以讓投資人覺得幸福快樂。

2001 年 2 月思科公司發佈盈餘報告前五天，思科股價躍漲 10.5%，成交量比平常多出三分之一。這是巴伏洛夫式的漲價，是投資人對著已知即將公佈的盈餘報告流口水造成的（最後，思科公司的盈餘一如預期，比分析師預測的多 1 美分，而且又連續三季都有這種表現——然後思科內爆。2002 年時，公司總市值大約跌掉了 4,000 億美元，是金融史上單一股價總市值跌幅最大的記錄。）

## 機率的曙光

期望在神經上另有一種少見的問題。納森發現，反射性腦部對於相關報酬的金額變化，會產生高度反應，對獲得報酬可能性的變化卻不敏感多了。事實上，你的腦部比較善於問「報酬有多高？」，比較不善於問「得到報酬的可能性有多少？」因此，潛在的利得愈大，你會覺得自己愈貪心，不管賺到這種報酬的機會有多渺茫。

如果樂透彩的獎金為 1 億美元，公佈的中獎機率從 1000 萬分之一降為 1 億分之一，你買彩券的可能性會降為十分之一嗎？

如果你像大部分人一樣，你很可能會聳聳肩說：「機會渺茫又如何？」而且你會像以前一樣，高興地去買彩券。

像卡內基梅隆大學（Carnegie Mellon University）經濟學家喬治・羅文斯坦（George Loewenstein）說的一樣，你對 1,000 萬美元的「心智印象」，會引發腦部反射性區域爆發期望，要到後來，你的反映性腦部才會去計算，發現你贏得樂透彩的機率，跟摩門教徒奧茲・奧斯朋（Ozzy Osbourne）當選下任教皇的可能性一樣渺茫。

羅文斯坦解釋說：「金錢是報酬的基本形式，會在反射性系統中迅速處理，你對一堆錢很可能會有鮮明的印象，而且會幻想自己怎麼花用這筆錢。但是你腦部的設計不會讓你對機率產生心智印象。如果我們把樂透彩的獎金乘以或除以 10、100 或 1,000，你預期中贏得彩金的快樂感覺會大幅變化，但是你對機率的類似變化，會產生什麼感情反應。」因為預期是以反射性的方式處理，機率是以反映性的方式處理，贏得 1 億美元的心智印象，會排擠贏得大獎機率多麼不可能的計算。簡單的說，可能性在房間裡時，機率會被趕出窗外。

金凱瑞（Jim Carrey）扮演的羅伊（Lloyd）在電影《阿呆與阿瓜》（Dumb and Dumber）中，問他一生最愛的女孩，說自己讓她也愛上自己的機會有多少。瑪麗・史萬森（Mary Swanson）回答說：「不太高。」羅伊猶豫不決的問：「沒有 100 分之一那麼高嗎？」瑪麗回答：「我得說超過 100 萬分之一。」羅伊高興的說：「這麼說來，你的意思是說我還有機會咯？太好了！」

你買股票或共同基金時沒有兩樣：你期望賺大錢的心理，通常會排擠你評估賺大錢可能性的能力。這點表示你有機會買報酬率很高、但是報酬率很可能無法維持的投資標的時，你的頭腦通常會讓你陷入困難。

## 沒有承擔的風險

你對自己的期望迴路應該知道另一點：就是期望迴路並不是孤立評估潛在利得。理論上，我們全都應該喜歡多賺錢，比較不喜歡少賺錢，但實際上並非總是如此。柏克萊加州大學心理學家芭芭拉・梅勒斯（Barbara Mellers）指出，大家從有機會贏錢或輸錢的賭博中，得到的「相對快樂」高於從只有贏錢的賭博中得到的快樂。梅勒斯說：「我們極為善於適應變化，因此我們不只是根據實際狀況，評估潛在結果，也根據可能發生的狀況，評估結果。」因此我們可能輸錢會使贏錢的滋味變得更甜美。

哈佛醫學院的布瑞特領導一群神經科學家，跟心理學家卡尼曼合作，測試虧損的可能性對我們期望獲利的強度，可能會有什麼影響。研究人員製造出不同的幸運輪，每個幸運輪都劃分為三種可能的結果，每種結果出現的機率相同：旋轉第一個幸運輪有機會贏得 10 美元、2.5 美元或一無所獲；第二個幸運輪可以贏得 2.5 美元、一無所獲或輸掉 1.5 美元；第三個幸運輪有機會一無所獲、輸掉 1.5 美元或是輸掉 6 美元。有時候，「好」幸運輪會出現，有時候，第二好的幸運輪會出現，有時候「壞」幸運輪會出現，是否出現完全隨機。

在這個實驗中，你的腦部不是孤立評估可能的獲利，而是拿可能的獲利和其他可能的結果比較。好幸運輪會讓你賺到 10 美元。但是完全沒有輸錢的風險。同時，第二好的幸運輪頂多只能讓你賺到 2.5 美元，卻可能害你輸掉 1.5 美元。因此，雖然第二好的幸運輪獎金比較小，引發的腦部活動卻一樣強，因為這個幸運輪附帶了輸錢的風險。布瑞特和同事證明，受測者期待第二好的幸運輪轉動結果時，包括阿肯伯氏核在內的腦部好幾個區域裡，神經元和等待好幸運輪的報酬時一樣活躍（壞幸運輪因為毫無贏錢機會，會啟動腦部恐懼中樞之一的杏仁核。）

因此輸錢的可能性使贏錢的希望變得更迷人。如果你好好想一想，會發現這點十分有理，進化自然把我們設計成比較注意被風險包圍著的報酬——就像我們都知道，摘玫瑰時要比摘菊花更小心。

## 期望遊戲

行銷人員和一大推想把你的錢搶走的人，非常清楚你腦部的期望迴路怎麼運作。幾乎每家賭場都會把吃角子老虎，放在主要入口剛剛進門的地方，這樣你一走進去，聽到的第一個聲音就是鈴聲長鳴，或是硬幣掉下來嘩啦、嘩啦刺耳的聲音，讓你湧上可能賭贏的興奮。同時，快速致富的騙子長久以來，都利用他們所說「展示現金、強力打擊」的情感力量，吹噓極為龐大的潛在利益，而且通常會拿著實際的現金揮舞，然後在受害者發現自己上當前逃之夭夭。

承諾將來會有驚人獲利，是推銷股票的人最古老的招數。1720 年，南海公司（South Sea Co.）宣佈將來要增加股利，把股價炒作上去──當時一位觀察家說，這點「可能是讓大家最陶醉的事情。」1990 年代末期，華爾街投資銀行家有系統地壓低初次公開發行股票的承銷價，好讓股票在上市第一天的交易裡，飛躍上漲 697%之多。這樣進而促使投資人迫切渴望從最初的承銷階段，就參與下一次的初次公開發行。難怪揭露初次公開發行狀況的文件叫做「公開說明書」（prospectus），在拉丁文裡，這個字的意思是「期望」。

此外，雖然整體股市下跌，卻有很多股票仍然上漲。2000 年內，威爾夏 5,000 指數（Wilshire 5000 index，衡量美國股票報酬率最廣泛的指標）下跌 10.7%，卻有 185 檔股票至少上漲三倍，23 檔至少上漲十倍。隔年威爾夏指數又下跌 11%，卻有 231 檔股票上漲三倍以上，16 檔股票上漲十倍以上。2002 年內，雖然股市慘跌 20.8%，卻有 58 檔股票至少上漲三倍，三檔股票至少上漲十倍。因為總是有一些股票讓人發財，你自己要找到一檔這樣的股票似乎很容易。但是你的尋找系統比較注意可能發生的事情，比較不注意真正發生的事情，因此很難記得有很多股票前一年大幅上漲，隔年卻慘跌。這就是為什麼這麼多人的投資報酬率讓人心痛、也讓人胃痛的原因，他們花很多年的時間，追逐不同的「熱門」股票或基金，卻在財富似乎伸手可及的時候，發現這種股票或基金冷卻下來。

不是只有個別散戶才受貪婪影響，只讓百萬富翁、退休基金和校產基金之類機構投資、擁有巨額資金的避險基金也一樣，避險基金讓這些大戶獨享以「私家」或秘密策略投資的特權。大戶投資一般共同基金時，都會憤怒地拒絕付出超過1%的費用，卻高興的付出至少占資產2%和利潤20%的費用，投資避險基金，避險基金卻幾乎完全不提供如何投資的資訊（很多避險基金的投資方法極為模糊不清，被人稱為「黑盒子」。）事實上，很多避險基金就是極力保持策略的秘密，才能方便地收取這麼高的費用。對客戶來說，不知道內情使賺大錢的希望變得更難以抗拒。如果所有的生日禮物都用透明塑膠包裝，你過生日的樂趣會少多了。

## 控制你的貪婪

因此，你應該怎麼控制自己的尋找系統，以免陷入財務困境？第一件應該知道的事情是：你的期望迴路一定會受影響，這點正是期望迴路的功能。因此，如果你頭腦的其他部分不提供制衡，你會淪落到追逐出現在眼前、具有熱門報酬率的每一樣東西，長期卻一無所獲，只會承受風險和虧損。以下是改進之道。

## 華爾街上只有一件確定的事情，就是什麼都不確定

請記住，你的尋找系統特別容易受到賺大錢的期望刺激，這種興奮的感覺會妨礙你計算真正機率的能力。你要保持警戒，防範用「財產加倍」、「毫無限制」、「這樣東西真的會起飛」之類賺大錢術語引誘你的人。理論上，一種投資的報酬率愈高，你應該問的問題愈多，先從下面這個問題開始：「為什麼知道這種絕佳投資機會的人，願意讓別人知道秘密？」然後再問：「我怎麼會有這種罕見的殊榮，能夠分享這個最好的機會？」此外，絕對不要——重複一遍，絕對不要——聽你不認識的營業員主動打來的電話，就投資下去，你一定要立刻拒絕，然後掛上電話。絕對不要——重複一遍，絕對不要——回應主動寄來、鼓勵你投資任何東西的電子郵件，立刻把信刪除，不要打開。

## 閃電很少擊中同樣的地方兩次

如果你曾經嘗過賺大錢的滋味，你可能受到誘惑，把餘生花在找回這種感覺上。看出已經上漲的股票很容易，要看出會繼續上漲的股票難多了。投資讓你想到很久以前賺大錢經驗的

股票時，要特別小心，眼前的股票和任何一檔仍然上市或已經下市的股票之間，如果有什麼類似的地方，很可能純屬巧合。你要大舉投資任何一檔股票的先決條件是：你已經仔細研究過公司的基本業務，而且假設股市要關閉五年，你仍然樂於擁有這家公司。

### 鎖定你的「投機資金」，丟掉鑰匙。

如果你忍不住要在市場上賭博，那麼你至少應該限制你要投下去冒險的金額。要像上賭場的賭徒一樣，把皮夾鎖在旅館的保險箱裡，只帶200美元到賭場大廳，以便限制可能輸掉的錢一樣，你應該針對你準備投入投機交易冒險的金額，定出限制，至少要把90%的股票投資資金，投入低成本、分散投資、持有整個市場的指數型基金，頂多把10%的資金，投入冒險的投機交易。一定要確保這種「投機資金」，存在跟長期投資完全不同的帳戶裡，絕對不要把兩者合而為一。不管投機上漲或下跌多少，絕對不要在投機帳戶中加碼（交易順利時，抗拒加碼的誘惑特別重要。）要是投機帳戶虧光，要結清帳戶。

### 控制你的信號

巴伏洛夫實驗室裡的狗聽到鈴聲響起，顯示食物即將出現時，都會流口水；隔壁房間傳來啤酒倒進杯裡的嘩啦嘩啦聲，可能讓酒鬼非常想喝酒，股市也一樣，總是產生可能刺激你交易的很多信號。石溪紐約州立大學心理學家霍華．雷其林（Howard Rachlin）曾經證明，戒菸最好的第一步，是設法每天抽同樣多支的香菸，這句話可以暗示我們一點：減少產生貪心的機會，降低你滿足期望所需要的數量變化，等於加強自我控制。納森指出：「問你自己，『我怎麼才能清理自己的環境？』（想想抽菸的人努力戒菸，把所有的菸灰缸都藏起來。）『我要怎麼做，才能夠在比較少的信號、以及信號比較少變化的環境中曝光？』」你可以試著在看國家廣播公司商業台時，把聲音關掉，這樣任何人有關股市的評論就不會讓你分心，害你偏離你的長期財務目標。如果你發現自己每天都要走過本地的證券號子，好看看窗戶裡的電子股價看板，那麼你要開始走不同的路線，如果你發現自己非常熱衷於上網，了解一檔股票的價格，你要用網路掃描器中的「歷史」視窗，計算你每天看股價多少次。你看到的數字可能讓你震驚，知道你多常這樣做，是減少這樣做的第一步。

控制你的信號另一個簡單而有力的方法，是列出一張對照表，說明你買賣每一種投資前必須符合的標準。波克夏公司每一年的年報裡，都列出包括六項「併購標準」的對照表，顯示董事長巴菲特和副董事長孟格考慮購買任何事業時，應用什麼標準。你的對照表一定要包括一些你不想考慮的事項，這樣你才可以快速排除原本可能誘惑你的差勁構想。請參考附錄B，了解投資時，該做和不該做事項的對照表。

## 三思而行

葛拉威爾至少在談到投資時，主張「思而不思」是自取滅亡之道。相反的，你必須三思，史丹福大學的納森說：「重要的是，你應該知道報酬的希望渺茫程度，對你行為的影響，遠超過微小機率的影響。如果你能夠認識這一點，那麼你應該可以對自己說：『我應該離開，跟自己的小孩遊戲一小時，然後再考慮這件事』」，在可能賺到龐大利潤的希望煽風點火下，做出理財決定，是差勁之至的做法，你要定下心來，如果你沒有小孩讓你分心，你可以到附近散散步，或是上體育館，等到激動時刻過去、你的期望迴路冷靜下來時，才重新考慮，因此不要光憑著衝動莽撞行事，要三思而後行。

Chapter 4

# 預測

財務動機不是完全沒有作用，就是刺激作用大到只有毒品可以相比。

——薩繆爾．柯爾律治（Samuel Taylor Coleridge）

## 從胡言亂語到泡沫紛紛

倫敦大英博物館美索不達米亞館裡，擺了一個古文明世界最讓人震撼的文物，就是實物大小的陶製羊肝模型，這個模型是巴比倫時代訓練名叫「巴魯」（baru）的專業祭司用的工具，「巴魯」研究現宰綿羊的內臟，針對未來做出預測。這個模型詳細表現了真正羊肝所能展現的疤痕、顏色和大小或形狀的差異。「巴魯」和信徒認為，這些差異中的每一種，都有助於預測即將發生的事情，因此這個陶製模型精巧之至，劃分為 63 個區域，每個區域都標注楔形文字和其他符號，說明這個區域的預測力量。

這件文物讓人這麼震撼，原因在於東西散發出的現代感，跟今日財金新聞的報導不相上下。這件文物在美索不達米亞燒製完成的 3,700 多年後，研究羊肝的巴比倫「巴魯」仍然陰魂不散，跟著我們，只是「巴魯」現在改叫市場策略師、金融分析師和投資專家。他們會告訴你：最新的失業率報告「清楚顯示」利率會上升；本月有關通貨膨脹的消息表示股市「肯定」會下跌；這種新產品或那位新老闆對公司股票是「好預兆」。

就像古代的「巴魯」從血淋淋的羊肝中，按摩出意義一樣，今天的市場預測專家完全憑著運氣，有時候也會猜對未來。但是專家猜錯的比率就像丟銅幣丟出背面一樣頻繁，專家猜錯時，他們的預測看起來好像傻瓜嘉言錄：

- 《商業周刊》（BusinessWeek）每年到了 12 月，都會針對華爾街的重要策略，進行訪調，詢問未來一年的股市走勢。過去十年裡，這些「專家」預測的共識值平均偏離實際情況 16%。
- 1982 年 8 月 13 日星期五，《華爾街日報》（Wall Street Journal）和《紐約時報》（New York Times）引述幾位分析師和交易員的話，人人都說出極為悲觀的話：「恐慌賣壓出現後，空頭市場才會結束」，「投資人進退兩難」，市場陷入「全面投降和恐慌賣壓中。」就在同一天，一代以來最大的多頭市場開始了，到反彈很久之後，大部分「專家」仍然堅持看空。
- 2000 年 4 月 14 日，那斯達克股市下跌 9.7%，收盤指數為 3,321.29。康柏基金公司（Kemper Funds）的羅伯．傅羅利（Robert Froelich）宣稱：「這是散戶長久以來最好的機會。」帝傑證券公司（Donaldson, Lufkin & Jenrette）的湯瑪斯．蓋文（Thomas Galvin）堅持「那斯達克指數下檔風險只有 200 或 300 點，上檔利潤有 2,000 點。」結果上檔沒有半點，下檔風險超過 2,200 點，那斯達克指數一路下跌。跌到 2002 年 10 月的 1,114.11 點。

- 1980 年 1 月，金價漲到每英兩 850 美元的天價，美國財政部長威廉．米勒（G. William Miller）宣稱：「目前似乎不是我們出售黃金的適當時機。」隔天金價暴跌 17%，隨後的五年裡，黃金喪失三分之二的價值。
- 連精研少數股票的華爾街分析師，都很可能玩起小孩做遊戲時「喃喃自語的遊戲」。照基金經理人大衛．杜來曼（David Dreman）的說法，過去 30 年來，分析師預估上市公司下一季的盈餘時，平均錯誤程度達到 41%。想像電視上的氣象播報員說，昨天的氣溫應該是華氏 60 度，結果真正的氣溫是 35 度，這樣的錯誤比率也是 41%，現在想像一下，他預測的精確度大致上都是這樣，你還會繼續聽他的預測嗎？

上述預測全都有兩個問題：第一、都假設過去發生的事情是將來唯一可能發生的事情；第二、過度依賴短期的過去，預測長期的將來。投資大師彼得．伯恩斯坦（Peter Bernstein）把這種錯誤叫做「後測」。簡單地說，「專家」拿著散彈槍，站在穀倉裡面，如果子彈不足時，連目標的邊都摸不到。

事實上，不管你注意哪一種經濟變數，注意利率、通貨膨脹率、經濟成長率、油價、失業率、聯邦預算赤字、美元或其他貨幣的匯價，你都可以肯定三件事。第一，有人領很高的薪水，預測這些事情。第二，他不會告訴你，甚至可能不知道自己過去的預測有多精確。第三，如果你根據這些預測進行投資，你可能會後悔，因為這些預測的精確度不會勝過巴比倫「巴魯」的胡言亂語。

財務預測沒有用，特別讓人困擾，因為情形看來極為清楚，分析應該有用才對。畢竟我們都知道，事前苦讀是提高我們（或我們小孩）考試成績的好方法。你練習打高爾夫球、籃球或網球的次數愈多，你會打得愈好，為什麼投資會不同？做最深入研究的投資人不見得賺到最高的報酬，主要的原因有三個：

1. **市場總是正確無誤**。數以千百萬投資人的集體智慧已經為你交易的標的定出價格，這點不表示市場價格總是很正確，但經常是對多錯少，市場嚴重錯誤，就像 1990 年代末期網際網路股的情形一樣時，逆勢而行可能像在海嘯中游泳一樣。
2. **只有錢才能推動錢潮**。買賣股票的券商手續費可能輕易地把你的資本吃掉 2%以上，如果你的交易太頻繁，稅捐機關可能把你的利得拿走 35%。加總起來，這些費用會像砂紙一樣，耗蝕你的獲利構想。

3. **隨機規則**。不管你多麼精心研究一種投資標的，這種投資都可能因為你根本想像不到的原因而下跌：原因包括新產品不成氣候、執行長下台、利率上升、政府管制改變、戰爭或恐怖主義突然爆發，沒有人能夠預測無法預測的事情。

因此，雖然所有證據都顯示預測沒有用，為什麼今天的金融「巴魯」繼續預測？為什麼投資人還是聽他們的話？最重要的是，如果沒有人能夠精確預測財務上的未來，那麼你可以利用哪些實際規則，做出更好的投資決定？第四章就是要談這些問題。

## 機率有多少？

心理學家卡尼曼和特佛斯基費了不少功夫，才對大家總是「理性」的傳統看法，施以致命的一擊。經濟理論中假設我們會用合理的方式，處理所有相關資訊，判斷哪一個選擇能夠提供風險和報酬之間的最佳交換。卡尼曼和特佛斯基證明，實際上，人通常根據極為短期的資料樣本，甚至根據不相關的因素，做出長期趨勢的預測。看看下列例子：

1. 前面擺著兩個被東西遮住的碗，每個碗裡都有兩種顏色的球，其中三分之二一定是某種顏色，三分之一一定是另一種顏色。有一個人從第一個碗裡拿出五個球；其中四個是白色的，一個是紅色的。第二個人從第二個碗裡拿出 20 個球；其中 12 個是紅色的，八個是白色的。現在該你瞎子摸球，但是你只能拿一個球；如果你事前猜對顏色，就會贏得 5 美元，你應該賭自己會從第一個碗中拿到白球，還是賭從第二個碗中拿到紅球？

很多人賭會拿到白球，因為第一個人從第一個碗裡拿到的球當中，80％是白球，第二個人從第二個碗裡拿到的球當中，只有 60％是紅球。但是第二個碗的樣本多四倍。比較大的樣本數代表第二個碗裡，紅球比較多的可能性，大於第一個碗裡白球比較多的可能性。大部分人都知道大資料樣本比較可靠，但是我們還是會因為小樣本數分心，為什麼？

2. 一項全國性的調查取得 100 位年輕女性性格的簡單描述，其中 90 人是職業運動員，十位是圖書館員。下面是從這 100 人中抽出的兩位性格簡述：

麗莎外向而活潑，留著長髮，皮膚是小麥色，她有時候會不聽命令，會製造麻煩，但是她過著活躍的社交生活，她已經結婚，但是沒有小孩。

密德瑞很沉默，帶著眼鏡，留著短髮，經常微笑，卻很少大笑，她工作勤奮，特別有規矩，只有幾個親密的朋友，她是單身女郎。

- 麗莎是圖書館員的可能性有多高？
- 密德瑞是職業運動員的可能性有多高？

大部分人認為，麗莎一定是運動員，密德瑞一定是圖書館員，從描述中顯然可以看出，麗莎比密德瑞更可能是騎師，密德瑞很可能也是職業運動員。畢竟我們已經知道這些女性當中 90%是職業運動員。我們必須判斷事情的可能性多高時，卻經常判斷事情之間有多相像，為什麼？

3. 想像你和我在擲錢幣（假設我們各投擲六次，擲出人頭時記錄為正面，否則記錄為反面。）你先擲，擲出正反反正反正，擲出正反兩面的機率是一半、一半，正好是你隨機投擲時應該得到的樣子。接著我擲出正正正正正正：這麼完美的連擲六個正，讓我們兩個都大為吃驚，也讓我覺得自己好像是擲錢幣的天才。

   但是事實真相平凡多了：投擲錢幣六次，投出六次正面的機率跟擲出正反反正反正的機率一樣多，兩種系列的機率都是 64 分之一，或是 1.6%。但是我們擲出正反反正反正時毫無所謂，擲出六個正面時，兩個人都大為吃驚，為什麼？

## 鴿子、老鼠和隨機

這些隨機謎題的答案深深藏在我們的腦海中，起源於悠久的人類歷史。人類具有判斷和解釋簡單型態的驚人能力。這種能力協助我們的祖先，在危險的原始世界中生存下來，讓他們能夠躲避掠食動物，找到食物和住處，最後在適當的季節、適當的地點種植作物。今天我們善於尋找和完成型態的技能，協助我們安然度過日常生活中的基本考驗（例如「我該搭的火車來了」，「小嬰兒餓了」，「我的上司星期一總是很蠢」。）

但是一談到投資，我們尋找型態的積習，會促使我們認定：經常沒有秩序的地方有秩序存在。不只是華爾街的先知認為自己知道股市走勢，幾乎每個人對於道瓊指數以後會上漲還是下跌，或是對某一檔個股會不會繼續上漲，都有自己的看法。每一個人都希望相信金融前景可以預測。

在隨機資料中尋找型態，是人類腦部的基本功能，這種人性太基本了，以至於人類不應該叫做「智人」，應該改叫「型態人」──尋找型態的人類──才比較適當。雖然大部分動物都有辨認型態的能力，只有人類才這麼熱衷於尋找型態。我們甚至可以在沒有任何秩序的地方看出秩序，這種能力是天文學家卡爾・沙崗（Carl Sagan）所說「人類特有的自負」，也是其他人所說的「空想性錯視」，也就是希臘文所說的不正確或扭曲的影像。有些人可以從放了十年的烤起司三明治焦黑的部分，看出聖母瑪利亞的形象，甚至有人願意在電子灣（eBay）拍賣網站上，出 2.8 萬美元買這塊三明治。有些人會篩選堆積如山的股市資料，尋找「可以預測的型態」，以便打敗大盤。

- 根據歷史資料，美國股市星期五通常會上漲，星期一通常會下跌，這點已經成為大家共同的想法，但是到了 1990 年代，實際情形正好相反。
- 大家普遍認為，10 月（1987 年股市崩盤的月份）是持有股票最不好的月份，但是長期而言，10 月實際上是一年裡平均報酬率第五好的月份。
- 千百萬投資人相信技術分析與波段操作，技術分析根據過去的價格，理當可以預測未來的價格，波段操作理當可以讓你在股價下跌前，出脫股票，在股價上漲前，重回股市，但是幾乎沒有客觀證據，證明兩種手法長期有效。

每年有很多華爾街人士聲援國家足球聯盟（National Football Conference）的球隊贏得超級盃，根據是大家普遍認定卻極為不精確的想法，認為出身舊國家足球聯盟的球隊奪得冠軍時，隔年股市會上漲。

這些行為背後的動機是什麼？幾十年來，心理學家證明如果老鼠或鴿子知道股市是什麼東西，牠們的投資表現可能勝過大多數人類。因為老鼠和鳥類似乎遵守本身辨認型態能力的限制，面對隨機事件時，會表現應有的謙遜態度，人類卻大不相同。

在類似這種情況的典型實驗中，研究人員在螢幕上打兩種燈號，一種是綠燈，一種是紅燈。五次中有四次是打綠燈；另外 20%的時間打紅燈，但是打不同燈號的次序維持隨機性（一輪打 20 次燈號的情形可能是：紅綠紅綠綠綠綠綠紅綠綠綠綠紅綠綠綠綠綠綠。另一輪的系列可能是：綠綠綠綠紅綠綠綠綠綠綠綠紅紅綠綠綠綠綠紅。不要猜測下一個燈號的顏色是什麼，最好的策略是乾脆每次都預測綠色，因為這樣你有 80%的機會猜對。如果受測的老鼠或鴿子猜對下次燈號的顏色時，會得到一片食物作為獎勵，老鼠或鴿子通常就是這樣做。

但人類接受這種實驗時，通常會搞砸，人類不會完全猜綠色，鎖定 80%猜對的機會，通常在五次猜測中，會猜綠色四次，然後很快的就陷入猜測下一次紅燈什麼時候會出現的遊戲中。一般而言，這種誤導的信心促使人類猜中下次燈號顏色的機率，降到只有 68%。更奇怪的是，雖然研究人員明白告訴受測者——你不能這樣告訴老鼠或鴿子——打不同燈號的順序維持隨機性，受測的人仍然堅持這種行為。老鼠和鳥類通常很快就學會怎麼得到最高分，人類嘗試猜測的時間愈長，得分通常愈低。很多人在這項實驗中花的時間愈長，愈相信自己終於找到了預測這種純屬隨機閃動「型態」的訣竅。

人類和其他動物不同，即使別人明白告訴我們未來無法預測，我們仍然認為自己夠聰明，能夠預測未來。我們的智力較高，正是導致我們在這種實驗中，得分比老鼠和鴿子低的原因，因而形成深刻的進化矛盾（下次你想罵人「目光如鼠」時，請記住這一點。）

心理學教授喬治·武爾福特（George Wolford）領導達特茅斯學院（Dartmouth College）的研究小組，研究為什麼我們認為自己在沒有型態的地方，可以看出型態。武爾福特的小組對「裂腦症病患」，也就是對為了治療嚴重癲癇，動過手術。切斷腦半球之間神經聯繫的人，進行閃燈實驗。癲癇病患看只能由頭腦右側處理的系列燈號時，會逐漸學到像老鼠和鴿子一樣，隨時都猜最常出現的可能。但是燈號打成由癲癇病患頭腦左側處理時，他們會不斷地嘗試預測正確的閃燈系列，預測的整體正確度會大幅降低。

武爾福特說：「頭腦左半球裡似乎有一個模組，促使人類尋找型態，而且在沒有因果關係的地方，看出因果關係。」他的研究夥伴麥克·蓋森尼佳（Michael Gazzaniga）把頭腦的這個部分叫做「解釋者」。武爾福特解釋說：「解釋者促使我們相信『我可以想通這一點』。資料中有種型態，型態又不是過於複雜時，這一點很可能是好事。」然而，他警告說：「在隨機或複雜的資料中，持續不斷的尋找解釋和型態不是好事。」

就投資而言，上述說法可以說是一世紀以來最低調的說法。金融市場幾乎跟燈號閃動的情形一樣隨機，雖然隨機程度可能較低，但是變化方式複雜的不可思議。雖然到現在為止，還沒有人能夠正確無誤地指出頭腦裡解釋者的位置，解釋者的存在，卻有助於說明為什麼「專家」一再努力預測無法預測的東西。這些大師面對持續不斷出現、亂成一團的資料風暴，拒絕承認自己不可能了解這一切，他們腦海裡的解釋者反而驅策他們，相信自己已經辨認出很多型態，可以根據這些型態預測未來。

同時，大家重視這些先知的程度，超過根據他們的預測記錄應該得到的程度，因此經常得到悲慘的後果。柏克萊加州大學經濟學家馬修．雷賓（Matthew Rabin）指出，分析師在國家廣播公司商業台上，只要做出一、兩次正確的預測，看起來就像天才一樣，因為觀眾無法評估分析師全部（很可能只是普普通通）的預測記錄。

缺少全部的樣本，幾次隨機、幸運的正確預測，在觀眾看來，就像比較長期可靠預測型態的一部分。但是聽信做過幾次幸運正確預測「專家」的話，是投資人在匆忙之間，得到不幸後果的必死之道。

你投資時，頭腦知道下列型態辨認的基本現實很重要：

- **頭腦會遽下結論**。任何事情連續兩次出現，不管是股價的漲跌，還是共同基金報酬率的高低，都會使你預測還有第三次。
- **頭腦在無意識狀態下運作**。即使你認為自己完全獨立自主，從事某種複雜的分析，你腦部尋求型態的機制很可能會引導你，得到直覺多了的解決之道。

- **頭腦自動運作**。每次你碰到隨機的事情時，都會尋找其中的型態，這是頭腦的構造使然。
- **頭腦的運作無法控制**。你不能關掉這種處理程序，也不能排除這種程序（還好你可以採取一些步驟，對抗這種程序。）

## 人腦的進化過程

我們為什麼會這麼倒楣，有這種天賜的功能；為什麼這麼幸運，有這種倒楣的功能，會在隨機資料中強迫性尋找型態？紐約大學神經科學中心神經生物學家保羅．葛林傑（Paul Glimcher）宣稱：「這一點真得很怪異，我跟經濟學家朋友在一起，他們把財務決定當成理想的推理問題來分析，不知道這種問題是生物問題。我們的背後有千百萬年的重要進化，我們是生物有機體，當然會有一些生物性的功能在運作！我們面對自己在進化過程中碰到的問題時，進化一定會影響我們所做的決定。」

人類進化的整個歷史中，幾乎所有的時間都是採獵者，形成小型的遊牧團體，共同生活、求偶、尋找住處、追逐獵物、躲避掠食動物、尋找可以吃的水果、種子和根莖。對人類最早的遠祖來說，要做的決定比較少，也比較不複雜，就是要避開豹子埋伏的地方，了解大雨即將降下的徵候；看出不遠的地方有羚羊的徵象；看出附近有清水的跡象，了解誰值得信任，判斷跟這些人合作的程度，學習怎麼打敗不合作的人，這些任務就是我們的腦部在進化期間必須執行的功能。

艾默利大學（Emory University）人類學家陶德・卜瑞爾斯（Todd Preuss）解釋說：「人類和猿猴的主要差別，似乎是在頭腦裡面增加新區域比較不重要；擴大現有的區域，修正內部機制，以便執行不同的新事物比較重要。我們利用腦部的很多地方，處理『在某種情況下怎麼辦』的問題、『在什麼情況下會發生什麼狀況』的問題，做不同事情的短期和長期影響之類的問題。」人類不是唯一會製造工具、呈現遠見或為未來計畫的動物，但是沒有其他物種的預測、推斷、觀察相關性、從結果推論原因的能力，像人類這麼高明。

人類進化成「智人」物種的歷史不到 20 萬年，這段期間裡，人類的腦部幾乎沒有成長；1997 年，古人類學家在衣索比亞，發現一個有 15.4 萬年歷史的智人頭顱，這個頭顱的腦容量應該大約有 1,450 立方公分，這種容量至少是大猩猩或黑猩猩腦部的三倍大，但是不會比今天一般人的腦部小。我們的頭腦深深植根在人類早期遠祖進化的靈長類環境中，遠遠比智人還早出現。進化沒有停頓，但是人腦的大部分「現代」區域，如前額葉皮質，大致上是在石器時代發展出來的。

要想像遠古東非平原的情形很容易：環境變化多端，有很多地方提供掩護，有太陽和陰影的地方交錯出現，有很多密林、起伏的開闊地和陡降的河床。在這種地貌中，推斷——判斷下一個環節，完成連續視覺信號構成的型態——變成求生存中的重要適應功能。一旦一組資訊產生正確的答案（充足的食物、安全的掩護），遠古人類祖先絕對不會再尋找更多的證據，證明自己已經做出正確的決定。因此我們的遠祖學會最善盡利用一小部分的資料樣本。今天我們投資時，頭腦仍然善於做這種「我知道了」的行為：就是注意每一個地方出現的型態，從零碎的證據中，做出匆促的結論，在為長期未來規劃時，過度依賴短期。

我們喜歡想像我們有科技進步的長久歷史作為後盾，但是食品作物的種植和第一批城市大約在一萬一千年前才出現。最早的金融市場、零星交易大麥、小麥、小米、雞豆和白銀的市場，大約在公元 2,500 年前，在美索不達米亞出現。固定交易股票和債券的正式市場，歷史大約只有 400 年。我們的遠祖花了 600 萬多年，才進步到這種地步；如果你想像把人類的全部歷史畫在一英里長的卷軸上，第一個股市要到卷軸盡頭往回算四英寸的地方才出現。

難怪我們古老的頭腦碰到投資這種現代挑戰時，會覺得這麼難以應付。照貝勒醫學院（Baylor College of Medicine）神經科學家里德・孟泰古（P. Read Montague）的說法，碰到解決辨認簡單型態，或是以光速產生情感反應時，人類的頭腦是高效能的機器、是「瑪莎拉蒂跑車」。

但是人腦極為不善於看出長期趨勢、不善於辨認真正隨機的結果，或是同時注意多種因素，我們的遠祖難得碰到這些挑戰，但是你每次進入理財網站、看國家廣播公司商業台、跟理財顧問談話，或是打開《華爾街日報》時，你的頭腦都會碰到這種挑戰。

## 你以為多巴胺的名字是怎麼來的？

英國劍橋大學神經生理學家伍夫蘭·舒茲（Wolfram Schultz）留著短短的白髮，白色的短髭修剪地乾乾淨淨，他非常注重清潔，咖啡杯不用時，都會倒過來放在毛巾上，以免杯子沾到灰塵。我拜訪他那一天，他辦公室裡唯一可以看到的裝飾品是羅塞達石（Rosetta Stone），這顆石頭提醒大家，神經科學家鑽進人類做決定的生物性基礎時，從事的是多麼艱難的工作。舒茲是德國人，在瑞士任教多年，他似乎是量身打造的人才，特別適於一次研究一個神經元，檢測其中的電化活動，以便探索腦部微構造。

舒茲專門研究多巴胺，多巴胺是腦部的化學物質，會幫忙包括人類在內的動物，判斷怎麼採取在適當時間會帶來報酬的行動。多巴胺信號發出的地方深藏在頭腦的下腹部，也就是你的頭腦機器跟脊髓相接的地方。頭腦大約 1,000 億個神經元中，會產生多巴胺的神經元遠低於萬分之一，但是這極少數的神經元會對你的投資決定，發揮極大的影響力。

南加大神經科學家安東茵·貝卡拉（Antoine Bechara）形容，「多巴胺把手指伸到腦部每一個地方。」連接神經的多巴胺神經元發動時，跟手電筒不同，不是把信號對準孤立的目標，而是像煙火一樣炸開，發出一波波強大的能量，送到腦部的各個部分，把動機變成決策，把決策變成行動。這種電子化學脈衝可能只要花 20 分之一秒的時間，就可以從你頭腦的底部，向上方噴發到各個決策中樞。

一般認為，多巴胺是快樂藥丸，每次你得到想要的東西時，就在頭腦內部流傳，形成溫和的幸福感。不只是這樣而已，你除了評估預期報酬的價值外，也需要驅策自己，採取抓住報酬的行動。密西根大學心理學家肯特·貝李奇（Kent Berridge）說：「如果你知道可能得到報酬，那麼你就擁有知識，如果你發現自己不能就這樣坐著，知道自己必須採取行動，這樣會增加知識的力量和知識的動機價值，我們就是用這種方式進化的，因為被動地知道未來還不夠好。」

研究人員舒茲、孟泰古和目前在倫敦大學學院服務的彼得·戴楊（Peter Dayan）找到了跟多巴胺與報酬有關的三種重大發現：

1. 得到你期望的東西不會造成多巴胺噴發，符合期望的報酬會讓你的多巴胺神經元以穩定的狀態運行，以每秒大約噴發三次的正常速度，發送電子化學脈衝。雖然報酬原本應該可以鼓勵你，得到的報酬和預期的一模一樣時，在神經上不會造成刺激。

這點或許有助於解釋為什麼有毒癮的人，希望得到更大的「劑量」，以便得到同樣的興奮、為什麼投資人這麼希望找到擁有「積極動能」或「盈餘加速成長力量」、又會快速上漲的股票，要維持相同的神經活動水準，每次都需要更大的劑量。

2. 意外的利得會激發腦部。舒茲研究猴子賺到果汁或水果切片之類「所得」時的腦部狀態，證實意外的報酬出現時，多巴胺神經元發射的時間，比得到事前有跡可循的報酬還久、還強烈，神經元在片刻之間，會從每秒發射三次，，激增到每秒發射 40 次之多。神經元發射的速度愈快，送出的報酬信號愈急迫。

   舒茲解釋說：「多巴胺系統對新刺激比較感興趣，對熟悉的刺激比較不感興趣。」如果你賺到意外之財，例如在一檔高風險的新生物科技股上大撈一票，或是「炒作」住宅不動產賺到大錢，那麼你的多巴胺神經元會用動機構成的震撼，轟炸你腦部的其他地方。舒茲說：「這種積極強化作用會產生特別的注意力，使人沉迷於報酬，報酬是讓你一再回頭尋找，希望找到更多報酬的原因。」得到意外報酬後，多巴胺會釋出，是促使我們樂意冒險的基本原因。冒險畢竟讓人害怕，如果贏得機會渺茫大獎的感覺不能讓我們覺得愉快，我們除了賭最安全、報酬最少的賭注外，絕對不願意賭其他的東西。孟泰古解釋說，如果沒有多巴胺急速發作造成的興奮，我們的遠祖很可能會縮在洞穴裡餓死，現代投資人應該會把所有的錢都藏在草蓆下。

3. 如果你預期的報酬沒有實現，多巴胺會衰減。你看到報酬可能出現的信號時，多巴胺神經元會啟動，但是如果你錯過了報酬，多巴胺神經元立刻會停止發射。這樣會使你的頭腦預期多巴胺會噴發的希望落空，頭腦沒有產生「我得到了」的基本反應，反而體驗到情感真空的痛苦。好像毒蟲正打算替自己定時注射一針時，別人把針筒搶走一樣。

## 預測癮頭

就像大自然討厭真空一樣，人類不喜歡隨機。人類對不可預測的東西做出預測的衝動，起源於反射性腦部的多巴胺中樞。我把人類的這種傾向叫做「預測癮頭」。

這種說法不只是比喻而已。用藥物治療巴金森氏症（Parkinson's disease）病人，使病人的腦部更能夠接受多巴胺時，有些病人會湧起無法滿足的賭博衝動，病人停止服用增強多巴胺的藥物後，「像關掉電燈一樣」，這種強迫性賭博幾乎立刻消失。酒精、尼古丁、大麻、古柯鹼和嗎啡會讓人上癮，都是因為會用不同的方式，影響腦部激發多巴胺反應的區域。例如吸古柯鹼會促使腦部釋出多巴胺的速度大約快 15 倍，顯示多巴胺可能用什麼方法，協助腦部傳達古柯鹼令人滿足的感覺。

如果替實驗室老鼠接上電線，老鼠按壓橫桿時，老鼠腦部的多巴胺中樞會受到微小的電流脈衝刺激，老鼠經常會開始不停的按壓橫桿，甚至忘記所有其他活動，包括忘記吃東西和喝水，老鼠寧可餓死，也不願意放棄腦部多巴胺激增的快感。腦部同樣地區接受電流或電磁刺激的人說，他們感覺到強烈的快感，甚至感覺到欣喜若狂，有些研究顯示，這點跟多巴胺的釋出有關。

神經科學家還不知道腦部如何傳輸快樂，也不完全了解為什麼報酬讓人覺得這麼滿意。我們只能夠確定包括人類在內的動物，如果沒有正常運作的多巴胺迴路，就不能採取爭取報酬所需要的行動。

哈佛醫學院神經科學家布瑞特曾經針對兩種人的腦部活動，做過比較，一種是希望吸上一口的古柯鹼毒蟲，另一種是期望在財務賭博上獲利的人，兩者的相似程度不只是驚人而已，還讓人害怕。布瑞特說，把古柯鹼毒蟲和認為即將賺錢的人腦部核磁共振掃描影像，並排放在一起，兩種影像神經元發射的型態「幾乎互相重疊，你再也找不到比這兩種影像更近似的東西了。」（請參閱彩圖 3）布瑞特問：「如果有一種跟化學物質有關的致癮過程，而且可以用金錢來購買化學物質，同樣的過程是否可以適用在金錢上？這個問題非常好，卻還沒有人解答，但是目前發展出來的大量故事性資料，顯示或許可能如此。」換句話說，一旦你連續幾次在投資上賺大錢，你在功能上可能等於上癮的人，只是讓你上癮的東西不是酒精或古柯鹼，而是金錢。

促使我們腦部產生預測癮頭的力量是什麼？孟泰古和舒茲領導的研究小組發現的事情，可能會讓你想到巴伏洛夫的狗。一旦你知道什麼信號可能預示報酬，你的多巴胺神經元不再會對報酬本身產生反應，而是對出現的信號產生反應。

如果報酬夠大，多巴胺似乎會對信號產生長久的「記憶」。老鼠學會某種特定聲音預示報酬即將出現後，下次老鼠聽到這種信號時，阿肯伯氏核的神經元會噴發，即使老鼠上次聽到這種聲音或得到報酬，是四星期以前的事情（老鼠的四星期等於人類歲月的 80 至 100 星期）

這些發現十分重要，你知道某種型態或一組狀況會讓你賺錢後，刺激你的腦部釋出多巴胺的是這種刺激，而不是實際賺錢的事實本身。凡是採用技術分析之類選股「系統」的人，都是這種問題的受害者。某一檔股票似乎符合投資人過去賺過錢的型態時，會形成「我找到了」的效應，使投資人肯定自己知道下一步會發生什麼事情，不管是否有任何客觀的理由，能夠讓他們這麼肯定。

這種效應會隨著經驗的重複而加強。你愈有經驗，從賺錢得到快樂的時間，愈可能從實際賺錢那一刻，回到你認為自己初步看出會賺錢的那一刻。

## 不知不覺中學習

孟泰古和經常一起做研究的夥伴、艾默利大學神經心理治療專家葛瑞格里．伯恩斯（Gregory Berns）讓我做一項令人震驚的實驗時，我才了解自己的頭腦多麼自動地做各種預測。實驗在艾默利大學醫學中心伯恩斯的實驗室裡進行，孟泰古和伯恩斯在腦部研究方面，好比一對天生冤家，孟泰古是喬治亞州的本地人，性格外向、容易興奮、臉頰骨瘦削、下巴相當長，肌肉強壯到幾乎要把身上的衣服繃開，似乎是剛剛從美式足球場走出來的人。伯恩斯在南加州成長，人比較矮、比較白、比較平靜，給人一種安心的感覺，這種感覺跟他過去從事海洛因癮君子心理諮商有關，兩個人的智商加起來，給人的感覺是可能高達四位數之多。

我們在亞特蘭大做實驗，那天天氣很悶熱，伯恩斯把我綁在有輪子的床上，送進核磁共振掃描機。雖然我的頭不能動，食指卻可以自由按壓身體兩旁的觸摸按鍵板。我的臉部正上方有一個顯示器，主持實驗的科學家會在上面打出簡單的實驗：我可以按壓左邊的食指，選擇左邊的紅色方塊，或是用右手食指，按右邊的藍色方塊。兩個方塊之間有一個會起伏的「柱狀線條」，顯示我所做的選擇對或不對，我的目標是推動線條上升，最多賺到 40 美元的獎金。同時核磁共振機器的磁場會追蹤我腦裡血液帶氧量的起伏，產生我在實驗中思考程序造成的神經熱點圖譜。

我躺在核磁共振機器的管子裡，吸著奶嘴，我不是想念媽媽；吸奶嘴是實驗過程中的一環，我挑選左邊或右邊方塊系列，設法判斷哪一個系列會讓我賺最多錢時，小股的液體會從奶嘴中的洞，滴進我嘴裡，有一個洞會滴出綜合熱帶水果口味的酷雷（Kool-Aid），另一條管子會流出清水，但是我每次按壓按鍵時，不一定都會流出液體。

顯示器出現的東西和液體一樣，也是隨機出現，讓人討厭，有時候，挑選左邊的方塊會讓我贏錢，有時候會讓我輸錢，右邊的方塊也一樣，任何方塊連續兩次或連續三次出現，或是我可以串聯在一起的任何其他組合，都是隨機出現，這種情形讓人困擾到幾乎發瘋：不管我怎麼努力，都無法判斷下次應該挑選哪個方塊，我頭上的柱狀線條在中點附近起伏，就是伸不到最頂端獎金最多的地方。

然後我突然間，驚奇的看著柱狀線條往上衝，我震驚之餘，發現自己的左手食指瘋狂的按著按鍵，右手食指卻動也不動，然後我發現嘴裡灌滿了「酷雷」。怎麼回事？很簡單，我頭腦反射性的部分已經直覺地判斷出型態，反映性的部分還在努力分析到底有沒有型態。雖然滴出的液體似乎隨機呈現，只有在我按右邊方塊時，才會得到水，按左邊方塊時只會得到「酷雷」（這種型態似乎很亂，因為一般說來，大約三次裡才有一次會滴出液體。）我頭腦反映性的部分努力判斷選擇哪個系列最有效時，我反射性腦部裡的阿肯伯氏核突然間看出，只有在我挑選左邊的方塊時，甜美的液體才會滴下來（彩圖 4 顯示我的阿肯伯氏核在這個時刻發射的狀況。）因此，在我完全不知情的情況下，我開始每次都挑選左邊的方塊，結果證明這樣是讓柱狀長條直衝到獲得最高獎金唯一的方法。

孟泰古說：「你很可能在 99.9％的情況下，不知道多巴胺釋出，但是你的行動中很可能有 99.9％，是由多巴胺向腦部其他部分傳遞的訊息驅動。我認為你不知道多巴胺釋出的絕大部分情況很重要，如果你必須等到事情讓你有意識地覺得愉快時才行動，那麼你永遠不會做出正確的行動，你會死亡。」靠著從頭腦基底湧出的多巴胺信號刺激，阿肯伯氏核善於用這種像光速一樣快的下意識方式，辨認出型態，也就是善於進行伯恩斯所說的「不知不覺中學習」。這種生物性的強制力量在你不知不覺當中，在你投資時，強迫你的頭腦進行預測。

## 無三不成理

讓人驚奇的是，不用花多少功夫，就能促使你的預測迴路加速運行。杜克大學神經經濟學家史考特‧胡特爾（Scott Huettel）證明，刺激只要連續發生兩次，頭腦就會開始預期還會再重複一次。胡特爾和同事讓受測者看一系列的圓圈和方塊，而且明白的告訴受測者，一種型態或另一種型態會隨機出現（例如，經過十次嘗試後，結果可能像下面這樣：●■●●●■■●■■，或是■■■●■●●■●■）。研究人員找到令人震驚的發現，受測者看到一個■或一個●時，不知道下一個出現的是什麼形狀，但是看到兩個■後，他們會自動的預測第三個■會出現，看過兩個●後，他們下意識裡預測第三個●會出現。

簡單地說，在神經經濟學裡，的確存在「其中有一種趨勢」或「無三不成理」的說法，不過在我們的周遭環境中，根本沒有什麼趨勢。你投資時，同樣的情況連續出現兩次，就會打開你頭腦裡的開關，強迫你預期相同的情況會連續第三次出現。這就是為什麼吃角子老虎設計時，會讓你在拉下手把或按下開關時，輪子頭兩次旋轉後，都會出現一對中大獎的型態，讓賭客屏息凝氣、緊張地看第三次旋轉會不會出現同樣的型態。

很多「刮刮樂」樂透彩券印製時，都先印兩個同樣的符號，促使買彩券的人認為自己刮開最後一個符號上面的薄膜時，一定會刮到相同的第三個符號，贏得大獎。投資分析大師葛蘭姆批評交易者搶進連續上漲兩天的股票：「投機大眾無可救藥，在理財方面，超過三的情況都不可靠。」我們現在終於了解其中的道理了。

胡特爾解釋說：「頭腦會對型態形成預期，因為大自然的事物經常都會有固定的型態：例如閃電之後，接著會打雷，人腦如果能夠快速辨認這種規律的狀況，就可以有效運用腦部有限的資源。頭腦可以在報酬出現前，就預期報酬會出現。」但是他補充說：「這種程序有一個缺點，就是在現代世界裡，很多事情不是依據人腦進化時用來解釋一切的自然物理法則，現代人頭腦看出的型態經常是幻象，就像賭徒賭『熱門』的骰子，或是投資人賭『熱門股』一樣。」

胡特爾的發現闡明了一些投資積習的原因。根據定義，在任何期間裡，所有選股專家當中，有一半人表現會勝過大盤，另一半會不如大盤。因此根據波頓．麥基爾（Burton Malkiel）巨著《漫步華爾街》（A Random Walk Down Wall Street）裡的一句名言，矇著雙眼的猩猩對著《華爾街日報》投擲飛鏢，「在任何一年裡，都有50%的機會打敗大盤，猩猩矇著眼睛投擲飛鏢，連續三年打敗大盤指數的機會有12.5%。投資人卻認為，連續三年打敗大盤的基金經理人，一定是選股天才。結果大眾經常搶著把錢丟給「天才」，卻發現天才只是猩猩而已。

- 1991到1993年間，由魅力十足的德國經理人海科．席姆（Heiko Thieme）操盤的美國傳統基金（American Heritage Fund），是美國表現最優異的共同基金，平均創造遠高於大盤指數48.9%的年度報酬率。投資人大約投入 1 億美元到席姆的基金裡。但是隨後在 1994 年，美國傳統基金虧損 35%，1995 年又虧損 31%，然後經過 1996 和 1997 兩年不錯的表現後，從 1998 到 2002 年間，每年虧損 12%到 60%。

- 2000 年時，格蘭披治基金（Grand Prix Fund）經理人羅伯・舒卡洛（Robert Zuccaro）吹噓說：「你投資格蘭披治，未來五到十年裡，都會有很優異的報酬。」畢竟他的基金在 1998 年裡，創造了 112%的年度報酬率，1999 年裡，又創造了 148%的年度報酬率，令人震驚，2000 年頭三個月，他的基金已經增值 33%。因此投資人在這檔基金中，大約投入 4 億美元，結果投資人沒有享受到連續三年出現好景的效應，反而吃了大虧，因為 2000 年初投資格蘭披治基金 1,000 美元，到了 2004 年底，只剩下 180 美元。
- 股票交易者經常犯相同的錯誤。2003 年內，生產警用「震撼槍」的泰瑟國際公司（Taser International）股票上漲 1,937%。震撼股市。2004 年內，泰瑟的股價漲幅幾乎同樣驚人，高達 361%。到 2005 年初，新投資人搶進這檔股票，認為這檔股票會連續第三年上漲，股票每天的成交量超過 1,000 萬股。結果泰瑟狠狠地痛擊新投資人，在 2005 年上半年裡，喪失了將近三分之二的價值。

「無三不成理」的謬誤對世界上最大型投資人的打擊一樣

厲害。最近有人針對退休基金、校產基金和基金會聘用、解雇基金經理人的情況，進行研究，發現這些「高明的投資機構」，持續不斷地聘請連續創造三年優異績效的投顧公司，也解聘連續三年績效差勁的投顧公司。諷刺的是，他們聘請的投顧公司表現開始不如大盤，他們解聘的公司反而創造優於大盤的績效。這些所謂的專家管理世界最大的投資基金，要是他們不遵照「其中有趨勢」的謬誤，凍結投資組合，什麼事情都不做，賺到的投資報酬率應該會高多了。

## 你最近替我賺到什麼？

你投資時，除了認定自己看出創造熱門連續記錄的股票或基金外，還有很多更重要的事情。在現實世界裡，投資很少平靜無波的直線上漲，比較常見的情形是起起伏伏，形成鋸齒形的路線，頭腦怎麼從看來沒有明確方向的短期波動中，看出道理？科學家利用恆河猴進行過高明的實驗，證明多巴胺信號靠著計算過去的某種移動平均線，預測未來。

紐約大學神經生物學家葛林傑長得細瘦、結實，他描述自己的發現時，散發出智慧光芒。他說，想像你正在尋找報酬，假設報酬是搭計程車，這樣你就不必站在令人窒息的地下鐵車廂裡。葛林傑解釋說：「這件事從預測開始：我相信如果我現在出站，走到百老匯上，我必須等五分鐘，才能叫到計程車，有了這種想法之後要觀察，結果我實際上必須等七分鐘。你的預測不正確時，預測和觀察之間會有落差，我們把這種落差稱為你的預測錯誤。」等計程車和困擾金融市場的問題一樣，就是具有無法預測的特性。下次你需要叫計程車時，可能要等五分鐘、七分鐘或 20 分鐘，甚至連一部車都等不到，因此你的頭腦需要一種方法，判斷你預期等計程車應有的平均時間，卻不受等待時間極長或極短的罕見結果過度影響，或是受跟今天比較無關的久遠記憶過度影響，你必須迅速更新平均值，這樣才能適應環境的變化。

多巴胺神經元怎麼處理這種事情？多巴胺神經元不是只對最近的預測錯誤做出反應，不是只對你預期的最後數值和你得到的最後數值之間的落差做出反應，而是計算你過去所有預測與報酬的平均值。葛林傑說，這種計算「把你每次搭計程車的影響全部計算在內」。但是預測和報酬的時間離現在愈久，在多巴胺神經元中引發的反應愈微小。另一方面，如果你最近碰到對你有利的驚奇，神經元發射的速度會加快，造成多巴胺激增，預示頭腦的其他部分會預期更多相同的狀況。

因為你最近的經驗占的權數比較高，神經元估計獲利的可能性時，主要是根據你最近五到八次賺錢嘗試的平均結果，所有影響幾乎完全來自最近三到四次的嘗試。葛林傑形容說：「老張坐在客廳裡，看著美國交易網站（Ameritrade）的即時股票行情，決定要買還是要賣時，別人利用一檔股票最近的走勢歷史，決定下一步該做什麼——實際發生的情形就是這樣。」

這是第一次從生物學觀點，針對心理學家叫做「最近」的東西，提出解釋，也是第一次針對並非根據長期經驗、而是根據最近少數結果評估可能性的人性趨勢，提出生物學方面的解釋。葛林傑的發現顯示，不管最近發生了什麼事情，大致上都會決定你認為下一步最可能發生的事情是什麼——即使實際上沒有合理的理由，假設最近的過去對未來會有任何影響（只有在報酬特別大，像第三章所說「馬克・吐溫的獲利」那樣，遙遠的過去才會有比較大的影響。）

你可能質疑人類會像恆河猴一樣思考嗎，但是毫無疑問地，至少在做這種決定時，人類會像恆河猴一樣。柏克萊加州大學財務學教授泰倫斯・歐丁（Terrance Odean）曾經針對全美 7.5 萬多個家庭，研究他們從事的 300 萬多筆股票交易。

歐丁說：「一般人在最近股價上漲後，會更積極買進，但是一般人不只是對昨天的大漲有反應而已，促使大家買進的是比較近期的漲勢，以及大家可能看出的比較長期上漲『趨勢』，結合而成的原因。」（歐丁說「趨勢」這個字眼時，口氣中帶了一點諷刺意味，因為他知道，大部分看來好像股價型態的東西，只是隨機的變化。）

針對數百位散戶所做預測進行的調查發現，他們對未來六個月股票報酬率的預期，跟上周股市表現如何的關係程度，是跟前幾個月股市表現如何的兩倍多。

1999年12月，美國股市已經連續上漲五年，每年至少上漲20%，投資人預期未來一年內，股票會替他們賺到18.4%的報酬。但是到2003年3月，股市從2000到2002年連續下跌三年後，投資人預期未來一年裡，自己的股票只會上漲6.3%。投資人十分依賴最近的過去，導致他們評估未來時，正好等於評估過去：2000年股市沒有上漲18.4%，而是下跌9%，2003年3月以後的一年裡，美國股市不是只小漲6.3%，而是暴漲35.1%。

同樣地，投資人追逐最近最熱門的共同基金時，忽略了財務物理學中最基本的一個原則：漲上去的東西一定會跌下來，漲最多的東西通常跌得最重。以第一手科技價值基金（Firsthand Technology Value Fund）為例，1996年這檔基金增值61%，1997年增值6%，1998年增值24%，然後在1999年暴漲190%，聲勢驚人。到了2000年初，大家不只是投資這檔基金而已，簡直是對這檔基金發動攻擊。不到一年前，這檔基金的資產還不到2.5億美元，2002年初短短三個月裡，卻有21億美元新資金湧入。但是科技股隨即崩盤，投資第一手基金的人在未來三年裡，損失幾十億美元。

同樣的，光是2005年頭五個月裡，投資人在能源基金中就投資了20多億美元，主要的依據是能源基金2003和2004年的表現極為優異，結果幾乎可以確定，最後新投資人都受到傷害。可惜的是，如果基金連續幾年創造高報酬率期間，投資人通常會在報酬率升到最高峰前投入，然後熱門的連續記錄會冷卻，有太多的投資人在底部贖回。

專家真的比較善於抗拒「最近的事件嗎」？股市頂多出現四周的高報酬率後，很多投資雜誌的總編輯看法會翻多。共同基金經理人中，看多最明確的跡象是看基金保留多少現金準備，幾十年的資料顯示，股市只要出現幾星期的高報酬率，基金經理人就會降低手頭的現金，股價上漲後，經理人會加碼買進。而不是反向操作。

基本事實是：太多業餘與專業投資人不是買低賣高，而是像葛林傑在紐約大學神經經濟學實驗室裡的猴子一樣，受到最近結果的強力影響，買高賣低。協助人類遠祖生存發展的心智連結到了今天，可能燒斷我們投資生涯中的保險絲。

## 如何修正你的預測？

我們就預測所學到的東西，可能使你猜想投資是不是傻瓜的遊戲，我們是不是註定會用自己的愚蠢，摧毀自己的財富。兩種看法都不正確，你可以利用最新的神經經濟學新觀念，確保自己創造遠比過去優異的投資成果。

第一步是了解你受直覺和自動行為影響的程度有多高。前額葉皮質之類的反映性區域對這種過程也很重要，但是你預測未來的報酬時，大致是利用頭腦中比較情緒化的反射性區域。

哥倫比亞商學院心理學教授艾力克・詹森（Eric Johnson）

說：「我們估計可能性時，喜歡認定自己是在『思考』，但是這種過程中極大的部分似乎是自動發生的，是在意識水準下方發生的。」這就是在你的投資決定可能受到短期多變因素兩面攻擊前，建立健全的習慣這麼重要的原因，下面這些方法已經經過大家的證實，能夠讓你的頭腦運作時，對你產生有利的結果，而不是對你不利。

## 控制可以控制的因素

你不應該把時間和精力，奉獻在尋找下一檔 Google，或是判斷哪一位基金經理人是下一位彼得·林區（Peter Lynch）上面，因為這樣做註定會失敗。你應該注意我所說「控制可以控制的事情」。你挑選的股票或基金能否創造高於平均水準的報酬率，是你不能控制的事情，但是你可以控制：

- **你的期望**。根據過去的證據，定出務實的未來績效目標。例如，如果你認為自己每年可以從美國股票中，賺到超過 10%的平均報酬率，你就是在開自己的玩笑，讓自己陷入幾乎一定會失望的情勢中。
- **你的風險**。方法是記得不但要問自己判斷正確時，可以賺多少錢，也要記得問自己判斷錯誤時，會虧損多少錢。連最偉大的投資大師都說，他們有一半的機會犯錯，因此你必須事先考慮，如果你的分析錯誤時，你要怎麼辦。

- **你的準備狀態**。方法是一定要利用附錄 A 所示「三思而行」之類的投資評估標準。要三思而行，不要憑著直覺「衝動行事」，是防止自己受到預測癮頭影響，陷入忘我之境最好的方法。
- **你的費用**。方法是拒絕購買管理費偏高的共同基金。超高的報酬率來來去去，但是費用永遠存在。因此要完全避開避險基金，排除年度費用高於下述標準的共同基金：
  ——政府公債基金：0.75%
  ——美國股票型基金：1%
  ——小型股或高收益債券基金：1.25%
  ——國際型股票基金：1.5%。
- **你的手續費**。方法是尋找低成本的券商或財務規劃專家，把每年的交易次數減少到剩下幾次。你買進一檔股票，很容易就耗掉 2%的資金，賣出這檔股票又要耗掉另外 2%，因此除非這檔股票上漲超過 4%，你繳費給券商後，才能損益兩平，你交給券商的錢愈少，自己保留的錢愈多。
- **你的稅負**。方法是每次至少持有投資一年，儘量降低資本利得稅負，如果你持有股票或基金不到一年，最高要負擔美國一般所得 35%的稅負，長期持有的話，你的稅率可能降到只有 10%。
- **你自己的行為**。方法是在你成為預測癮頭的受害者前，用手銬把自己銬起來。

## 不再預測、開始自我限制

你投資時，頭腦碰到任何資料，幾乎都會認為自己知道將來會有什麼變化，這種認知通常都錯誤。因此你最好的對策是防止自己做太多的賭博。銬住自己有一個理想的方法，就是採用很多共同基金提供的「定時定額攤平」策略，採用你銀行帳戶安全的自動電子轉帳方法，每個月固定投資一筆金額。這樣做的話，你不會因為一時憑著靈感，認為股市會下跌，就完全退出市場，或是因為猜測股價即將飛躍上漲，就把所有的資金投入市場。每個月買一點點，可以讓你不必依據反射性腦部一時心血來潮，採取行動，也會讓你下定決心，用長期的方式累積財富。這樣運用資金，等於運用自動駕駛的方法，一時的熱潮不會溶解你的決心。

## 要求拿出證據來

古代賽西亞人（Scythian）為了防止輕率的預言，會把預測失靈的預言家燒死，聖經也明白禁止「占卜」，說占卜是「侵犯天主的可惡罪行」。如果根據聖經公平的標準，來評斷市場預測與盈餘預估之類的現代版占卜，投資人的日子或許會比較好過一點。

華頓商學院行銷學教授史考特·阿姆斯壯（J. Scott

Armstrong）喜歡引用他所謂的「先知與冤大頭理論」，就是有一個先知的話，就會有一個傻瓜。從阿姆斯壯的理論中，顯然可以推斷出一個結論，就是「沒有先知的話，就不會有冤大頭。」分析師在電視上口沫橫飛，吹噓自己的預測多正確時，請記住，如果他願意說明過去所有的預測記錄，包括預測嚴重錯誤的情形，那麼連豬都會飛了。沒有完整的預測記錄，你無法判斷他是不是不知所云，因此你應該假設他不知所云。

南加州機械工程師鮑伯・畢立德（Bob Billett）已經學會怎麼不再當先知的冤大頭。1990 年代中期，畢立德「希望快速調整」自己的投資組合，本地一家小券商的營業員打電話來，吹噓公司過去的選股記錄多麼優異，畢立德上當了，買了五檔股票，虧得一乾二淨。靠不住的營業員仍然打電話給畢立德，但是他說，現在「我有一本小小的記事本，記錄什麼人什麼時候、從哪裡打電話來，他們說：『我三個月前打電話給你，在某某股票上漲一倍前，向你推薦這檔股票』，我看看自己的記錄，總是發現對方從來沒有打過電話，或是對方推薦別的東西。」到現在為止，畢立德沒有再買過靠不住的股票，卻得到了一些免費的娛樂。

紐澤西州退休醫生謝伍德・范因（Sherwood Vine）的財務顧問告訴他，把現在持有的兩檔共同基金賣掉，「改買兩檔更好的基金」，而且這樣做「不用花半分錢」。范因覺得懷疑，因此提出兩項要求，第一是要求對方計算新基金必須有多優異的表現，才能克服他賣掉舊基金所產生的資本利得稅，第二項是要求對方列出過去一年、兩年、三年和五年前推薦的所有「比較好」的基金。他的營業員說會回話，但是他到現在為止，還沒有得到答案，他仍然抱著原來的基金。

愛因斯坦警告說：「愚蠢地相信權威是真理最可怕的敵人。」畢立德和范因已經知道，投資人可以小心的做記錄、獨立思考，拋棄自己「愚蠢的信心」。

## 再三練習

因為你的頭腦已經定型化，甚至會在隨機的資料中判斷型態，你把寶貴的資金投下去之前，判斷自己的靈感和預測正確與否很重要。哈佛大學經濟學家理察．齊豪瑟（Richard Zeckhauser）建議：「要尋找廉價的狀況，好讓你測試自己偏見，要追蹤假設性廉價實驗天地中的一切。」

投資分析大師葛拉漢死前接受最後幾次專訪時，建議每一個投資人應該花一年時間，管理紙上投資組合，擬定策略，挑選股票、測試成果，然後才投下寶貴的資金。現在這樣做比1976 年時容易多了，在雅虎財經（Yahoo! Finance）和晨星公司（morningstar.com）之類的網站上，你可以利用「投資組合追蹤」軟體，建立你想像中所有投資項目的互動名單，監督你所有的買進和賣出，然後拿你的交易記錄，跟標準普爾 500 種股價指數（S&P 500）之類績優股指數的客觀標準比較，這樣你可以看出自己的決定有多高明，然後才投入真正的資金。更好的是，線上投資組合追蹤軟體不會讓你的記憶玩弄你，或是選擇性的「埋葬」你的錯誤，因此會針對你的決定，提供完整而精確的記錄。在投入真正的資金前，進行投資實驗，好像在飛行模擬器中學習駕駛飛機一樣，教育價值幾乎跟真的東西一樣高，卻安全多了。只是要注意，不要養成經常查驗投資組合價值的習慣。

## 面對基本比率

改善你預測最好的方法，是訓練你的頭腦問「基本比率如何？」基本比率是技術性名詞，說明你在很大的長期成果樣本中合理預期的結果。但是任何不尋常或鮮明的事情可能讓你分心，忘掉基本比率。心理學家雷其林用下面這種方法，解釋基本比率的問題：想像你在海灘上，猜測你看到的人是什麼職業。如果有一個男人從水中走出來，穿戴著蛙鞋、潛水鏡和潛水衣，你可能認為他是專業潛水夫或海軍蛙人，因為和其他職業的人相比，他們比較可能這樣「穿著」。但是如果你猜這個人是律師，你賭贏的機會比較大，因為美國律師的數目遠遠超過職業潛水夫。我們只是不習慣想到律師會穿戴潛水換氣裝置和潛水衣而已。

如果你看到有人投擲錢幣，剛剛連續擲出 31 次正面，你可能再也不會注意擲錢幣的一個明顯事實，就是長期而言，擲出正面的基本比率是 50%。如果你最喜歡的棒球隊經常輸球，卻在五場系列賽中，打敗記錄最好的球隊，你很可能預期這支球隊會繼續表現良好，但是根據長期平均值，最差的棒球隊完全靠著運氣，在五場系列賽中，大約有 15%的機會打敗最好的球隊。

股市中讓人印象深刻的短暫連續優異記錄大致相同，可能害你忽略這種優異記錄多麼不可能延續下去。例如 Google 在初次公開發行後一年裡，股價上漲三倍。這麼驚人的漲幅造成成千上萬的投資人瘋狂，拚命的在其他高科技新上市股票中，尋找「下一檔 Google」。但是這些人忘了問一個問題，就是「基本比率如何？」你買新上市股時，不是買下 Google，只是買下一檔新上市股而已，你的成績像一般新上市股長期平均漲幅的可能性，遠超過像 Google 的漲幅。佛羅里達大學財務學教授傑伊・利特（Jay Ritter）定期在自己的網站上，更新新上市股的長期平均表現，利特權威性的資料顯示，從 1970 年開始的每一個五年期間，新上市股的表現每年平均至少比老公司差 2.2 個百分點。這種基本比率應該可以讓你知道，買新上市股比較不可能打敗大盤，比較可能輸給大盤。

如果理財顧問或理財網站宣傳一檔避險基金、共同基金或其他投資標的，「希望打敗大盤」，你要問下面這個簡單的問題：長期而言，基金經理人打敗大盤指數的百分比有多少？答案是：十年期間，大約只有三分之一的基金經理人能夠打敗大盤。如果這種基本比率對你沒有什麼吸引力，你要聽我的話這樣做：投資指數型基金，這種基金的目標只是要以最低廉的成本，追平整個大盤的表現。

最後，就像華爾街一句老話說的一樣，絕對不要把頭腦跟多頭市場混為一團。如果有人吹噓自己多麼善於選股，請記得查驗他所投資的類股表現是否更好（科技股選股專家可能吹噓自己在 2003 年裡，創造 48%的投資報酬率，但是那一年裡，高盛科技股指數上漲了 53%。）請記住，大部分投資標的上漲時，任何人看起來都可能像天才一樣。就像心理學家卡尼曼開玩笑所說的一樣，「股市上漲時，你的很多爛主意都會得到很好的報酬，因此你永遠都不知道自己應該少出幾個餿主意。」

## 相關性不是因果關係

華爾街人士最古老的伎倆之一，是拿出一張股價走勢圖，然後用第二張圖表疊在上面，指出其中一張圖表具有不可思議的力量，可以預測另一張圖表的走勢。例如 1990 年代期間，市場大師哈利・鄧特（Harry Dent）估計美國每年有多少個 46.5 歲的人，然後他拿出經過通貨膨脹調整的道瓊 30 種工業股價指數走勢圖，看吧！從 1953 年起，46.5 歲人口的數字幾乎完美無缺的預測到道瓊指數走勢（鄧特主張，這種年齡的美國人是消費最多的消費者）。鄧特根據未來美國人口中 46.5 歲年齡層人口的預測數字，預測道瓊指數 2008 年會漲到 41,000 點，他甚至推出一檔共同基金，根據自己的理論選股。

但是市場上有幾萬檔股票，幾十種股價指數，幾乎有無限的時間區間可以選擇，因此由一種資料構成的歷史圖表要是能夠預測另一種資料，根本不足為奇。要是有人找不到似乎能夠預測未來的統計變數，才真正是怪事。畢竟，如果 1953 年不能當做起點，你可以改用 1954 年、1981 年、1812 年，或是好用的任何年度。如果道瓊指數不能為你帶來你想要的結果，你可以改用 S&P 500 或任何其他指數。

1997 年時，基金經理人大衛．連威伯（David Leinweber）想到：哪一種統計數字最能夠預測美國股市從 1981 到 1993 年間的表現。他篩選了成千上萬種公開發佈的統計數字，最後他發現，有一個數字預測美國股票報酬率的精確度達到 75%，這個數字就是孟加拉每年生產的牛油總量。連威伯在自己的預測「模型」中，加入另外幾項變數，包括美國飼養的綿羊總數，可以提高預測模型的精確度。烏哩哇啦！他現在預測股票的歷史報酬率精確度達到 99%。連威伯這樣做的目的意在諷刺，但是他的觀點很嚴肅：金融市場從業人員擁有極為龐大的資料，可以切切割割，「證明」任何事情。他們絕對不會告訴你，他們測試和放棄了多少理論與資料，因為這樣你就會了解他們的想法實際上多麼危險、多麼愚蠢。

包括你自己在內，有人想要說服你，說他找到預測市場的終極秘笈時，你應該問下面這些問題：

- 如果開始和結束日期往前移或往後移，結果會有什麼變化？
- 在略為不同的假設下，結果會有什麼變化？（消費者的支出總是在46歲半時達到高峰嗎？將來大家消費高峰的年齡是否可能變化？）
- 理當可以預測未來報酬率的因素，是你合理預期會左右股市的東西嗎？（為什麼消費者支出一定比健保支出或企業支出重要？）

這些步驟會幫忙你。記得相關性不是因果關係，大多數市場預測是以巧合的型態為基礎。1990年代末期，莫負網站（Motley Fool）碰到的就是這種問題，莫負投資組合的基本理論是：有一項研究宣稱，公司股利率之類的因素除以股價平方根，可以預測未來的績效。然而，長期而言，只有在公司的本業更賺錢時，股價才可能上漲。你能夠想像到，因為你喜歡公司股利率除以股價平方根所得到的數字，就變得更樂於購買公司的產品或利用公司的服務嗎？整個資本主義歷史中，從來沒有顧客會這樣想，將來也不會有人會這樣想。

因為莫負這個愚蠢的比率不可能造成股價上漲，唯一合理的結論是這個比率的預測力量純屬幻想。莫負四號投資組合（Foolish Four）光是在2000年內，就虧損14%，使投資人覺得自己像白癡一樣。同時，到了2005年中，依據鄧特假設創立的共同基金，因為連續六年每年表現比股市差將近兩個百分點，被迫結束營業，這時道瓊指數比他的預測大約少 31,000 點。

## 休息一下

心理學家武爾福特進行尋找型態的實驗時（請參閱第四章的「鴿子、老鼠與隨機性」），發現受測者因為從事「第二個任務」，例如設法回憶最近看到的一系列數字時，會因為分心的關係，變得更善於預測可能性。因為干擾使腦部過於忙碌，無法尋找資料中虛假的型態，可能因而提高了受測者的表現。

「賭徒謬誤」是人類心智怪癖中最奇怪的一種，典型的例子是大家相信：如果投擲錢幣連續擲出很多次正面，接下來「應該」擲出反面（實際上，不管先前連續擲出多少次正面，正常投擲錢幣擲出反面的機率當然總是 50%。）一種程序似乎顯然具有隨機性質時，例如投擲錢幣或旋轉輪盤時，賭徒謬誤就會左右人的頭腦，促使我們相信手風很順的運氣可能反轉（在人的技巧似乎扮演重要角色的狀況中，例如在運動比賽中，我們通常認為手氣很順的連續記錄會持續下去。）

有時候，賭徒謬誤會產生悲慘的後果：義大利威尼斯樂透彩券有兩年多的時間裡，從來沒有開出 53 這個數字中大獎的記錄，經過這麼長久不開出來的魔咒後，2005 年初終於開出 53 這個大獎，但是開出前，已經有一位女性跳水自殺，有個男的槍殺太太、兒子後自殺，因為他們把所有的都財產賭在 53 這個數字上，卻毫無所獲。

因為大多數專業投資人承認股市具有一部分隨機性質，華爾街人士相信賭徒謬誤的情形，像長沙發底下的灰塵一樣普遍：有些大師會說某某股票一定會反彈，因為這檔股票表現差勁已經很多年了，其他大師會宣稱，另一檔股票註定會崩盤，因為這檔股票最近漲太多了。

有一個簡單的方法，可以讓你擺脫賭徒謬誤的控制。20 年前，卡內基梅隆大學的研究人員發現，如果錢幣連續很多次擲出正面，大家通常會憑著直覺，賭下一次會出現反面——除非你讓錢幣「休息」一陣子再擲，這時大家會賭下次會出現正面，好像時間的過去多少會使他們覺得，擲出正面的機會再度恢復真正一半、一半的比率。這次實驗加上武爾福特的發現顯示，你投資時，要預防頭腦欺騙你，讓你看出根本不存在的型態，最好的方法是乾脆休息一下，不再研究股票或股市，改做其他活動 20 分鐘左右，應該會有幫助。

## 不要沉迷其中

散戶必須打電話給營業員，或是到證券號子看盤，才能追蹤股價的日子早已成為歷史，投資人現在也不必等到隔天早上，看報紙上的股價行情表一行、一行的數字，才能了解昨天某一檔股票的交易記錄：

40.43+.15 47.63 30.00 0.6 23.5 18547

現在拜神奇的電子科技之賜，股票變成活潑有力的視覺印象，幾乎像活的有機體一樣。每一筆交易在價格漲跌流程中，會以一個光點展示出來，每幾次價格跳動似乎證實或反轉某種「趨勢」。視覺資訊——尤其是傳達變化的影像——會刺激你的反射性系統，排擠反映性的思想。你電腦螢幕上連續上漲的電子光點，或是像傷口一樣撕裂你螢幕的下降線條，會以報紙一行行數字從來沒有過的力量，激發你腦部情感迴路的活動。

網路券商利用科技，把投資變成好像華爾街「遊戲小子」一樣的遊戲——價格走勢圖在閃閃發光的螢幕上起起伏伏，鮮明紅色與綠色的箭頭像脈搏一樣上上下下——這樣等於利用人腦的基本力量。這種類似任天堂或遊戲站（PlayStation）遊戲的做法有一種可怕的影響：研究人員發現，很會玩電動玩具的人，腦海中釋出的多巴胺數量大致上會倍增，這種激增的現象至少會延續半小時。

因此，你看到愈多「價格點」，你的頭腦愈會欺騙自己，認為自己從這些數字中，看出了可以預測的型態，你的多巴胺系統因此會發射得愈厲害。我們已經知道，只要價格變化三次，就可能讓你認為，你已經看出一種趨勢；過去投資人從報紙上得到股價報導時，可能要花上三天，才能搜集到這麼多資料，今天市場網站花不到 60 秒，就能夠讓你得到這麼多資料。難怪到 1990 年代末期，一般「投資人」抱著熱門科技股如高通（Qualcomm）、威力勝（VeriSign）和普馬科技（Puma

Technology）等的時間平均不到八天。

心理學家卡尼曼警告說：「如果你計畫長期擁有股票，經常注意股價變化是非常、非常不好的做法，是你所做的事情當中最不好的一種，原因是大家對短期虧損極為敏感。如果你每天算你的錢，你會很難過。」如果你熱衷於注意自己持股的價格，你看出短期損失、或是看出顯然值得交易趨勢的機率會增加——事實上，你在資料中看到的可能什麼都不是，只是一堆隨機的線條。因為我們已經知道多巴胺系統怎麼運作，這些刺激會像火上加油一樣，衝擊你的頭腦。卡尼曼和其他研究人員所做的多項實驗發現，大家愈常注意一種投資的起伏，愈可能從事短期進出，愈不可能賺到長期的高報酬率。

電視劇《宋飛傳》（Seinfeld）中，有一集掌握了這種難過的情況，劇中傑利（Jerry）買了一檔叫做聖德拉（Sendrax）的垃圾股，然後強迫性地看著股價變化，一直看到晚上。傑利拿起報紙後，他的女朋友告訴他，「這檔股票和你剛才看的時候一樣，股市收盤後就沒有變化，股價還是下跌。」傑利回答說：「我知道，但這是另一份報紙，我想他們，噢，會有不同的……噢，消息來源。」如果我們嘲笑宋飛，也是具有自我承認性質的緊張嘲笑：《錢雜誌》（Money）最近的一項調查發現，22%的投資人說，他們每天查對自己投資的價格，49%一周至少查對一次。

因此，你不應該經常注意自己的股票或基金，以致於把自己搞瘋掉，你應該逐漸減少查看的次數，到最後一年只注意投資的價值四次，不是在每一季的季底查看，就是在四個容易記住、距離大致相同的日子看。

畢竟時間就是金錢，但是金錢也是時間，如果你衝動地查對你投資的價格，你不但會傷害自己的財務報酬，也是不必要的剝奪自己餘生中寶貴的時光。

Chapter 5

# 信心

我當上教宗前，相信教宗絕對不會犯錯，現在我當上教宗了，我可以感覺到這一點。

——教宗庇護九世（Pius IX）說的笑話

## 什麼，你說我擔心嗎？

1965 年，華盛頓大學心理治療專家卡洛琳·普瑞斯頓（Caroline Preston）和史丹利·哈里斯（Stanley Harris）發表了一篇研究報告，他們在研究中，要求西雅圖地區的 50 位駕駛人，評估自己上次駕車時的「技術、能力和警覺性」。略低於三分之二的駕駛人說，他們至少跟平常一樣；很多人用「超好」或「完美」，描述自己上一次的駕駛經驗。但是這些結果當中有一些十分奇怪的事情，普瑞斯頓和哈里斯的所有的訪調，都是在醫院中進行的，因為每一位駕駛人上次駕駛時，都是坐在自己車子的駕駛座上，最後卻上了救護車。

根據西雅圖警察局的資料，這些駕駛人當中，68％必須為車禍負直接責任，58％至少有兩次交通違規記錄，56％車子全毀，44％最後面臨刑事起訴（50位駕駛人中，只有五位對普瑞斯頓和哈里斯承認，他們同樣要為車禍負部分責任。）他們都受到可怕的傷害，從腦震盪、臉部創傷、骨盆碎裂和嚴重到脊椎受損的其他骨折，有三位駕駛人的同車乘客死亡。你很難想像有什麼人比他們更魯莽、更疏忽、更愚蠢，看來你幾乎不敢想像，他們居然在造成這麼嚴重傷害的那一刻，堅持自己駕駛狀況極為高明。

這些駕駛人瘋了嗎？不見得如此，他們跟一般人完全沒有兩樣。人性中最根本的特性之一是認為我們比實際上還行。普瑞斯頓和哈里斯訪調的這些可憐蟲似乎很特別，對自己的能力有幻想，不過後來針對駕駛記錄一清二白的人所做的訪調發現，93％的人認為自己的駕駛水準高於一般人。

你只要問自己：我比一般人好看嗎？

你不會說比一般人難看，對吧？

不會有很多人說比較難看，要是你問100個人，「和另外在這裡的99個人相比，誰在某一件事情上勝過一般人？」大約75個人會舉起手來，不論你問的事情是駕駛、打籃球、說笑話還是智商測驗的得分，然而，事實上，根據定義，這個團體中一定有一半人低於平均水準。我對投資人團體發表演說中，有時候會拿出一張紙，請聽眾寫下他們認為自己退休時，會儲蓄多少錢，他們認為室內的聽眾平均會儲蓄多少錢。一成不變得是，大家認為自己的儲蓄至少有一般人的 1.8 倍。

這樣就像張三看鏡子時，看到的是布萊得．彼特（Brad Pitt），女性看到的是妮可．基嫚（Nicole Kidman）容光煥發的臉龐。心理學家把這種看法叫做「過度自信」，這種心理可能讓投資人碰上一堆麻煩。

過度自信當然不完全是壞事。普林斯頓大學心理學家卡尼曼喜歡說，如果我們對自己的成功機會，總是抱著務實的態度，我們絕對不會去冒險，一定會過度沮喪。訪調將近 3,000 位最近創業的企業家的結果，顯示這種說法多麼正確。請他們評估「像你的事業一樣的企業」成功的機會有多少時，只有 39%的人說，成功的機率至少有 70%。但是請他們評估自己的事業成功機率有多少時，81%的企業家說，至少有 70%的機會，多達 33%的人說，完全沒有失敗的可能（一般而言，大約有 50%的新企業在創業頭五年裡會倒閉。）

毫無疑問地，這些企業家大都不是在開自己的玩笑，否則的話，怎麼可能有人會鼓起勇氣創業？如果沒有額外的信心，要在不確定的世界中做出決定性的選擇、克服成功之路上的障礙，會難多了。誠如卡尼曼說的一樣，「樂觀加上過度自信，是資本主義活蹦亂跳的主要力量。」

積極思考可能有用，但是過度樂觀卻很危險。對投資人來說，過度自信有很多種方式會帶來差勁績效：

- 我們評估一般人做某一件事情成功的機會時，可能很冷靜，但是評估自己的成功機會時，卻常常把頭伸進雲端，導致我們冒將來會後悔的風險。
- 我們對熟悉的事情過度信任，這種「本地偏誤」導致我們在自己所服務的行業、所住的地區和自己國家以外的其他地方投資太少。也促使大家在自己服務的上市公司股票中投資太多。
- 我們過度強調我們對自己的環境，能夠發揮很大的影響力，這種「控制錯覺」促使我們變得自滿，花太少精力為未來規劃，導致我們在投資失敗時大為震驚。
- 我們告訴自己，即使我們過去不知道將來會有什麼變化，卻可以預測未來會有什麼變化。我們誤導自己相信自己過去可以看穿未來，這種「後見之明偏誤」使我們相信自己可以預測未來，更糟糕的是，這樣會使我們無法從錯誤中學習。
- 最重要的是，我們很不願意承認我們不知道一些事情。就像大自然不喜歡真空一樣，人心討厭「我不知道」這句話。我們知道得愈多，愈認為自己知道得比實際上還多。我們甚至對自己克服過度自信的能力過度自信！

要改善你的投資成果，最重要的一步是對著鏡子，花很長的時間，誠實地觀察，看看你是不是真的是自己所想像的那種投資人，是不是真的勝過一般人？你的決定真的是你所創造投資報酬率的主要原因嗎？「買進你所知道的東西」真的是最好的投資方法嗎？你真的能夠預測市場走勢嗎？你所知道的東西像你想像的那麼多嗎？

不幸地是，對大多數人來說，上面大部分問題的答案是否定的。幸運地是，神經經濟學可以幫忙你降低自信，降到符合現實的程度，把你的投資能力提高到你根本想像不到的程度。

## 我最厲害

1990 年代末期，蓋洛普民調公司（Gallup）每個月都會聯絡全美將近 1,000 位投資人，問他們認為未來 12 個月內，股市和他們自己的投資組合會上漲多少。1998 年 6 月，投資人認為股市會上漲 13.4%，但是他們自己的投資會上漲 15.2%。到 2000 年 2 月多頭市場高峰時，他們預期股市會躍漲 15.2%，但是他們挑選的股票會飛躍上漲 16.7%。即使在 2001 年 9 月黑暗的日子裡，投資人預期股市只會上漲 6.3%，卻仍然預期自己挑選的股票會上漲 7.9%。不管股市的表現可能多好，投資人都認為自己的投資組合會多賺大約 1.5 個百分點。

當然不是只有在股市這種地方，每一個人似乎才認為自己是一大堆輸家中的勝利者。你到處都可以看到不切實際的樂觀：

- 一項針對全美 750 位投資者所做的訪調發現，74% 的受訪者預期自己的共同基金，「每年會持續打敗 S&P 500

指數」，不過長期而言，大部分基金都無法勝過 S&P 500 指數，很多基金沒有一年能夠打敗大盤。

- 企業經理人當中，只有 37%認為併購會為買方創造價值，低到 21%的經理人認為，併購行為符合併購一方所定的策略性目標。然而，談到他們自己公司的併購時，58%有經驗的經理人說，併購創造了價值，51%的人認為併購符合自己公司的策略性目標。
- 有一項訪調詢問大學生，他們和其他同學一生中碰到各種事件的可能性有多高。一般學生說，自己做第一個工作就很滿意的可能性，比同學高出 50%，領到可觀薪水的可能性比同學高出 21%，房子五年內價值倍增的可能性比同學高出 13%，生出天才兒童的可能性比同學高出 6%。此外，一般大學生認為，自己變成酒鬼的可能性，比同學少 58%，離婚的可能性少 49%，得心臟病的可能性少 38%，連買的車子「變成爛車」的可能性，都少 10%。
- 最後，有一種樂觀可能是最徹底、最不切實際的樂觀，64%的美國人認為，自己死後會上天堂，只有 0.05%的人認為自己會下地獄。

簡單地說，自我評估就是對自己說謊，評估如果要求我們拿自己和一般人比較時，更是如此。我們每個人心裡都藏著一個騙子，終身欺騙我們、膨脹自己的權力欲，你對什麼事情愈不勝任或愈沒有經驗，你心裡的騙子愈努力地說服你，相信自己很厲害。

這一點有一定的好處，我們小小地欺騙自己，可以讓我們的自尊得到我們需要的提升。畢竟世界上沒有完美的人，日常生活害我們不斷地跟自己的無能和無力衝突。如果我們不忽視大部分的負面回饋，用心理學家所說的「正面錯覺」，來對抗負面回饋，我們的自尊一定會跌倒谷底，除此之外，我們還有什麼辦法，能夠鼓起勇氣，要求別人跟我們約會、面對求職面談或參加運動比賽。

只有一種人不覺得自己高人一等，就是憂鬱症的患者。這些長期難過的人非常精確地評估自己的能力，或許這點就是他們這麼難過的主因，憂鬱剝奪了他們欺騙自己的能力。心理學家雪莉・泰勒（Shelley Taylor）和約納山・布朗（Jonathon Brown）說：「心智健全的人似乎有一種令人羨慕的能力，能夠把現實向加強自尊的方向扭曲，促進未來樂觀的看法。」

對自己說點小謊是一回事，但是撒彌天大謊卻完全是不同的事情，如果你只是會打籃球，想像自己是籃球好手，很可能不會形成多少麻煩，但是如果你得站在靠著籃板的梯子上才能得分，卻以為自己是詹姆斯大帝（LeBron James），那麼你參加激烈比賽後，自我一定會粉碎，否則腳踵肌腱一定會扭斷。

投資也一樣，少許信心會鼓勵你冒合理的風險，不會把所有的錢都藏在保險庫裡，但是如果你認為自己是巴菲特或林區，你內心的騙子就不是跟你說笑話，而是撒彌天大謊。如果你認為你的潛力遠超過實際的潛力，你絕對無法儘量發揮你的投資潛力，得到你應得的一切，唯一的方法是承認你沒有那麼行。

對大部分投資人來說，這點特別困難。有兩項研究最近追蹤一般投資人聽信內心的騙子後，有什麼結果。在兩項研究中，投資人像張開雙手的漁夫、宣稱抓到的魚「這麼大」一樣，嚴重高估自己的表現多好。

1999 年下半年，《錢雜誌》進行的訪調中，超過 500 位投資人說明過去一年裡，他們的股票或股票型基金是否打敗大盤（以道瓊工業股價指數為比較標準）。總共有 131 位投資人，也就是 28%的人說，他們的投資組合打敗道瓊指數。訪調人員再請他們評估自己的投資報酬率，大約十分之一的人說，他們的投資組合上漲 12%以下，大約三分之一的人宣稱賺到 13%到 20%，另三分之一的人說他們賺了 21%到 28%，四分之一的人認為他們至少賺了 29%。最後，有 4%的投資人承認，不知道自己的投資組合上漲多少，但是他們肯定自己還是打敗了大盤！然而，過去 12 個月裡，道瓊指數上漲 46.1%，漲幅至少遠遠超過四分之三宣稱打敗道瓊指數的投資人。

在第二項研究中，80 位投資人明確更新了自己的共同資金和 S&P 500 指數比較的結果，然後在實驗結束時，問投資人自己的表現如何。將近三分之一的人宣稱，他們的基金報酬率至少勝過大盤 5%；六分之一的人說，他們的績效勝過大盤指數

10%以上。但是研究小組檢查宣稱打敗大盤的人的投資組合時，發現 88%的人誇大自己的報酬率。超過三分之一認為自己打敗大盤的人，實際上落後大盤至少 5%，四分之一自稱打敗大盤的人，至少落後 S&P 500 指數 15%。

哈佛商學院心理學家梅克斯・貝瑟曼（Max Bazerman）說：「這點顯示極度缺乏學習，你有權設法打敗大盤，但是你必須了解打敗大盤的機率有多少——這點顯示像傻瓜一樣賭博。如果你連自己剛剛過去的情況都不能掌握，你很容易對未來產生錯覺。」

這兩項研究加在一起，顯示大部分人宣稱自己打敗大盤時，是在開自己的玩笑。卡內基梅隆大學心理學家唐・摩爾（Don Moore）說：「每個人都希望相信自己很特別、能夠打敗大盤指數，他們認為可以用自己的特異功能打敗大盤。令人驚異地是，即使面對正好相反的證據，這種錯覺仍然揮之不去。」這種事也非常容易了解，大部分人非常願意聽信內心騙子的胡扯八道，不願意精確評估自己的理財表現。畢竟他們內心的騙子從來不會說壞話。

這點讓我們想到一個大很多的教訓，你看電視財經節目、上市場網站或看財經報紙時，會聽說「在戰場前線上」，投資是競爭、格鬥、決鬥、打仗、戰爭、在可怕的荒野中的生存鬥爭。但是投資不是你和「他們」對決，是你跟自己的決鬥。就像電影《義海雄風》（A Few Good Men）中傑克・尼克遜（Jack

Nicholson）對湯姆・克魯斯（Tom Cruise）大喊「你不能應付真相！」一樣，事實上，身為投資人，你最大的挑戰是應付跟你自己有關的真相。

## 家園最美好

2002 年 3 月，安隆破產三個月後，我對波士頓的一群個別投資人演說，提醒他們，安隆破產時，員工不但失去工作，退休基金也一掃而空。安隆的員工把 60%的退休儲蓄，投入公司的股票，公司股票崩盤後，安隆的二萬名員工至少損失 20 億美元。我告訴聽眾：「你已經在你們公司工作了，最不應該做的事是把退休基金也放在公司裡，冒雙重的風險。」總之，我警告大家，「我們服務的任何公司都可能變成下一家安隆，對抗這種風險唯一的方法是分散投資，擁有整個股市，投入自己公司股票的退休基金，一定不能超過 10%。」

接下來發生的事情我根本沒有預料到，一位男性站了起來，用食指指著我說：「我不能相信你會說這種話，」他吼著說：「任何公司都可能變成下一個安隆的說法，我完全同意，但是這就是你的建議沒有道理的地方。我為什麼要把我的錢，從我了解一切的公司搬走，搬到我毫無所知的 100 檔股票上？分散投資不能保護我避開下一家安隆，反而讓我暴露在每一家可能是下一家安隆的公司中，股市有太多這種公司了！我希望把我的錢擺在我知道很安全的地方，擺在我服務的公司，擺在我最了解的公司，這是我控制風險的方法。」

我客氣卻儘量堅定地回答，安隆大部分員工一直到最後一刻，都認定安隆是世界上最好的公司，不可能出差錯。安隆是《財星雜誌》（Fortune）美國 500 大企業中的第七大，股票長期表現遠勝過大盤指數，幾乎每一位安隆員工都相信公司的口號，認為安隆是「領導世界的公司。」他們絕對想不到安隆會內爆。1999 年 12 月，安隆公司幾百位員工聚在一起開會，有人問公司人力關係部門主管，「我們應該把所有的 401(K)［美國的退休福利計畫］投資在公司股票上嗎？」她的回答是：「絕對應該！」

質疑我的人像安隆員工一樣，有著「本土偏誤」，認為最熟悉的投資是最好的投資。世界各地業餘投資人和投資「專家」都一樣，都是長期愛家的人。

- 1984 年，AT&T 拆解為八家地區性電話公司後，投資人投資本地電話公司股票的數量，是投資所有其他「小貝爾電話公司」（Baby Bells）股票總數的三倍。
- 共同基金經理人喜歡投資總部設在附近的公司。一般基金擁有的股票中，公司設籍地點和基金公司總部所在地的距離，比一般美國公司和基金公司的距離近 99 英里。
- 法國共同基金投資人把 55%的資金，投資在法國股票上，雖然巴黎股市占世界股市總市值的比率只有 4%。

紐西蘭人把 75%的資金留在國內，不過紐西蘭股市占世界股市總市值的比率不到 1%。希臘股市占全球股市總市值的比率也不到 1%，但是希臘人把 93%的投資留在國內（情形還可能更糟糕：15 年前，就在日本股市陷入世界股市史上最淒慘的空頭市場前，日本投資人把 98%的投資組合，投資國內公司。）

- 美國 401（k）計畫的投資人只把 5%的資金，投資美國以外的公司，不過其他國家股市占世界股市總市值的一半。
- 美國和德國共同進行的研究發現，德國投資人預期德國股市每年的報酬率，會超過美國股市二到四個百分點；同時，美國投資人預期道瓊指數會以幾乎相同的差距，打敗德國股市。
- 401（k）計畫投資人中，只有 16.4%的人說，他們認為自己所服務的公司風險高於整體股市。

我們為什麼覺得在家裡這麼安全？熟悉和陌生之間、我們和其他國家之間的邊疆，狹窄而且接近的讓人難以想像，以你嘴巴裡的口水為例，口水完全是你身體的一部分，你認為理所當然，這種有益的液體會幫助消化、減輕口渴，協助維護口腔清潔。但是如果有人要你把口水吐在乾淨的杯子裡，算五下，然後把你的口水喝進去，你會怎麼辦？突然間，口水變成身體「以外」的東西，不再是體內的東西，連一小口自己的口水看來似乎都很噁心。只要離開嘴巴片刻，離開幾英寸遠，就足以把跟身體密不可分的東西，變成外面討厭的東西。熟悉的舒適區和外界的危險區之間，時間與距離的差距就是這麼小。

這樣當然有道理。如果我們的遠祖沒有學會避開細菌、掠食動物和埋伏在身體外面和居住地點外面的其他危險，應該無法生存下來。太多的好奇心可能害死穴居人，經歷無數世代後，喜歡熟悉、擔心不知名的東西，已經深深銘刻在人類求生存的直覺中，熟悉變成了安全的同義字。

## 純粹曝光的怪異力量

將近 40 年前，一位叫做賽翁茲（Robert Zajonc）的心理學家開始進行一系列的特殊實驗。賽翁茲一開始請美國人聽阿福莫不、卡德加、迪利克立之類的字眼，然後請聽的人，猜測每個詞在土耳其語中的意義是好是壞，每個詞重複得次數愈多，聽的人愈可能覺得代表好的意義（事實上，大部分的詞都是沒有意義的音節，不論在土耳其文或英文中都沒有意義。）接著賽翁茲放映漢字給不熟悉亞洲文字的人看，發現他們認為每個漢字代表的意義是好是壞，完全要看他們看漢字多少次而定。

賽翁茲把他的發現叫做「純粹曝光效應」。他在光線暗淡的螢幕上，用極快的速度，放映 20 張不規則的八角形，每一張只放映一毫秒，大約是一眨眼時間 300 分之一的時間。以這種速度放映，沒有人能夠辨認形狀，大部分人不敢確定自己是否看到了什麼東西。然後他放映成雙成對的八角形——一張是新的，另一張是剛才放映過的——放映時間整整一秒鐘，螢幕也變得比較明亮。賽翁茲問受測者比較喜歡哪一張時。大家一面倒的喜歡他們已經看過的圖形，不過他們不知道自己看過。

賽翁茲不斷地放，讓其中一組受測者用隨機的順序，看一套漢字，每個字看五遍，又讓第二組看另一組漢字，每個字只放映一遍。所有的文字都只放映四到五毫秒——放的時間這麼短，大部分人又是只能在下意識裡留下印象，然後賽翁茲再放原來的漢字，同時隨機混雜類似的新漢字和一套完全無關的形狀。他讓大家看每個影像整整一秒鐘，時間長到大家能夠有意識地看到，然後問大家對每個文字或圖形的喜歡程度。結果受測者要是在下意識中，先看過某個漢字五次，現在喜歡這個字的程度，會遠超過先前只看一次的時候。

然後情況變得比較怪異，和只看過每個漢字一次的人相比，先前持續看過幾次的人不但更喜歡舊的漢字，也比較喜歡新的漢字，甚至比較喜歡無關的形狀。而且在下意識中持續看過多次的人最後在情緒上，會比看過每個影像一次的人快樂多了。

碰到熟悉的東西（即使我們不知道自己碰到了），就是會讓我們覺得比較好過。賽翁茲說：「經驗的重複本來就會讓人愉快，會強化你的情緒，這種快樂會蔓延到附近的所有東西。」伊索說「熟悉會引發輕視」時說錯了。事實上，熟悉會帶來滿足。

你可能認為，你的喜好是有意識的選擇，你的喜好是你研究證據後所做的推論。然而，賽翁茲的發現顯示，不管喜好是否有意識，我們的喜好其實是出自經驗。我們最常經驗的東西，是我們最後最可能喜歡的東西（抽象藝術是少數例外中的一種，不管大家下意識中看過抽象藝術多少次，都不會比較喜歡。）這點有助於說明投資人購買擁有知名品牌公司的股票時，通常會付出過高價格的原因。這點也顯示，林區建議大家「買你所知道的公司」，對大家來說極為正確，原因就在這裡，不過很多投資人這樣做卻虧得一塌糊塗。

純粹曝光效應可能促使某些人，想到「下意識誘惑」這種歐威爾式（Orwell）的觀念，「下意識誘惑」是威爾森・吉伊（Wilson Bryan Key）在 1973 年出版的同名著作中宣揚的觀念。吉伊主張廣告商讓我們接受不斷重複的下意識影像，主導我們的消費習慣和生活。吉伊「錯誤的」宣稱，麗茲（Ritz）餅乾上偷偷的印了性這個字，而且烈酒廣告中的冰塊裡面，暗藏著裸體美女的影像。也有人宣稱，如果電影院螢幕上用極快的速度，閃過「多買爆玉米花」的影像，看電影的人會大吃特吃爆米花。

但是賽翁茲指出，下意識無法了解句子，一再看到性這個字，的確可能改善你的情緒，卻不可能在你吃了鹹餅乾後讓你性欲勃發，下意識誘惑這種流行的觀念毫無意義。

另一方面，純粹曝光效應確實存在。就像月亮的重力場在無形中推動潮汐一樣，你不會意識到純粹曝光效應主導你的行為，但實際上確實如此。賽翁茲說：「進化理論顯示，你應該最注意新奇或不知道的東西，如果你一再碰到同樣的新刺激，新刺激又不咬你，那麼你碰到這種東西時就很安全，這樣會使你對這種東西的態度變得比較正面，不過你很可能不知道這種事。」

熟悉的東西閃現時，你頭腦裡面會發生什麼作用？神經科學家在賽翁茲的漢字實驗中，掃描受測者的頭腦，發現雖然你不知道你已經看到某一個漢字，你頭腦的記憶中樞卻自動的因為純粹曝光效應而啟動。事實上，影像一再重複，似乎會使影像深深地植入你的腦海中：你不知道這些潛在的記憶存在，但是這種記憶確實存在，等待外界更長時間的重複播放，把這種記憶從你意識大海的海床推到上面。

另一項研究發現，說自己比較喜歡可口可樂、比較不喜歡百事可樂的人在盲目口味測試中，不能穩當的說明自己喝的是哪種口味，而且如果喜歡喝可口可樂的人，和喜歡喝百事可樂的人喝可樂時，不知道喝的是那一種品牌，腦部會以大致相同的方式發亮，如果受測者喝可樂前，看到百事可樂的罐子，他們海馬迴區域裡的記憶中樞和反射性頭腦裡的情感迴路只會溫和啟動。但是喝之前如果看到可口可樂罐子鮮紅的商標，他們的記憶中樞和情感迴路會快速運作。你可能認為自己比較喜歡可口可樂的口味，實際上，你比較喜歡可口可樂的主要原因，是你對可口可樂比較熟悉。同樣的，投資人把錢丟進擁有知名品牌的股票，原因完全是這個品牌名稱讓你覺得愉快。

## 「荷莉．貝瑞」（Halle Berry）神經元

有些令人困擾的跡象指出，熟悉性可能是一次在一個腦細胞中建立的，海馬迴是一塊由細胞組成的彎月形區域，深藏在你頭腦中間大約從耳朵進去一英寸的地方。海馬迴是反射性腦部重要的一部分，是情感記憶的溫床。海馬迴裡也有很多在你行動、看見、甚至想像一個特殊地點時會個別發射的神經元，這種神經元叫做「地點細胞」，因為他們具有怪異的能力，能夠告訴你所處環境和下一個環境不同的每一種特性。他們構成你內心裡的外在世界地圖，細節極為詳盡，你可以輕鬆利用。地點細胞讓你可以在黑暗中，沒有任何有意識的思想，就伸手出去，找到電燈開關。很多用老鼠所做的實驗顯示，地點細胞發射能夠協助頭腦專注達成目標。

一旦你環境中的任何東西變得息息相關、變得很重要，每次你在碰到這樣東西時，你海馬迴裡的一個細胞會啟動，精確的水準十分驚人：你的頭腦似乎特別指派了一個細胞，專門負責你環境中的每一種有形因素。這種環境信號可能是某一張臉孔、一個名字、一棟特殊的建築、公司標誌的顏色和字體。這樣好像指派了一個神經元當微型哨兵，辨認這些東西中的一樣東西，而且幾乎或完全不負責其他任務。

洛杉磯加州大學和特拉維夫大學做過令人震驚的實驗，顯示有些人指定了一個神經元，辨認雪梨歌劇院特別的蚌殼形狀。也有人指定一個地點細胞，專門在電影明星荷莉・貝瑞的影像出現時啟動，這個細胞會對她的相片、畫像、甚至對她的名字起反應，但是不會對潘蜜拉・安德森（Pamela Anderson）的影像起反應。其他名人像珍妮佛・安妮斯頓（Jennifer Aniston）、茱莉亞・羅伯茲（Julia Roberts）和布萊恩（Kobe Bryant）的名字和臉孔，也會引發獨一無二的不同反應，每種反應都集中在海馬迴裡或附近的一個神經元。

倫敦計程車司機都有特別大的後海馬迴；他們經常需要辨認倫敦市的地標，記住行車路線，顯然促使他們腦部這個區域的地點細胞增生。在其他人的記憶中樞裡，會有一個細胞幾乎完全由夏隆（Ariel Sharon）和海珊（Saddam Hussein）的影像主導，但是看到德瑞莎修女（Mother Teresa）的相片時，每秒發射的頻率會增加九倍之多。

如果你頭腦裡有一個「荷莉・貝瑞神經元」，當然可以推斷你可能有一大堆跟「你所服務公司」有關的神經元。你們公司每一個不同的特徵，都可能引發你頭腦裡特有的明確熟悉信號，在你走過工作地點的眾多地標時，促使你的地點細胞同時快速發射。你在自己的「老巢」時，你頭腦裡眾多地點細胞可能協調一致發射的觀念，有助於說明純粹曝光的怪異力量。

德國明斯特大學（University of Muenster）彼得・肯寧（Peter

Kenning）神經經濟學實驗室所做的腦部掃描顯示，投資人考慮投資外國市場時，頭腦裡恐懼中樞之一的杏仁核會發動。這項發現顯示，把自己的錢留在家裡，會自動產生令人舒服的感覺，投資在不熟悉的股票天生就讓人害怕。這種反應是在反射性頭腦中最基礎的地方發生（難怪我說要分散投資時，波士頓那位男士這麼生氣。）

一旦你了解純粹曝光效應，就很容易了解為什麼 401（k）計畫的投資人一再把太多的錢，投資在自己服務公司的股票上。員工每天都被公司的名稱、標誌、產品和服務轟炸：在識別證上、電腦螢幕上、原子筆、鉛筆、便條紙、咖啡杯、鑰匙鏈、棒球帽、停車場、餐廳、接待處、收發處、廁所等地方，處處都可以看到。

站在暴雨中的人，不可能計算打在身上的雨點有多少，你在正常的工作日裡也一樣，永遠不可能有意識的記錄暴露在自己公司的方式有多少。但是這種暴露全都可能啟動你的地點細胞，使你受到所服務公司的熟悉感飽和轟炸。

在最近的一次訪調中，大約 100 家公司的 55% 員工堅持說：「擁有自己服務公司的股票不影響我的態度和感覺」。但是十分之四的人覺得，自己公司的股票風險水準大約跟分散投資的基金一樣高，不過平均計算起來，過去五年裡，這些公司股價的跌幅幾乎是大盤的兩倍！要說明這種盲目，最好的方法是持續強調純粹曝光效應會把公司股票變成「讓人覺得愉快」的投資。員工受到公司影像的飽和轟炸，擁有公司股票會在下意識裡，產生愉快的感覺，排擠了持有公司股票是不是真的值得的問題。

這麼多員工過度投資自己服務公司的股票，原因現在很清楚。美國大約有500萬個投資人，把自己退休基金的60%以上，投資在自己服務公司的股票上。可以投資自己公司股票的401（k）計畫投資人中，有將近十分之一，至少把90%的退休儲蓄，投資在公司股票上。美林的營業員理當勸阻客戶，不要把太多錢投資在自己服務的公司股票上，美林的401（k）計畫的資金中，卻有27%的資金投資在──你想也想得到──美林的股票上。

純粹曝光效應也凸顯其他形式的投資心理遊戲。研究特拉維夫證券交易所的專業財務分析師，把「比較熟悉」的股票，評為風險低於「比較不熟悉」的股票。不過專家應該知道，你認為自己很熟悉的股票，虧損的可能，其實跟你從來沒有聽過的股票一樣高。在股市中，最熱門、大家最熟悉的股票是投資人換手最頻繁的股票，因此會出現在每天的「交易最熱絡股票」名單中，吸引更多的注意力。成交量最大的股票因為有這種額外的曝光效應，短期內報酬率會比較高，但是長期而言，這種股票每年的表現通常會少二到五個百分點。在寸土必爭的股市中，這種差距大得可怕。

純粹曝光效應有助於說明為什麼這麼多投資人，「買自己知道的東西」、投資自己所使用產品或服務公司的股票，會覺得這麼安心的原因。心理學家賽翁茲住在巴羅阿爾托（Palo Alto），經常開車經過附近山景市（Mountain View）的 Google 公司總部，他是這家公司的股東。他有點不好意思的承認：「我認為，我很可能是因為 Google 公司設在這個地方，而且我常常上他們的網站，才買這檔股票。」換句話說，發現純粹曝光效應的人，在自己的投資組合可能受到這種效應影響後，才了解這種事實。我們很容易可以看出來，喜歡 Google 股票的投資人每天上這個網站無數次，用戶每多一次曝光在 Google 的服務中，對 Google 愈熟悉、愈可能喜歡這家公司。從這家公司網站得到的暖流，會為公司股價加上某種光環。

不幸地是，歷史顯示好公司並非總是好投資。股價是否便宜，不但取決於公司的潛力有多大，也取決於有多少其他投資人已經知道這種龐大的潛力。如果你熟悉一家公司產品或服務品質高超，愈來愈受歡迎，那麼很多其他人很可能也知道了。一旦一大堆人喜歡一家公司，這家公司就變成財務學教授大衛．賀西雷佛（David Hirshleifer）所說的「知名股」。就像凱西．李．吉福德（Kathie Lee Gifford）或 T 先生一樣，這時這檔股票幾乎可以確定會變成股價偏高、曝光過度，知名度即將崩潰的股票。不管一家企業多麼傑出，一旦投資人爭相搶進，把股價推升的太高，這檔股票都不可能長久替你賺錢。因此長期而言，知名度會帶來挫敗。

## 我掌控一切

璜尼妲・愛德華茲（Juanita Edwards）是受過高等教育的精明企業設計師，每年夏末都要去度假，工作最後一天時，她會把她的 401（k）計畫資金，從股票和債券中移出，移入現金帳戶。兩周後，她回辦公室時，會把所有的錢又搬回去。她說：「這樣我知道自己在度假時，仍然能夠掌握情勢，這樣我就可以放鬆心情，不必擔心可能虧錢。」她有所謂的控制錯覺。就像保齡球員在球出手後，身體向球道中間擺，以為自己可以擊出全倒一樣，她以為可以用自己的行動，控制結果。但是她去度假時，市場上漲的可能性跟下跌一樣高，這點表示她錯過漲勢的可能性，至少和避免虧損的可能性一樣高。她其實沒有掌控什麼東西，只是產生了自以為掌控一切的錯覺。

控制錯覺是奇怪的感覺，我們以為自己可以用身體的行動，對隨機的機會發揮某種權威。最好的例子是在紙板遊戲或賭場的賭桌上，看別人擲骰子。大家希望擲出比較大的數字時，會把骰子搖比較久，再重重地擲下去，想要擲出比較小的數字時，會快快地搖骰子，擲出去的力道會比較輕。

很久以前，心理學家史金納（B. F. Skinner）想到，如果他實驗室裡的設備每隔固定的時間間隔，會對饑餓的鴿子，自動地打開餵食器，不知道會有什麼結果。「第一餐」無預警出現時，鴿子像我們肚子空空，沒有東西可以吃的情形一樣，覺得很焦躁不安，最後食物出現時，有一隻鴿子正好轉向左邊，另一隻鴿子正在點頭，第三隻鴿子從右腳站著，跳起來變成用左腳站著。鴿子吃了第一餐後，開始重複做食物出現時所做的動作。鴿子似乎以為是自己的身體行動促使食物出現，在史金納不再供應食物後，鴿子仍然繼續重複這種動作。有一隻鴿子用相同的方式，從一隻腳站立，變成用另一隻腳站立，超過一萬次，最後終於知道跳腳對食物是否出現毫無影響。畢竟食物是在鴿子先前搧動翅膀、跳腳或點頭時出現，因此我們很容易可以看出來，為什麼鴿子「相信」自己先前的動作促使報酬出現。但是其中沒有因果關係，只有史金納所說的「意外相關」。

我們把相關性和因果關係混為一團時，也是犯同樣的錯誤，例如我們因為某個網站的推薦，買進一檔股票，結果這檔股票上漲，我們斷定這個網站是得到賺錢明牌的好地方。但是這檔股票不是因為網站的推薦才上漲，除非我們可以看到這個網站經過獨立評核的所有選股記錄，否則我們不可能知道這次預測是出於運氣、還是出於技巧。我們可能認為，我們找到了控制股市的方法，但是這種想法純粹是巧合。

要知道我們多麼容易受控制錯覺影響，可以看看下面兩種打賭方法：

甲、我從《華爾街日報》的股市行情表中，隨機選擇一檔股票，你要猜測這檔股票明天是上漲還是下跌，如果你猜對了，你贏10美元；如果你猜錯了，會輸10美元。

乙、我從《華爾街日報》上，隨機選擇一檔股票，你要猜測這檔股票昨天是上漲還是下跌（你不可以查詢股價），如果你猜對了，你贏 10 美元，如果你猜錯了，要輸 10 美元。

你喜歡哪種賭法？

史丹福大學進行這種實驗後發現，三分之二的參與者選擇第一種實驗。大部分參與者知道隨機選擇的股票明天上漲的可能性，不會比昨天上漲的可能性多多少。但是第一種賭法似乎讓人比較安心，因為這種賭法不會讓你覺得好像自己不能控制結果。先前的研究發現，以骰子擲出前和擲出後相比，大家在骰子擲出前願意下更大的賭注，甚至願意接受比較差的贏錢機率。

心理學家愛倫・藍格（Ellen Langer）30 年前進行過一項經典的實驗，清楚說明控制幻覺。她在兩家公司的員工身上，測試自己的理論，讓每位員工有機會用 1 美元，買一張樂透彩券。第一組員工自行選號；第二組員工由別人代選。中獎號碼開出前，問受測者是否願意把彩券賣掉，自己選號的人索價平均比別人代選的人高出四倍。自己選號的簡單魔力使他們覺得，自己多少可以勝過機率——不過每個人事前都知道，贏錢的彩券是從紙箱中隨機抽出來的。

因為「我主控一切」的感覺，我們認為自己的決定，天生勝過別人替我們做的選擇。在西班牙一所大學進行的實驗中，自行擲骰子贏錢的學生認為自己會繼續贏錢的信心，遠遠超過由別人擲骰子的學生。美國有一項研究，訪調可以自行選擇共同基金、或由別人代為決定的退休計畫投資人，發現兩組人都誇大自己前一年的實際投資報酬率。自己沒有選擇基金的投資人高估報酬率 2.4 個百分點，但是自行選擇基金的人膨脹實際報酬率的比率，高達 8.6 個百分點！控制錯覺說明為什麼理財顧問最可怕的夢魘之一，是客戶跟理財顧問同時挑選股票，即使客戶自選股和理財顧問的選股漲幅相同，客戶都會直覺地認為，「我的選擇」報酬率超過「你的」。

很多研究在賭客下注前和下注後，問他們對自己贏錢的信心有多高，光是把錢放下去的行動，就會讓大家更肯定自己會贏錢，而且這種信心只要幾秒鐘就會出現。光是賭少到 25 美分的賭注，就可能使已經下注的人比還沒有下注的人信心高出三倍。

承諾會提高我們的信心，不過贏的機率並沒有變化，這種情形就像跳下水多少會使水溫升高一樣，抉擇使我們變得喜歡自己的選擇。難怪有極多的投資人談到自己選擇的股票時說：「以這個價格，我可能不會加碼，但是以這個價格來說，我也不願意賣掉。」

行動具有下列的特徵時，控制錯覺會變得更強：

- 似乎至少有一部分是隨機的
- 提供多種選擇

- 涉及和別人競爭
- 可以長期練習
- 需要努力
- 感覺熟悉

除了運動或賭博外，投資幾乎比大部分活動都符合上述標準。很多投資人自我控制的錯覺極為嚴重，最後變得像舊電視單元劇《霍根英雄》（Hogan's Heroes）裡不幸的指揮官柯林克（Klink）上校一樣，柯林克認為自己牢牢掌握所有細節，卻經常忘了自己一直困在一團混亂中。

從只投資幾千美元在401（k）計畫的小投資人，到世界上最大的基金經理人，世界各地的投資人全都受到柯林克上校效應之害：

- 「我永遠永遠不會再用紅筆寫字，」布林莫瑞公司（Brean Murray & Co.）機構股票交易員詹姆斯・巴克（James Park）2003年告訴一位記者，「紅色代表虧錢。我也把桌子整理得乾乾淨淨，我覺得自己愈有規矩，交易股票的能力愈好。」
- 根據杜克大學（Duke University）人類學家梅克・歐巴爾（Mack O'Barr）的研究，很多退休基金經理人似乎「有潔癖」，好像把辦公室整理得乾乾淨淨具有魔力，可以使幾十億美元不會出亂子一樣。

- 倫敦一位機構交易員談到同事時說：「他們有很多迷信，如果某一天他們交易不順利，他們不會再穿同樣的西裝，不會再打同樣的領帶，或是不會開車走特定的路線上班。如果我穿新西裝那天交易不順利，即使西裝是全新的，我也不會再穿。」
- 2001年，規模310億美元的駿懋基金（Janus Fund）經理人布雷恩・羅林斯（Blaine Rollins）宣佈：「在我改善基金的投資績效前，我絕對不再去度假」──好像這一檔基金前一年虧損14.9%，多少是他個人去度假造成的。
- 線上股票交易者每小時裡，經常查看自己投資組合的價格10到20次──好像只要不讓自己的持股脫離視線幾分鐘以上，多少就可以避免股價下跌一樣。
- 很多401（k）計畫投資人買了滿手自己服務公司的股票，他們顯然認為，憑著一己之力，可以撐起整個公司。2001年時，光纖電話網路廠商環球電訊公司（Global Crossing）一位員工說：「你擁有大量股票時，希望努力工作，讓公司財源廣進，這樣你也可以發財。」（不幸地是，他的努力工作無法阻止環球電訊倒閉，把他的退休儲蓄一掃而空。）

## 這樣安全嗎？

神經經濟學家正在探索柯林克上校效應背後的力量。尾葉區──兩塊旋轉多變、大小和形狀大致和你的小指相同、深深藏在腦部中央的組織──可能負責監督因果關係。尾葉擔任你頭腦的巧合偵測器，我們在腦部這個反射射性與情感性區域，拿自己的行動和外在世界的結果比較，決定兩者是否實際相符。國家衛生研究院神經科學家卡洛琳·辛克（Caroline Zink）說：「不光是接受金錢會激發這些區域，你接受金錢的方式也會刺激這裡，感覺你做了什麼事情，才得到金錢，似乎是不同的快樂或興奮。」（你學會信任陌生人、深深沐浴在愛河裡時，尾葉是腦部活動最厲害的區域之一，或許並不意外。）

受測者在最近的一次實驗中，設法按壓幾個按鈕中的一個，以便贏得報酬。有時候，如果「受測者按壓正確的按鈕」，會贏得 1.5 美元。有時候，不管他們按壓什麼按鈕，都會贏得 1.5 美元。按壓按鈕後，如果出現 1.5 美元，尾葉最多會啟動四秒鐘，但是受測者認為按鈕和報酬之間沒有關係時，尾葉不會啟動（請參閱彩圖 5）心理學家摩利修·戴爾嘉多（Mauricio Delgado）解釋說：「控制一切或至少認為我們控制一切的感覺，使我們對自己行動的關注，遠勝於對結果的關注。」

威斯康辛大學的研究人員發現，想像自己掌控情況，即使實際上你完全失控，都可以減少你頭腦中處理痛苦、焦慮與衝突區域的神經活動。控制錯覺有助於抑制你頭腦裡的壓力網路，實際上會產生安心的感覺。

這點似乎是動物基本思考的一環。在諾貝爾獎得主、神經生物學家艾力克・康德爾（Eric Kandel）主持的哥倫比亞大學實驗室中，老鼠在記錄室中，學會腳部可能偶爾會遭到輕微不舒服的電擊，但是康德爾也讓老鼠有機會學到其他東西，就是老鼠聽到一連串的嗶聲時，就代表不會遭到電擊。老鼠大約經過十次重複，就學會康德爾所說的「安全制約」，很像投資人最近所有交易損益兩平或賺錢後，會開始認定市場環境安全一樣。

然後康德爾把經過安全制約的老鼠，放在陌生的開放空間，令人驚異的事情發生了。如果你曾經在地下室或閣樓上，碰到老鼠小心翼翼地經過，你就知道老鼠總是靠著牆邊，老鼠的直覺告訴牠們，牆邊比較安全，比較不容易受到掠食者攻擊。但是經過康德爾安全制約的老鼠聽到牠們學到、代表沒有立即危險的嗶聲時，會大搖大擺地闖進開放空間的中間。大膽地到老鼠從來沒有去過的地方，甚至在康德爾所說的「探險摸索」衝動發作時，跑到很遠的地方。

什麼東西讓這些老鼠變得好像吃了熊心豹膽？經過安全制約的老鼠聽到一長串嗶聲後，尾殼核的神經元——老鼠腦部的這個部分類似人類的尾葉——會過度發動，發出的神經元幾乎是正常強度的三倍。同時，杏仁核的神經元——就像我們一樣，是老鼠腦部的恐懼中樞——會安定下來，好像安全的認知會讓老鼠產生主宰整個環境的感覺，痲痹了腦部恐懼的能力。難怪投資人受到獲利愚弄，認為市場變得比較安全時，會冒更大的風險。無論你知不知道，你可能很像康德爾的老鼠，也受到安全制約。一連串獲利的交易會關閉你杏仁核中的恐懼反應，讓你充滿虛假的安全感。這種安全錯覺可能促使你直接闖進投資風險中。

## 我百戰百勝

1999 年底到 2000 年初，新罕布什爾州飛航管制員巴德・羅素（Brad Russell）投資熱門的網路股 CMGI 公司。起初他淺嘗即止，只買了幾股，這檔股票一飛沖天，他加碼買進後，股價繼續上漲。於是羅素一再買進，變成全心擁抱這檔股票，至少買進十次，最高買進價格為每股 150 美元。到最高峰時，他把退休基金以外所有資金的 40%，投入 CMGI 股。接著網際網路泡沫崩潰，CMGI 像從懸崖往下掉的石頭一樣，崩盤而下，羅素最後在股價跌到 1.50 美元時，終於賣出，最高的損失高達 99%。

羅素回顧自己的理財自殺飛行時，唯一比虧了多少錢還讓他驚異的事情，是他在巔峰時期有多興奮。他回憶說：「股價漲得更高以後，我以為我知道自己在做什麼，情形簡單而清楚，這種瘋狂的影響力太大了，我無法抗拒。」

羅素的故事顯示，一連串好運像氦氣充進氣球裡一樣，可以提升你的投資信心，使你冒更多的風險，一直到整個局面崩盤為止，到底是什麼東西使你有「我百戰百勝」的感覺？

首先，連串獲利使你覺得你是「拿賭場的錢在賭」。這是賭徒心裡把自己的錢分成不同類別時所用的名詞，他們進場時所有的錢，是他們「自己的錢」，此外，贏到的錢都是「賭場的錢」。

假設你投資 1,000 美元在一檔股票上，股票上漲三倍，現在的價格為 3,000 美元，你賺到了 2,000 美元「賭場的錢」。只要這 2,000 美元的獲利還有剩，你對任何虧損造成賭場的錢減少，可能都不會在意。虧掉賭場的錢造成的傷害，多少比虧掉「自己的錢」少，不過嚴格說來，所有的錢都一樣。羅素就發現，這種「賭場的錢效應」可能慫恿你，甘冒一連串不斷升高的風險，到你虧得一乾二淨為止。

第二，連串好運會使人覺得未來更容易預測。財務上的連串獲利像很多重複的型態一樣，會讓你的頭腦自動期望更多相同的好運，伯恩斯在艾默利大學的神經經濟學實驗室中，要受測者設法猜測四個方格中，下一次哪一個會變成藍色。有時候，顏色的順序隨機變化，有時候會形成固定的型態，但是變化太複雜，受測者無法有意識地察覺型態可以預測。藍色的方格隨機出現時，前額葉皮質和頂葉皮質會啟動，反映性腦部這些分析中樞會發動有意識地努力，判斷到底發生了什麼事情。然而，受測者看到固定的順序時，反射性與情感性腦部的這個區域不必發動有意識的感覺，就可以辨認重複的型態。伯恩斯解釋說：「像連串財務獲利的好運這種清楚的順序，不必花精神注意，就可以學會。」因此你投資時，連串好運會讓你的腦部比較容易處理隨機、複雜的盈虧亂象。一旦你連續獲利，尾葉之類的結構會使你的期望變成自動導航：期待更多的好運會出現！

其次，連串好運會讓你覺得運氣站在你這邊，而不只是隨機的機會而已。很多年前，曾經有心理學家投擲錢幣 30 次，要求大學生猜測每次投擲會出現正面還是反面，主持人告訴一些學生，他們最初的預測當中，大部分都正確；卻告訴另一些學生，說他們最初的預測大部分不對。初期好運連連的學生最後認為，如果他們有機會再預測 100 次投擲錢幣的結果，可能會猜對 54 次。此外，高達 50% 先前好運連連的學生認為，可以靠著「練習」，提高猜中的機率。連續成功的興奮使他們忘了一個明顯的事實，就是擲出正面或反面的猜測不可能提高。

結論是，先前的連續成就使大家覺得：自己突然間擁有掌控純屬隨機程序的力量，大家不再把結果歸功於「機會」之類的抽象力量，開始相信「運氣」，相信有一種個人力量像護衛天使一樣，（至少暫時）照看著他們。只要環境中留存著運氣的感覺，大家會覺得必須儘量利用運氣，這樣可能導致投資人魯莽從事，冒過多的風險。

一旦大家認為自己處在「連續成功」的情況中，不只是羅素這樣的小投資人最後會失控，專業股票分析師只要連續四次，正確預測出一家公司的獲利後，做出的預測風險都會逐漸升高，最後預測的精確度會比平均預測值差 10%。針對英國 4,000 多件企業併購案所做的研究顯示，企業推動的第一件併購案賺錢時，未來的交易比較可能摧毀價值。美國一般企業推動第一次併購、賺到超高報酬率後，未來五年內，至少再併購一家公司的可能性會大為增加，不過一般說來，後續併購會造成公司股價下跌 2%。

連公認歷來最優秀企業領袖之一的奇異公司（General Electric）前執行長傑克・威爾許（Jack Welch）都承認，他推動併購交易連連成功，害他得意忘形。他買下華爾街證券經紀商皮巴地公司（Kidder Peabody），後來卻承認：「我不知道這件併購案毫無價值，我的手風正順。」矮小、禿頭的威爾許開玩笑說，這種感覺讓他覺得自己好像是「身高六呎四吋、長滿頭髮的人。」皮巴地公司一件神秘的交易計畫出錯後，奇異的投資損失超過 10 億美元。

諾貝爾經濟學獎得主維農・史密斯（Vernon Smith）指出，股價高估時，賺到龐大利潤得企業經理人和專業交易員，如果後來在股價崩盤時，虧得一乾二淨，會捲土重來，全部再來一遍。史密斯的研究顯示，在這種情況下，古老的諺語：「一朝被蛇咬，十年怕井繩」的說法不對，因為連續獲利讓人極為興奮，通常至少要經過兩次燙傷，所謂的專家才可能開始學到不能碰「市場泡沫」。

大家也可能受到「預測癮頭」的限制。加州理工學院研究人員最近在實驗室裡，測試沒有經驗的賭客早早獲得優異成果後的反應。賭客要在兩疊牌當中選擇：第一疊牌有不少贏到錢的機會，偶爾會小輸一筆，第二疊牌贏的錢金額比較小，偶爾會伴隨著輸掉比較大筆金額的可能。我們把第一疊牌叫做熱門牌，第二疊牌叫做冷門牌。然而，實驗進行到一半時，賭注秘密逆轉，因此原本熱門的牌現在變成冷門，冷門的牌變成熱門。令人驚異地是，嚐到連續贏錢的賭客看不出遊戲規則已經改變。加州理工學院神經科學家約翰·歐爾曼（John Allman）說：「他們看不出來，贏最多錢的人最不容易逆轉選擇，這種情形就好像他們矯正錯誤的能力遭到麻醉，他們對有利的結果上癮了。」

前額葉皮質部分受傷的人特別不容易看出熱門牌已經變冷，這點顯示反映性腦部受傷時，反射性與情感性腦部會取而代之。尾葉、阿肯伯氏核與海馬迴等反射性結構困在高速檔中，不能迅速看出輸贏型態已經改變。

一旦你了解金錢利得具有這種麻醉力量，看到別人在財務上極為得意忘形，似乎不再值得驚異了。賭徒當然知道這一點，貓王艾維斯·普里斯萊（Elvis Presley）傳奇性的經理人湯姆·派克上校（Tom Parker），極為沉迷吃角子老虎賭博，以至於到了晚年，他的肩膀在電梯事故中壓碎後，還命令個人助理陪他到賭場去，替他拉拉霸機器的拉桿。最近有些賭客用鏈條把自己鎖在拉霸機器上，甚至有人穿了成人紙尿褲，以免必須起來上廁所，失去「幸運」賭博機器的好位置。

財務上連續獲利在你的腦海裡會呈現出什麼樣子？你連續獲利、一再賺錢時，反射性腦部的三個地方會像聖誕樹一樣發亮，就是視丘、蒼白球和膝下扣帶迴。視丘是靠近腦殼中央、形狀像砂囊的一團組織，功能好像交換機房，把偵測到的外界影像，轉接到腦部的其他地方。蒼白球靠近視丘，是一團灰白色的小球，功能是協助追蹤報酬與懲罰。膝下扣帶迴位在前額葉皮質內側、你的額頭向後彎的地方，是最有意思的腦部組織。

膝下扣帶迴協助睡眠的管理，在患有嚴重憂鬱症的人身上，通常比較小、比較不活躍。另一方面，患有躁鬱症的人躁狂症發作時，膝下扣帶迴似乎會過度發動。一般而言，處在躁狂階段的人具有強迫性、會因為欣喜若狂得感覺而變得活力大增、經常睡不著覺，得到「看穿」周遭所有事物根本意義的卓越能力。嚴重躁狂症患者可能變得極為魯莽，甚至會殘害自己的身體，或是變得極為無理，不可能和別人共同生活。躁狂症似乎是太多多巴胺注入膝下扣帶迴迴路的結果。

發現這種精神疾病的腦部起源，和連串財務利得啟動的腦部是同一個地方，用來解釋國家廣播公司商業台的詹姆斯·柯雷莫（James J. Cramer）之流市場狂人的行為，不只是讓人覺得有趣而已，也讓人震驚。因為這點顯示，投資人認為自己「連續獲利」時，心中充滿了自己可以看穿未來，沒有什麼東西能夠阻止他們的感覺，最後投資人會犯長期躁狂症病患所犯的相同錯誤。財務上的連續獲利刺激你的膝下扣帶迴時，你不由得變成欣喜若狂、焦躁不安、不在乎風險，這種躁狂感覺幾乎使你不可能放棄你認為熱門的股票。躁狂症發作像大部分極端的情緒波動一樣，註定會有不好的結果。羅素因為初期投資 CMGI 獲利，變得得意忘形，後來幾乎很難克服這種後遺症。到今天他還說：「天啊，CMGI 這四個字仍然讓我心有戚戚焉！」多頭市場潰敗時，我們稱之為「狂潮」，真是再自然不過了。

## 我早就知道了

蘇聯帝國敗亡前，一再改寫歷史教科書，以便掩飾接二連三發生的難堪事件，東歐的異議分子經常開玩笑說，預測過去和預測未來一樣難。股市裡也一樣，2002 年時，有一項調查訪調800多位投資人，詢問他們對1999至2000年多頭市場的看法。將近一半的投資人回顧時說，科技與電信股崛起「確實」是「泡沫」；另有將近三分之一的人認為，這種情形「很可能」是「泡沫」。這麼說來，他們在整個市場狂潮期間，全都小心翼翼的在旁邊旁觀嘍？不見得如此，就在他們現在堅持股價偏高的那個時候，800 多位投資人中的每一位，都熱心投資美國市場上一檔價格最離譜的電信股。

雖然俗話說事後有先見之明，但是如果不從正確的角度觀察，後見之明接近法律上的盲目。一旦我們知道過去發生的情形，我們回顧時，會認為我們當初就知道一定會發生這種事。雖然當時我們完全沒有頭緒，這種情形是心理學家所說的「後見偏差」。

人類這種怪異的行為1972年首次明確診斷出來，當時尼克森即將前往北京，以美國總統的身分，進行中國大陸共產政權成立後的首次訪問。沒有人知道會發生什麼情形：毛澤東會跟尼克森會晤嗎？會冷落他嗎？台灣、日本或蘇聯會大肆反對嗎？這次訪問會比越戰還難堪嗎？

很少人預料到實際的情形：這次訪問進行地極為順利，以至於美國和中國簽署了聯合公報，承諾要努力推動外交關係正常化。就在尼克森出訪前，專家要求幾十位以色列大學生，預測尼克森訪問中國大陸成功的機率，然後在尼克森中國之行後，分兩次請這些大學生回憶自己先前的預測內容。尼克森中國之行後兩周內，71%的大學生記得自己預測的成功機率高於實際預測。四個月後，81%的大學生宣稱自己預測的成功機率高於當時的實際預測。

目前在卡內基梅隆大學任教的心理學家巴魯奇·費雪夫（Baruch Fischoff）當初共同撰寫原始的研究。他解釋說：「你聽到什麼東西時，立刻把聽到的東西納入你已經知道的事情中，這樣做和試著把新資訊放在某種知識中間狀態（intellectual limbo）裡，等待證據證明你可以利用新資訊的做法相比，前面的做法似乎比較有效、比較合理。但是如果你希望回頭了解自己當時的知識程度、判斷自己預測事情的能力，這樣做卻不是特別有幫助。」

心理學家卡尼曼說：「後見偏差會造成驚訝的看法消失，大家會扭曲和記錯先前的想法，我們對於世界實際上多麼不確定的意識能力，根本沒有完全發展好，因為在某些事情發生後，我們會大大提高自己當初認定事情會發生的可能性。」

後見偏差是你內心裡的騙子殘酷欺騙你的另一個花招，後見偏差讓你相信過去比實際上容易預測，因而愚弄你，讓你相信未來也比實際上容易預測，這樣會使你在回顧時，不會覺得自己像白癡一樣，但是在你往前看時，卻可能使你的行為看來像白癡一樣。

你投資時，後見偏差會發揮什麼影響？

可能產生像下面這種情況中的影響；2001 年秋季，恐怖分子發動 911 攻擊後，你告訴自己：「一切再也不一樣了。美國已經不安全，誰知道他們下一步會幹什麼？即使股價便宜，再也沒有人有勇氣投資了。」然後到 2003 年底，股市上漲 15%，你知道你會說什麼嗎？「我早就知道 911 之後股價很便宜！」突然間，你知道的東西，似乎勝過前美國聯邦準備理事會（Fed）主席艾倫．葛林斯班（Alan Greenspan）。

下面這種情形也可能發生：2004 年 8 月，Google 對大眾初次公開發行股票，你對自己說：「嗯，非常好的網站……或許我應該試著買這檔股票吧？但是想到過去幾年裡，我在所有其他網際網路股上虧掉的那麼多錢，我應該做何感想？……不行，我最好放過這一檔。」然後這檔股票從 85 美元的承銷價，漲到 2006 年底的 460 美元，你猜猜看你會怎麼說？「我早就知道我應該買 Google ！」你內心裡的騙子這種「我早就告訴過你」的吹牛，讓你難以記得他從來沒有告訴你這種事情。你對 Google 股票的這種自欺之談，很可能使你下一次有機會，從頭開始投資一檔高風險的高科技新創企業時，冒險大筆投資。「下一檔 Google」當然可能變成下一家安隆。

大師也有同樣的問題，投資大師喬治・吉爾德（George Gilder）在 2002 年，回顧 2000 年科技股泡沫破滅時堅稱：「我知道股市會崩盤，我真的知道。」但是他必須在自己的投資雜誌中承認：他從來沒有警告過大屠殺即將來臨。

2000 年 6 月號的《錢雜誌》寫道：「我們全都知道這是狂潮，從 1999 年 8 月到 2000 年 3 月……阿力巴（Ariba）和正直網路（VerticalNet）兩檔股票根本沒有賺過錢，股價卻暴漲八倍以上。你根本不知道這狂潮什麼時候會結束，卻不難看出最後審判日迫在眉睫。」但是《錢雜誌》在 1999 年 12 月號的封面故事中，還敦促投資人「從網路的強勁成長中獲利」，而且宣傳阿力巴是該雜誌首選「現在應該買進的股票」。

後見偏差也會扭曲我們評估基金經理人的方式。想像 2006 年剛剛結束，你的營業員打電話來，告訴你一個令人興奮的消息：他可以幫助你，投資南博斯成長基金（Numbers Growth

Fund），買進這檔剛剛連續第十年打敗大盤的基金（以 S&P 500 股價指數為評比標準）。你的營業員宣稱，這檔基金的經理人藍地．南博斯（Randy Numbers）是天才——你很難不這樣想，因為在類似一般年度的2006年裡，遠超過一半的基金敗給大盤，連續十年打敗大盤聽來好像是奇蹟。

你應該怎麼判定南博斯是不是真正的天才？因為基金經理人不是打敗大盤，就是敗給大盤，基金經理人在任何一年裡，表現勝過大盤指數的可能性是一半、一半（當然是還沒有減掉費用和稅負）。判斷這種長期發展最簡單的方法是擲錢幣，連續十次擲出正面的機率是 1,024 分之一——這種機率使南博斯聽來更像天才。但是這種後見之明極為鮮明，可能使你在兩方面變成盲目。首先，這種偏差會讓你看不出過去的報酬率不能預測未來，其次是當場挑選共同基金常勝軍遠比回顧時難多了。

要知道為什麼，可以回想 1996 年底的情形，當時南博斯的常勝記錄才剛剛開始，當時美國有 1,325 檔股票型基金。想像每檔基金的一位經理人每年投擲一次錢幣，1,325 位經理人中，至少有一個人每年完全依據隨機的機率，擲出正面的機率為 72.6%。因此南博斯的記錄是天才還是純粹運氣的結果？如果他正好很幸運，他未來的報酬率很快會隨著他的運氣消失而下降。即使他技巧高明，仍然不表示你可以在不受後見之明的愚弄下選中他。1996 年時，沒有人聽過他，他只是 1,325 個群眾中的一位。想在這群人當中，看出未來的贏家，就像搭著直升機，看著下面集結在起跑線附近、等待馬拉松賽槍響開跑的眾多人頭中，看出最後的冠軍一樣困難。

想從另一個角度了解後見之明，可以上下列網站：http://viscog.beckman.uiuc.edu/grafs/demos/15.html，這部線上電影的劇情是兩隊大學生傳籃球，有些學生穿白 T 恤，有些穿黑 T 恤。你要挑出一隊，仔細地計算球員傳球多少次；要開始播放這部電影，你可以在綠色箭頭上按一下。你是否注意到其他東西？如果沒有注意到，請你再放映一次。這部視覺謎題讓你困擾片刻之後，你就會覺得解決之道似乎顯而易見，現在仍然困擾你的，就是有多少人會發現首先要算出傳球次數很難（如果這個實驗不能通過你的考驗，設法請朋友試試看。）

這就是後見偏差的力量，是你內心的騙子用另一個方法，設法讓你覺得自己比實際聰明。後見偏差使你無法了解投資歷史的真相，也讓你不能牢牢掌握財務前途。

## 我知道、我知道

下面有三個急智小問題，目的不只是要測驗你的知識，也要測驗你對自己的知識有多了解。

一、從底特律駕車往正南走，你離開美國時，碰到的第一個國家是哪一個？

1、古巴

2、加拿大

3、墨西哥

4、瓜地馬拉

現在考慮一下，你有幾分把握，認定自己提出了正確答案。你百分之百的肯定嗎？ 95%？ 90%？還是更低？

二、哪一個國家超過 75%的能源，來自核能發電？

1、美國

2、法國

3、日本

4、以上皆非

你再考慮一下，你有幾分把握，認為你說出了正確答案。你百分之百肯定嗎？ 95%？ 90%？還是更低？

三、一般人的腸胃道中大約有多少微生物？

1、100 兆

2、1,000 億

3、1 億

4、10 萬

你再考慮一下，你有幾分把握，認為你說出了正確答案。你百分之百肯定嗎？ 95%？ 90%？還是更低？

不是出身美國中西部的很多人說，他們至少 90％肯定第一個問題的答案是墨西哥；而且他們經常百分之百地確定。事實上，正確答案是加拿大；安大略省的溫莎市（Windsor）正好位在汽車城正南方，隔著底特律河和底特律遙遙相對（如果你不相信，你可以上 Google 的地圖網，在搜尋視窗中輸入底特律。）

大部分人對第二個問題，通常大約 70％確定正確答案是「以上皆非」。實際上是法國，法國對核能的依賴超過任何國家。

至於第三個問題，大部分人似乎大約 50％肯定自己的腸胃道中，大約有 1 億個微生物。簡單卻令人難過的真相是你的消化系統是一個熱鬧的宇宙，大約住了 100 兆個微生物。

很多年前，有人問奧勒岡州的大學生：安東尼斯（Adonis）是愛神還是植物之神？世界上大部分可可豆是在非洲還是在南美洲生產？四分之一的學生至少 98％肯定安東尼斯是愛神；超過三分之一的學生 98％肯定大部分的可可豆是在南美洲生產（你自己試著回答：你對自己的答案有多少把握？）甚至有人告訴這些大學生，說大部分人的判斷多麼不正確，很多學生仍然極為肯定自己的答案，甚至願意賭 1 美元，說自己的答案正確。但是只有 31％的學生正確說出安東尼斯是植物之神；只有 4.8％的學生正確的指出非洲是可可豆的主要產區。

對我們自己的無知同樣的無知，一再困擾我們的理財判斷。說自己「非常自信」，有足夠的錢過舒服退休生活的美國勞工中，22％目前完全沒有退休儲蓄，39％的人儲蓄不到 5 萬美元，另外 37%的人從來沒有估計需要多少錢，才能舒服地退休。

現在沒有退休儲蓄，卻「非常自信」會過舒服地退休生活已經夠糟糕了。更糟地是，你不知道需要多少錢，才能舒服地退休，卻認為你反正會有足夠的退休金。這種過度自信可能導致嚴重地儲蓄不足，將來會過著貧窮的退休日子，後悔莫及。

古老諺語「讓我們陷入困境的不是無知，而是看似正確的錯誤事情」不完全正確，原因就在這裡，真正讓我們陷入困境的是根本不知道自己無知。

對專業基金經理人和理當是業餘人士的散戶來說，這點都完全正確。從某方面來說。「專家」可能更不知道自己的無知。有強而有力的證據顯示，你知道的愈多，愈可能認為你知道的比你實際知道的還多。此外，大家甚至經常在幾乎肯定自己正確無誤時卻經常錯誤：

- 1972 年，斯德哥爾摩的一項研究發現，銀行家、股市分析師和財務研究人員之類的專家，在預測股價方面，不比大學生高明，有時候甚至比大學生略微差勁。
- 密西根大學的大學生預測未來的股價和企業盈餘時，比財務研究所的學生（包括當過財務分析師的學生）還精確，或者應該說沒有那麼不精確。
- 瑞典有兩組人接受試驗，設法從兩檔股票中，挑出比較好的投資標的，並且評估自己判斷正確的機率。第一組由平均有 12 年投資經驗的基金經理人、分析師和營業員組成；第二組是主修心理學的大學生。平均說來，業餘的大學生判斷自己的成功機率為 59%，挑對股票的機率為 52%。專家對自己的專業知識自信滿滿，挑對股票的機率雖然達到 67%，卻認為自己判斷正確的機率只有 40%！

- 過度自信的投資人因為太常認為可以預測未來，因而持續不斷地在買賣。然而，他們知道的東西比他們自以為知道的少，交易最頻繁的人投資組合表現和交易最少的人相比，每年落後的程度高達 7.1 個百分點。
- 德國有一項研究，探討投資專家預測股票未來報酬率的能力，這些專家理當把估計數字的區間拉大，才能創造 90%正確的機率。但是高達 62%的專家預測錯誤的可能性達到 50%。他們愈有經驗，愈過度自信。
- 1993 年，《富比士雜誌》（Forbes）基金版主編從自己的薪水中，提撥 5%，也就是提撥法定可以提撥最高金額的一半，投入自己的個人退休帳戶 401（k）帳戶中。有一位朋友問他，為什麼不多提撥一點錢，這位主編快嘴回答：「因為我比他們更善於管理自己的錢，這就是原因。」十多年後，這位主編回頭計算這個決定害他付出多少代價。我知道答案，因為我就是那位主編，我的過度自信到現在為止，代價超過 25 萬美元。

我們的自信還有另一個怪異的地方。任務愈難，成功機率愈接近一半、一半，我們對自己成功的機會愈可能過度自信。有一項實驗發現，只有 53%的人能夠正確說出一幅畫是歐洲還是亞洲兒童畫的，但是一般說來，有 68%的人肯定自己有這種能力。同樣的，美國大學生當中，略低於 50%的人可以正確的說出，美國哪些州的中學畢業比率比較高，但是平均說來，卻有 66%的人肯定自己說得出來。

經常交易的人通常比買進長抱的投資人更過度自信，原因就在這裡。如果你抱著投資的時間只有幾小時、幾天或幾星期，你的短期績效可能非常高，但是把時間拉長，經常交易的人必須極為幸運，才可能有一半的時間賺錢。然而，你短期間的連續好運，會讓你有一種沒有道理卻信心十足的感覺。

用猴子所做的實驗顯示，得到報酬的機率大約為一半、一半時，猴子腦部深處神經元釋放的多巴胺會激增，會穩定增加將近兩秒鐘。十分確定的報酬激發的反應時間短多了、上升的角度也平緩多了。「機會均等的賭博」在多巴胺系統中激發的額外興奮，可能是大自然要我們不再觀望的方法。否則的話，我們絕對不可能在成功機率大致相等的行動中做出抉擇。多巴胺額外激增，有助於扭轉均衡的局面，卻也把我們的信心，推升到遠高於眼前證據所顯示的程度。

人類拒絕說「我不知道」這句話，具有重大影響，這點可以說明很多事情，從挑戰者號太空梭上設計的 O 環斷裂，到時代華納公司（Time Warner）執行長吉拉德．李文（Gerald Levin）幻想和美國線上公司（AOL）合併，是非常高明的主意，以及美國國防部幻想伊拉克人會灑鮮花，歡迎美軍，都是出於這種原因。這點導致大家不問問題，因為大家認為自己已經知道答案，或是害怕承認不知道會有不利的後果。

有些心理學家認為，過度自信是小問題，可以用呈現不同資料的方式治好。事實上，通往投資地獄的道路是用過度信心鋪成的。1993 年時，加州橘郡（Orange County）會計長羅伯．席特龍（Robert L. Citron）大約借了 130 億美元，融通橘郡 70 億美元的投資組合，橘郡的投資組合由複雜的證券構成，如果利率下降或持平，這個投資組合可以賺到相當高的報酬率。有一位銀行家問，如果利率上升，橘郡的投資組合會有什麼問題，席特龍反駁說，利率不會上升，那位銀行家問他怎麼能夠這麼肯定。席特龍斷然說道：「我是美國最大的投資人之一，我知道這種事情。」九個月後，利率急速上升，席特龍的投資組合虧損了 20 億美元，橘郡因此申請破產，創下美國史上地方政府最大規模的破產記錄。

2005 年內，針對管理 7,000 億美元資產的機構投資人進行的訪調發現，56%的投資機構確定自己可以慎重地投資避險基金。但是在接下來的問題裡，67%的投資機構承認，自己缺乏分析和管理這種神秘投資額外風險所需要的工具。2006 年 9 月，避險基金阿瑪蘭斯顧問公司（Amaranth Advisors）高風險的天然氣交易策略出錯，一周內，淨值損失 50%，造成摩根士丹利（Morgan Stanley）與高盛（Goldman Sachs）旗下企業之類理當高明的投資人，虧損超過 50 億美元，聖地牙哥郡員工退休協會（San Diego County Employees' Retirement Association）也損失 77 億美元。只不過是幾個月前，聖地牙哥這檔退休基金還吹噓自己有能力不用外界專家，直接投資避險基金。

我們堅持自己知道的比實際上還多，主要原因很可能是承認自己無知會傷害自尊。知道一點點的半瓶醋其實非常危險：即使知道什麼東西的一點點，都會讓我們有力量十足的感覺，如果我們承認自己不知道的東西很多，會嚴重威脅這種感覺，這就是為什麼要有極高的信心，才能承認你沒有信心；世界上最難說出口的幾個字是「我不知道」。有人問蘇格蘭的大學生，光線從太陽射到地球，花的時間是否不用一分鐘，13%的學生說自己「幾乎可以確定」是這樣，21%的學生「完全確定」是這樣，只有 17%的學生承認不知道答案（平均要花 8 分 20 秒。）

巴菲特寫下面這段話時說的非常對：「大部分人投資時，真正重要的不是知道多少，而是務實地確定自己不知道什麼東西。投資人只要不犯大錯，需要做的正確事情很少。」

## 降低你的信心

很多投資人的行為好像在模仿哈佛大學哲學家威勒．昆恩（Willard Van Orman Quine），昆恩在學術生涯初期，把打字機上的問號拔掉。昆恩得享高壽，晚年有人問他，他怎麼能夠寫作 70 年，都不用打問號，他回答說：「噢，是啊，我處理的是確定的東西。」但是金融市場中確定的東西很少，你的頭腦天生就設計成會誇大自己的能力、喜歡熟悉的事物、想像你掌控過去與未來的能力遠超過實際。這就是為什麼我們很可能不該拿掉鍵盤上的問號，最好拿掉大部分的其他按鍵，用問號取而代之的原因。

但是你不希望把信心降為零，完全沒有信心的投資人永遠不會投資，因為投資至少需要針對未來諸多不確定中的一部分表態，因此你的目標是儘量不認為自己知道的比實際上還多。你知道多少的重要性，不如清楚了解自己無知的起點在哪裡。只要你知道自己接近無知，接近無知根本不是問題。下面是你可以用來降低信心的一些方法：

### 「我不知道，我也不在乎。」

說「我不知道」並不丟臉，投資要成功，你不必在華爾街的猜測遊戲中勝過華爾街，你不需要預測電子灣的盈餘到最精確的程度，不需要知道能源和黃金股會不會繼續上漲，不需要知道下個月失業率報告有什麼內容，也不需要知道利率或通貨膨脹率未來走勢如何。全市場指數型基金是以極低成本建立的一籃子股票，每一檔值得擁有的股票幾乎都涵蓋在內。如果你買進長抱兩檔全市場指數型基金——一檔美股和一檔國際股票指數型基金，你就不必再理會哪些個股、產業或類股將來的表現是好是壞。這樣你可以用直接拒絕參與預測遊戲的方式，贏得預測遊戲。

全市場基金讓你可以說出「我不知道、我也不在乎」這句神奇的話。下一個大力成長的類股是網際網路公司還是煤礦公司？我不知道，我也不在乎，因為我的指數型基金兩種類股都持有。小型股會勝過大型股嗎？我不知道，我也不在乎，因為我的指數型基金兩種類股都持有。哪一家公司會主導未來的電腦產業，是微軟、Google、還是一些還沒有冒出頭的新創公司？我不知道，我也不在乎，因為我的指數型基金會持有所有這些公司。未來十年裡，哪一個股市會成為世界上表現最好的股市？我不知道，我也不在乎，因為我的指數型基金擁有所有股市。

## 設置堆放處，放置「太難」的東西

很多人以為巴菲特會變成世界最成功的投資人，是因為知道的東西比別人都多。但是巴菲特自己認為，他成功的關鍵是知道自己有什麼東西不知道。巴菲特說：「我們對所有的東西有著無數的懷疑，我們只是把這一切全都忘掉。」巴菲特補充說：「基本原則是孟格（巴菲特的事業夥伴）所說堆放「太難」東西的地方，我們把自己不知道怎麼評估的東西，都放在那裡，我們大概把收到的構想 99% 都放在那裡。」因此，你處理投資的工作地點上，應該有一個小小的「收文」籃，裡面放一些有待考慮的構想，有一個小小的「發文」籃，放置另一些你已經通過或拒絕的構想，還有一個巨大的「太難」堆放處，放所有其他的東西（如果你真的嚴肅看待投資，可以在垃圾桶上，貼上「太難」的標誌，把大部分的東西丟進裡面，如果你完全在電腦上操作，可以在桌面上製作一個「太難」的文件夾，或是在回收桶裡設一個特別的區域。）收到任何資訊，你首先要問這種資訊是否屬於「太難」的類別，否則都不應該送進「收文」籃（如果你不確定，那麼這點就是這項資訊太難的確定跡象！）

## 測量兩次、切割一次

如果你曾經看過木工大師工作，你會注意到，他留下來的木屑或廢料很少，因為他切割前都已經非常仔細地丈量過。因此你初次評估一檔股票的價值後，要再度裁剪。行為財務學作家蓋瑞．貝爾斯基（Gary Belsky）和心理學家湯瑪斯．季洛維其（Thomas Gilovich）建議大家，利用一種自動「過度自信打折」的方法，把過度自信降低 25%，把這種方法應用在評估範圍的上限和下限，縮小上檔利潤，放大下檔風險。例如，如果你認為一檔股票價值介於 40 與 60 美元之間，你就把兩個數字都砍掉 25%，產生的新價值範圍就介於 30 與 45 美元之間。這種保守的裁剪方法可以幫助你，避免因為過度自信而得意忘形。

## 立刻寫下來

心理學家費雪夫建議大家利用投資日記，研究過度自信超過 30 年的他說：「你做預測時，要記下當時心裡的想法，要儘量做出明白的預測。」他建議大家從機率的角度思考，也預測價格區間和日期，例如，「我認為這檔股票一年後，價格會介於 20 到 24 美元之間。」（預測價格時，別忘了運用過度自信打折 25%的方法。）最後，要說出你的投資理論，寫下「我認為這項投資會上漲，原因是 ________________________ 。」

你買進前，記下投資原因很重要。記憶研究專家依莉莎白．羅芙德（Elizabeth Loftus）曾經證明：你對過去感覺的記憶，可能很容易受後來發生的事情「污染」。如果你在事實發生後，才在日記裡記下來，你對原始動機的記憶可能受後來的價格變化影響（「我用 14 美元的價格，買進這檔股票，因為我知道這檔股票立刻會漲到 15 美元」）。

把你日記裡的記錄收起來、放上一年，然後回頭看看自己的預測有多正確，你是否容易低估或高估，你的理論有多正確，你不必看自己的投資是否上漲，因為你已經知道了。你應該看看投資是否因為你預期的理由而上漲？這樣你會知道自己到底是預測正確或完全是運氣好，而且這樣會進一步協助你控制內心裡的騙徒。此外，因為有真正的後見之明幫助，你現在就能夠問需要哪些額外的資訊，才能提高你預測正確的機率，或是得到比較精確的價格區間。

## 追查行不通的事情，了解行得通的方法

我們的行動得到立即而明確的回饋時，都可以學到最多的東西。這就是為什麼老師立刻改作業、給分數、寫下改進建議的原因（想像一下，如果你根本不知道什麼時候會拿回作業，拿回作業時，上面的評註是「到現在為止還不壞」，這樣的學校像什麼話）。

不幸地是，金融市場充滿了混亂的回饋。假設你用 10 美元買進一檔股票，股價立刻漲到 11 美元，你會誇讚自己很精明，但是你還沒有誇讚完，股價就跌倒 9 美元，你現在會覺得自己很愚蠢。決定是好是壞，一部分要看你評估的時機而定；短期內，你看到的證據是價格不斷起伏、你忽對忽錯、忽而精明、忽而愚蠢。要正確了解自己的選股能力，你必須從長期和多種選項的角度來評估。你也必須注意你沒有走的路。巴塞隆納龐部法布拉大學心理學家霍格斯建議：你要注意三種類股的表現，一種是你自己擁有的股票，一種是你已經賣掉的股票，第三種是你原來想買進、最後卻沒有買的股票。你可以利用電腦上的投資組合追蹤文件夾，注意這三種股票。

對專業投資人、財務規劃師或經常交易的人來說，這種練

習非常有用。這樣除了讓你知道你買進的股票是否上漲外，也會讓你知道，你賣掉的股票後來是否上漲，還有，你幾乎要買進的股票，表現是否勝過你確實買進的股票，你必須擁有這些資訊，才能確實知道你多麼善於買賣。

## 限制你內心裡的騙子

你可以問下列三個問題，避免對自己的能力說謊：

1. 我認為自己比一般人高明多少？
2. 我認為我可以達成多高的績效比率？
3. 長期而言，別人的平均表現有多好？

例如，假設你認為自己在選股方面，比一般人高明25%，你的投資組合每年可以賺到15%的報酬率。要是你不考慮第三個問題，這樣聽起來相當務實。S&P 500績優股指數長期平均年度報酬率為10.4%，然而，如果你把這個數字，用大家提高或減少投資組合中現金金額的因素，進行調整，那麼從1926年起，S&P 500的平均年度報酬率會降為只有8.6%。再考慮稅負、交易成本和通貨膨脹率，一般投資人的年度報酬率會降到4%以下。如果你真的比一般人高明25%，你扣掉所有成本後，預期應該賺到的年度報酬率會比5%高不了多少。如果你至少比一般人高明三倍，你仍然可能賺到15%的報酬率。只要問這三個問題，你就會知道內心裡的騙子多麼瘋狂。

## 擁抱錯誤

克里斯多福·戴維斯（Christopher Davis）管理紐約戴維斯精選顧問公司（Davis Selected Advisors）600 多億美元的共同基金，他辦公室外面的牆上，貼了很多股票憑證，作為裝飾。有幸貼上牆的股票，通常不是他們公司最好的投資，而是最差的投資。這個地方暱稱「錯誤之牆」，到現在為止，上面貼了 16 家公司的股票。

戴維斯苦笑說：「有一張股票剛剛掛上去，另一張還在裝裱，一開始時，我沒有想到這道牆會變得這麼熱鬧。」廢棄物管理公司（Waste Management）上過錯誤之牆兩次，因為戴維斯不但基於錯誤的理由，買進這家公司，而且在錯誤的情況下賣掉。對戴維斯來說，「錯誤」的意思是根據虛假的資訊，或原本可以預防的有問題分析，估算企業價值嚴重錯誤。

一旦股票變成錯誤後，戴維斯就把股票拿去裝裱，然後掛起來，附上摘要說明從錯誤中可以學到什麼。很多基金經理人談論「投資報酬率」或「股東權益報酬率」，戴維斯也談論「錯誤報酬率」。掛在錯誤之牆上的廢棄物管理公司股票阻止戴維斯，沒有在「極度悲觀的時刻」，賣掉泰科國際公司（Tyco International，泰科後來上漲三倍。）朗訊公司（Lucent）股票傳達的教訓是「不能滿意你不了解的答案」，朗訊促使戴維斯在安隆內爆前，沒有買進這檔股票。

你不必把股票裝裱起來，只要在便利貼上，寫下你錯誤投資公司的名字和你學到的教訓。你擁抱錯誤，而不是埋葬錯誤，可以把錯誤從負債變成資產。研究自己的錯誤，把錯誤擺在眼前，會幫助你避免再犯。

## 不要只「買你知道的公司」

傳奇性的富達麥哲倫基金（Fidelity Magellan Fund）經理人林區對投資人提過一個著名的建議，就是要投資人「買你知道的公司」。林區寫道，「你可以利用『常識的力量』」，投資產銷你自己所使用產品和服務的公司。例如，林區因為喜歡吃墨西哥麵餅捲，就買進塔科貝爾公司（Taco Bell）的股票，因為自己開富豪汽車（Volvo），就買進富豪的股票，因為他喜歡老唐甜甜圈（Dunkin' Donuts）的咖啡，就買進這家公司的股票，因為太太喜歡漢斯公司（Hanes）的美腿蛋褲襪（L'eggs），就買進漢斯公司的股票。

然而，投資人經常忘了，林區投資老唐甜甜圈，不只是因為他喜歡會噴出果醬的炸甜甜圈，他也花了非常多的時間，分析公司的財務報表，研究他所能想像跟公司和公司業務有關的一切資訊。純粹因為你喜歡公司的產品或服務，就買進這家公司的股票，就像只因為你喜歡對方穿著的方式，就決定跟對方結婚一樣。因為你熟悉公司銷售的東西，對一家公司有興趣不是問題，但是你沒有先參考自己的投資對照表前（請參閱附錄B），絕對不應該買進股票。

## 不要被自己公司的股票困住

不管你對公司多熟悉、或是擁有公司的股票讓你覺得多溫暖、多光榮，你們公司股票都是你的投資當中風險最高的投資之一。2004 年 9 月 30 日，默克公司（Merck & Co.）宣佈要收回偉克適（Vioxx），因為研究顯示，大家愛用的關節炎用藥偉克適可能提高染患心臟病的風險，默克的股價因為這個消息，好比爆發冠狀動脈疾病一樣，在片刻之內，就崩跌 27%。因為默克員工在自己的 401（k）退休帳戶中，持有的默克股票占四分之一，他們的退休儲蓄在一天裡，就蒸發了超過 5%。

兩周後，紐約州總檢察長艾略特・史匹哲（Eliot Spitzer）以涉嫌保險詐欺的罪名，起訴保險經紀巨擘威達信集團（Marsh & McLennan）。威達信員工的退休計畫中，持有 12 億美元的公司股票。史匹哲宣佈起訴後，威達信的股價四天內崩跌 48%，把員工退休儲蓄蒸發掉超過 5 億美元。不到一個月後，威達信裁員 3,000 人；四個月後，又裁掉 2,500 人，所有遭到裁員的員工不但失去工作，退休基金也減少了一半。

事實上，把你所有的雞蛋放在一個籃子裡的風險極高，因此克萊蒙麥肯那學院（Claremont McKenna College）財務學教授麗莎・莫布魯克（Lisa Meulbroek）估計，把 50%的資產配置在一家公司的股票上，十年後，經過投資組合增加額外風險的調整，價值剩不到 60%。即使你「只」把資產的 25%，投資在公司股票中，經過風險調整後，價值也只有 74%。

設法用下面這種方式思考：你今天會暴斃嗎；很可能不會，但是你仍然應該買人壽保險。你的房子明天會燒光光嗎？很可能不會，但是買火險仍然是好主意。你的公司會變成下一家安隆嗎？很可能不會，但是為你的投資組合尋求保險，以防萬一，確實是好主意。最好的保單是投資在自己公司股票（或認股權）的資金，不要超過你資產的 10%，其餘的投資要儘量分散。

## 分散投資是最好的防禦方法

如果你在 1980 年代中期，把所有的錢投資在電腦股上，你可能會發大財，今天這一點看來很清楚，但是後見之明偏差讓你看不清楚事實。個人電腦時代剛剛揭幕時，你不能買微軟公司，微軟要到 1986 年才公開上市。當時科技股的超級巨星是勃羅斯（Burroughs）、康摩多國際（Commodore International）、電腦遠景（Computervision）、克雷研究（Cray Research）、迪吉多（Digital Equipment）、普萊姆電腦（Prime Computer）、天帝（Tandy）和王安電腦（Wang Laboratories）。1980 年 12 月，蘋果電腦（Apple Computer Inc.）上市後，你的確可以買進蘋果，但是你很可能會改買康摩多，因為 1974 年底投資 10,000 美元在這家公司上，到 1980 年 12 月，會增值到高達 170 萬美元。

電腦業早期的明星幾乎全都相繼失去光彩，他們的創新產品喪失優勢，最好的人才流失，公司崩潰，不是破產就是被人遺忘。投資所有這些股票的投資人，幾乎都虧地一乾二淨。看看微軟和蘋果，從後見之明的角度來看，情形似乎很清楚，任何人都可能選中這兩檔大贏家。但是當時競爭才剛剛開始，競爭沒有大幅展開前，哪些公司會獲得最後勝利，卻一點也不清楚。

分散投資這麼重要，原因就在這裡。擁有範圍最廣泛的股票和債券、國內股票和國外投資，你大致上就可以消除少數爛股虧掉你財務前途的可能性。

## 假設你是四歲小孩

每一位爸爸、媽媽都知道，四歲的孩子習慣問「為什麼？」一問再問，到掏空爸爸、媽媽的知識為止。要測試自己或別人的知識限度，問「為什麼」四、五次是好方法。

如果財務規劃師說，你應該把一大堆錢，投資在專門投資中國股票的共同基金上，因為「中國是應該投資的地方」，你要問「為什麼？」如果他回答說：「因為中國會變成世界上成長最快的經濟體」，你要再問「為什麼？」如果他回答說：「因為中國會繼續保持低落的生產成本」，你要再問「為什麼？」你可能根本問不到第五個「為什麼？」不是真正知道自己說什麼的人，很少能夠回答「為什麼？」兩次以上。如果你自己也不能回答兩次以上，就表示你沒有足夠的知識，不能做出明智的決定。精明的投資人都知道，像四歲小孩一樣行動經常是好主意。

Chapter 6

# 風險

如果你喝熱牛奶燙傷了嘴巴，下次你連喝優格都會吹一吹。

——土耳其諺語

## 旁觀者清

如果有誰可能買了滿手高風險的投資，除了波比．班斯曼（Bobbi Bensman），沒有別人。你能夠容忍多少風險，理當看你可以容忍多少風險而定，班斯曼能夠容忍大多數人會嚇的臉色像魚肚子一樣白的危險，她最喜歡的減壓方式是在懸崖峭壁上，一寸、一寸地往上爬。她很可能是美國最著名的攀岩高手，1999 年她從競賽中退休時，贏得全國「攀岩」冠軍超過 20 次。1992 年，她在科羅拉多州攀岩時，往下摔了 50 英尺，完全靠著身上的繩索在她撞擊地面那一刻，正好拉緊，阻止了跌勢，才沒有受到致命的傷害。

這樣不完全是班斯曼看來像天生冒險家的全部原因，她血液裡流著賭博的因子，她祖父是拉斯維加斯賭場經理，她媽媽從小跟著名的黑幫分子席格爾（Bugsy Siegel）一起長大。

但班斯曼卻極力規避風險，把大部分的錢，投資在她所說的「無聊」共同基金和績優股上，喜歡攀岩、和賭徒一起長大的人居然不喜歡冒財務風險，看起來豈不是很怪異嗎？她聳聳肩說：「我想我相當保守。」不過話說回來，她認為，在崎嶇不平的岩壁上，爬幾百英尺並不危險，她在30年的攀岩競賽生涯中，從來沒有受過重傷。她說，「一切都跟系統有關，如果你裝設了正確的系統，攀岩其實一點也不危險。」

班斯曼的故事顯示，每個投資人都有某種程度的「風險忍受度」的凡俗之見，頂多只是謊話。實際上，你對投資風險的看法不斷變化，決定因素包括你對過去經驗的記憶、你是單獨一個人，還是在團體裡面，你覺得風險有多熟悉，是否可以控制，風險的描述方式，以及你當時正好處在什麼心情中。上述因素中任何一種的最輕微變化，都可能在幾秒鐘之內，把你從死多頭變成懦弱的空頭。如果你毫不質疑地信任自己對風險的直覺看法，你經常會參與你應該避免的賭博，卻對應該擁抱的賭博退避三舍。

很多投資人認為自己喜歡財務上的豪賭，可是一旦真正虧錢，經常都會很難過。年老的寡婦可能冒極大的財務風險，有些年輕單身男子卻像十足的懦夫一樣投資。此外，有些人把自己的資產，投資在狂熱的新興市場基金上，卻把子女的大學教育基金投資在儲蓄公債上。也有人買保險和樂透彩券，這些人是保守還是積極的人？或是兼具兩種性格、還是兩種都不是？聖克拉拉大學財務學教授史泰曼說他們只是「正常人」，他說的對。

這一章要幫忙你判斷你應該冒多少風險，在市場刮起風暴時，如何保持鎮定，如何分辨錯誤的恐懼和真正的危險。你掌握自己對風險的看法後，在財務上可以穩當的走上心情平靜的道路。

## 即時的風險

對投資人和財務顧問來說，沒有什麼問題比「你能夠安然承受多少風險？」還明顯、卻也更讓人困擾。為了知道答案，財務規劃師和營業員經常請投資人，填寫所謂的風險忍受度問卷。根據他們的說法，只要問五、六個問題，就可以判斷「你適合多少風險」。根據你的答案，你通常會列入下列三種類型中的一種：保守型（主要持有現金與債券）、中間型（大約持有一半股票、一半現金與債券）、或積極型（以持有股票為主）。

下面列出從十句問卷中借用的幾個問題：

我從事長期投資時，願意承受經過仔細計算的風險。

1. 強烈同意
2. 同意

3. 大致同意

4. 不同意

5. 強烈不同意

短期內，很多投資會起伏不定，如果你計畫投資十年的 10 萬美元在第一年裡虧損，到了什麼程度，你會賣掉，轉進比較穩定的投資，而不再等待轉機？

1. 9.5 萬美元

2. 9 萬至 9.4 萬美元

3. 8 萬至 8.9 萬美元

4. 低於 8 萬美元

下面哪一段話最能說明你對投資風險的態度？

1. 我極為重視安全，完全不希望投資組合價值減少。

2. 我知道投資有風險，但是我會努力儘量降低風險。

3. 我願意承擔若干投資風險，提高投資組合的潛在報酬率。

4. 我願意讓一部分投資組合承擔相當高的風險，以便提高整體的潛在報酬率。

5. 我樂於讓整個投資組合承擔相當高的風險，以便儘量提高潛在報酬率。

這種問卷的第一個問題是：假設你已經知道自己能夠安然承受多少風險，如果你知道，為什麼還需要接受測驗？第二，這些問卷互相矛盾。有 113 位商學院學生填寫六家大型金融金融公司的風險忍受度問卷，結果的平均相似程度只有 56%。換句話說，任何兩份問卷說同一個人的風險概況相同的機率，只比投擲錢幣得到的機率略高。你應有的風險承受水準是高是低，可能不是由你是什麼人決定，而是由你填寫哪家公司的問卷而定。

但是其中有一個更基本的問題。任何人真的只有同一個「風險忍受」水準嗎，風險承受度可能像我們量鞋子號碼一樣精確衡量嗎？投資界流行的無數愚蠢觀念中，這點可能是最愚蠢的一個。

你能夠承受多少風險，由你當時情緒狀態如何而定的程度高的驚人。五分鐘後，或許只要幾秒鐘後，你的情緒可能改變，你承受風險的意願可能隨著改變，下面這些例子說的很清楚。

- 男性看過從辣妹網站下載的女性大頭照和半身像後，得到選擇機會，可以在隔天或很久以後，獲得不同金額的金錢，男性看過辣妹後，願意等待比較長的時間，換取比較多錢的意願少多了。
- 有一項實驗要求學生，選擇參與有 70%機會，贏得 2 美元的穩當賭博，或是選擇只有 4%機會，贏得 25 美元的高風險賭博。第一組學生先看了電視小品喜劇，心情愉快，有 60%的人選擇比較安全的賭博。主持人要求第二組學生，個別清唱法蘭克・辛納屈（Frank Sinatra）奪標

（My Way）主題曲全部歌詞兩遍（大部分人覺得這樣做十分難堪。）這一組學生當中，有 87％選擇機會比較渺茫的賭博，好像他們覺得需要用比較大的財務利得補償自己。

- 另一項實驗要求受測者，想像自己被叫到醫師的診療室，討論緊急醫療問題，再要求他們選擇有 60％機會，贏得 5 美元的安全賭博，或是選擇有 30％機會，贏得 10 美元的較高風險賭博，這些處在焦慮狀態的受測者，遠比處在鎮定狀態中的人，更喜歡選擇安全的賭博，焦慮通常會讓我們覺得不確定，因此規避額外的風險。
- 有一項實驗發給學生螢光筆，然後看兩部片子中的一部，一部是李基・施羅德（Ricky Schroeder）賺人熱淚的電影《重整旗鼓》（Champ）中的死亡片段，另一部是熱帶魚的記錄。接著問他們的新螢光筆願意賣多少錢，願意出多少錢買別人的螢光筆。看死亡片段的學生願意付高價，買別人螢光筆的意願高多了。傷心的感覺似乎會提醒我們。說我們喪失了一些寶貴的東西，讓我們希望重新開始，方式經常是冒險買新的東西（如果你有過跟愛人分手後大買特買的經驗，上面這個故事聽起來可能相當熟悉。）
- 在一項討厭卻深具啟發性的實驗中，有一組人 48 小時不塗除臭劑，然後把體臭「捐出來」，方式是在捐獻者看可怕或中性的影片時，用腋下墊子搜集體臭。然後把腋下墊子黏在第二組參與者的上唇，同時要他們評估投影在螢幕上的字眼情感內容，貼著從驚恐捐贈者身上搜集墊子的人，評估含糊不清的字眼時比較謹慎，「好像他們受到避免錯誤的情緒影響。」空氣中有一絲恐懼，可能足以通知你，需要小心一點。

- 有一項實驗要求男性，想出提高心臟病風險的三個或八個原因，令人驚異的是，只提三個原因的人評估自己的整體風險，高於列出八個原因的人。為什麼？必須想出八個不同原因的人直覺斷定「唉，如果要想出所有這些原因這麼難，我的風險可能有多高呢？」但是只需要想出三個原因的人發現，原因比較少，比較容易想到，因此讓他們覺得自己得到心臟病的機會高多了。光是風險容易想到這一點，就可能使這種風險看起來比較實際。
- 有些研究人員發現，如果主張冒險的理由印在紅紙上，而不是印在藍紙上，你可能比較願意冒險。最後，有一些證據顯示，如果受測者在令人愉快的春天裡，至少在戶外停留半小時後，可能比較願意冒險。

總而言之，情形很清楚，你心情的起伏可能造成你的「風險忍受度」，像暴風雨中的風信雞一樣轉個不停。

## 向鳥類和蜜蜂學習

要了解為什麼我們對風險的態度這麼容易受情感污染，想一想我們頭腦怎麼進化，或許有助於了解。

想像你回到上古時代，身處東非高原，你看到一隻獅子，像閃電一般的神經波浪流過你腦部的警報系統，促使你急忙爬到樹上安全的地方，如果看來像獅子的東西，結果只是一叢黃色的雜草在風中起伏，你逃到樹上不會有損失。不管獅子是真的還是想像的，害怕獅子會提高你生存的機會，讓你存活到足以繁殖後代，把基因留給子女。

我們遠祖學到必須害怕的風險，不是只有掠食動物。缺水、在錯誤的地方尋找住所、賭食物供應比實際狀況還穩定，都是風險，都可能攸關生死，這些風險讓我們天生就具有討厭不確定的感覺。心理學家特佛斯基說過，在古代的進化實驗室中，「對人類而言，對損失敏感，很可能比喜歡利得還更有用，物種如果變成對痛苦幾乎完全不敏感，卻可以無限制體驗快樂，一定很美妙，但是你在進化戰爭中，很可能活不下去。」上古人類對真正的風險反應不足，可能致命，對結果只是人類想像出來的風險過度反應，很可能沒有壞處。因此你腦海裡集中在視丘、杏仁體和腦島的警報系統內建了微力扳機。經過幾千、幾萬代後，「安全勝過後悔」的反射，成為銘刻在人類腦部中的直覺，整個動物世界也是這樣。

對潛在危險反應靈敏，是維持生存基本直覺的核心。所有動物都有這種直覺。從魚類、鳥類、老鼠到猴子，超過 20 種物種接受過對風險敏感的實驗。因為其他生物不知道金錢是什麼東西，不會在乎喪失金錢，但是這些動物對缺乏食物和飲水，對能否得到食物或飲水、什麼時候可以得到的風險，的確會有反應，大部分動物寧可得到分量比較少卻卻確定的報酬，比較不願意冒險，爭取分量比較多卻不確定的報酬。

生態學家李斯莉・利爾（Leslie Real）讓大黃蜂選擇從兩種花卉中進食，藍色的花總是含有二毫升的花蜜，黃色的花經過隨機混合，因此每三朵花中有兩朵花是空的，有一朵含有三倍的報酬，也就是有六毫升的花蜜。這樣蜜蜂持續不斷的在兩種花上面覓食時，應該會得到相同的「報酬」──平均每次進食可以吃到二毫升的花蜜，唯一的差別是藍色花朵每次都提供相同的報酬，長期而言，黃色的花朵也提供同樣的平均報酬，蜜蜂一開始時，會到兩種花上探索，但是很快就學會只找藍色的花朵，有 84%的時間都到藍花上覓食。

接著利爾突然改變，把供應結構顛倒過來，因此現在每一朵黃色的花都提供報酬，藍色的花只有三分之一提供報酬，蜜蜂幾乎立刻放棄藍色的花，現在有 77%的時間，會到黃花上覓食。因此不只是報酬的數量很重要，報酬的持續一貫性可能也很重要，利爾解釋說，因為含有花蜜的野花天生就可能形成一叢、一叢的長在一起，或是形成濃密的一片，「蜜蜂強烈喜歡持續一貫的報酬，不喜歡變化多端的報酬，對蜜蜂來說的確有價值。」

波多黎各大學的實驗室進行過一項實驗，讓名叫曲嘴森鶯（bananaquit）的小鳥選擇總是含有十毫升花蜜的黃花，還是選擇花蜜含量介於零毫升到 90 毫升的紅花，紅花的報酬分佈範圍愈廣，鳥類愈喜歡黃花持續一貫的報酬。

不只是鳥類和蜜蜂喜歡數量比較少、卻比較確定的東西，比較不喜歡數量比較多、卻比較不確定的報酬，心理學家艾克·韋伯（Elke Weber）為了了解人類是否也這樣想，設計了一個簡單的實驗。想像你面前有兩副牌，每張牌背後都印了美元的數字，實驗結束時，你可以真的抽一張牌，賺到錢。因為你不知道牌裡有多少錢，韋伯請你隨意從兩副牌中抽牌，到你很清楚最後應該從哪一副牌中抽牌為止。

然而，韋伯沒有告訴你，牌已經先經過處理，其中一副牌穩贏不輸，另一副牌有風險。一副牌中每張牌總是可以抽到小額的獎金；另一副牌至少有些牌沒有獎金，至少有一張牌可以抽到大額的獎金。例如，如果一副牌中，每張牌都可以抽到 1 美元，那麼另一副牌中，十張牌裡有九張可能抽不到獎金，有一張可以抽到 10 美元。

如果你像一般人一樣，你會從每副牌中大約抽十張牌，到你決定哪一副牌比較好為止。韋伯發現，大部分人做決定時，是根據每次抽牌和平均抽牌結果相比、差距有多遠而定，換句話說，決定因素是：從任何一張牌和很多張牌中，平均可以抽到多少獎金的差距有多遠。韋伯說：「得失的經驗由得失的相對關係決定。」人類像動物一樣，通常會評估結果和看來是賭注的總金額相對差距有多少，差距很大時，人會受到引誘，從高風險的牌，轉移到確定會贏的牌。（如果其中一副牌總是可以抽到 1 美元的獎金，另一副牌抽十張牌中，有九張牌沒有獎金，有一張牌有 10 美元的獎金，大約 70%的人會喜歡第一副牌「穩當的獎金」。）

因此，大獎似乎不是隨手可得時，大部分人會選擇金額比較小卻比較穩定的獎金，不選擇變化比較激烈的獎金。在 401（k）退休帳戶中，17%的資金放在貨幣市場基金、「保證投資合約」（guaranteed investment contract）、或穩定價值基金中。這些帳戶的價值絕對不會波動，提供絕對不會虧損的確定性，同樣也提供絕對不會賺很多錢的確定性。

## 你的架構

還有別的理由，可以讓你相信我們的風險忍受度不固定嗎？

我們都知道，杯子看起來是半空還是半滿，要看我們對自己的感覺而定，也要看我們對杯子的感覺而定。研究人員已經證實：從四盎司水杯中倒出兩盎司的水出來，69%的人會說杯子現在「半空」。如果同樣的杯子開始時是空的，然後倒進兩盎司的水，88%的人現在會說杯子「半滿」。水杯的大小或水量沒有不同，但是簡單改變水從杯中進出的次序，就改變了一切。

奧勒岡大學心理學家史洛維奇說：「用幾種同等的方法描述一件事情，應該會得到同等的判斷和決定，但是這種說法不對，大家對風險的判斷很容易變動、很主觀。」你面對賺錢或虧錢的機會時，你的決定可能向一邊或另一邊偏，就像一塊傻瓜粘土會隨著小孩捏的次序、或描述的變化而變化，這就是心理學家所說的架構。

要了解架構的力量有多大，可以看看下面的例子：

- 有一組人聽說碎牛肉「有75%瘦肉」，另一組聽說同樣一塊肉有25%肥肉，然後請每一個人猜測這塊肉有多好，聽到「肥肉」說法的一組評估這塊肉時，所說的品質會比另一組差31%，味道會比另一組預測的差22%。兩組都嘗過用同樣牛肉做的漢堡後，和聽到「瘦肉」說法的一組相比，聽到「肥肉」說法的一組比較不喜歡這種漢堡。
- 如果懷孕婦女聽說：自己生下唐氏症小孩的風險有20%，和聽說有80%會生下正常小孩的懷孕婦女相比，會更願意同意接受羊膜穿刺術，雖然兩種說法說的是同一件事情。

- 有一項研究問 400 多位醫師，如果他們自己變成癌症病患，他們願意接受輻射治療還是手術治療。聽說 100 位病人中有十位會因為手術而死亡的醫生，有一半說願意接受輻射治療。聽說 100 位病人中有 90 位在手術後會活下來的醫生中，只有 16%願意選擇輻射治療。

架構的經典例子是由心理學家特佛斯基和卡尼曼設計的，他們告訴一組大學生下列情境：

想像美國正準備應付一種罕見的亞洲疾病爆發，這種病預期會害死

600 人。為了應付這種疾病，大家提出了兩個因應計畫，假設兩個計畫對結果的正確科學估計如下：

如果採用甲計畫，會救活 200 人。

如果採用乙計畫，有三分之一的機率會救活 600 人，有三分之二的機率全部救不活。

你比較喜歡哪一個計畫？

同時，特佛斯基和卡尼曼告訴第二組學生同樣的情境，但是用不同的說法，說明因應對策內容：

想像美國正準備應付一種罕見的亞洲疾病爆發，這種病預期會害死 600 人。為了應付這種疾病，大家提出了兩個因應計畫，假設兩個計畫對結果的正確科學估計如下：

如果採用丙計畫，有 400 人會死亡。

如果採用丁計畫，沒有人死亡的機率為三分之一，600 人都死亡的機率為三分之二。

你比較喜歡哪一個計畫？

結果令人震驚：在第一種情境中，72％的學生喜歡甲計畫，在第二種情境中，只有 22％的學生喜歡丙計畫——雖然兩個計畫的結果一模一樣！都是 200 人會活下來，400 人會死亡。但是第一種架構強調救活的人數。選擇用正面的方式架構，當成潛在的利得時，就像杯子是半滿的情形一樣，看來比開始時的空杯有改進，因此我們的直覺是保住已經得到的東西。覺得杯子半滿時，甲計畫一定可以救活 200 人，使乙計畫的不確定性聽起來像是無法接受的風險。

另一方面，第二個架構強調死亡的人數，使杯子給人半空的感覺，這樣使我們願意冒額外的風險，避免喪失還留在杯子裡的東西。因此丙計畫確定會有 400 人死亡，使丁計畫的賭注聽起來確實像賭博。因為不同的架構對我們的感覺影響極為不同，我們甚至沒有注意到四個計畫完全相同。

架構有助於說明為什麼這麼多投資人，不能遵守華爾街最著名的一句金玉良言，「虧錢要停損，賺錢要放長。」你沒有做功課，買錯股票時，可以賣掉，限制進一步虧損的風險（還可以鎖定稅務利益）。但是你很可能會沉迷在機會渺茫的賭博中，希望這種爛股回到你的買進價格後再賣掉。這是半空的想法：希望避免進一步虧損，卻讓自己暴露在額外的風險中。

相反的，如果你買進後股價上漲，你其實沒有非急著賣出不可的理由，尤其是你賣出後，利潤可能要課稅。但是現在你喪失已經到手利潤的可能性變得很大，因此你賣出——你一出手後，股價卻經常又漲個兩、三倍。這是半滿的想法：降低你暴露在進一步風險的可能性，以便保住你已經得到的東西。

架構可能導致其他怪異的決定。想像你在銀行裡，有 2,000 美元的存款，我提供你一個選擇：安然不動，或是參與各有 50%機會損失 300 美元或贏得 500 美元的賭注，你會不理不睬，還是參與賭博？想一下，現在再想像你在銀行裡有 2,000 美元存款，我提供你下面這個選擇：不理不睬，或是參與各有 50%機會，剩下 1,700 美元或 2,500 美元的賭博，你會不理不睬還是參與賭博？

大部分人會拒絕第一種賭博，卻會參與第二種賭博。原因是第一種賭博架構成強調和你開始時存款相比的盈虧，第二種賭博架構成強調你最後會有多少錢。第一種架構中的改變感覺起來大多了，可能也危險多了，因此大部分人會拒絕第一種賭博。第二種賭博在經濟上完全相同，在心理上卻有天壤之別。

理財世界中到處都可以看到架構：

- 很多消費者看到廣告，說某一樣東西「買一送一」，購買的意願會遠超過同樣的東西宣傳「打對折」。
- 在最常見的股票分割方式——一股分割成二股的情況中（類似台灣的一股配一股），每一股的價值變成原來的一半（例如，原來擁有一股，價值 128 美元，現在變成擁有二股，每股 64 美元。）雖然在邏輯上，配股等於把一毛錢變成兩個五分錢，卻讓大家有虛假的興奮，認為自己比開始時擁有「更多」的投資。2004 年，雅虎宣佈一股配一股時，隔天股價暴漲 16%。

- 如果你把 1%的財產投資在一檔股票上，結果這檔股票跌的變成一文不值，你可能會非常難過。如果你的整個投資組合價值虧損 1%，你可能毫不在意，認為這是常有的波動，但是這樣對你財產總額的影響完全相同。
- 如果你聽說成功的機率為六分之一，你冒險的意願會比聽說成功的機率為 16%時高多了，如果你聽說失敗的機率為 84%，你很可能連碰都不會去碰。
- 大部分員工在通貨膨脹率為 3%時，如果加薪 4%，會比通貨膨脹率為 0 時加薪 2%高興。因為 4%是 2%的兩倍，「感覺」比較好，雖然加薪真正重要的地方是扣除生活成本後，還剩下多少錢。

## 我們頭腦裡的架構

什麼東西造成我們頭腦裡的架構？卡內基梅隆大學心理學家克留蒂德．龔莎雷斯（Cleotilde Gonzales）說：「是感覺和思考的互動。」你的頭腦總是設法用最輕鬆的方法──付出最低的情感成本和最少的心力（或「認知成本」），做出決定。我們回頭看看攸關 600 條性命的「亞洲疾病問題」。在半滿的架構中，強調的是可以救活的人命數字，甲計畫會救活 200 人；乙計畫有三分之一的機會救活 600 人，有三分之二的機會一個都救不活。在半空的架構中，強調的是可能喪失的性命，丙計畫會造成 400 人死亡；丁計畫中有三分之一的機會不會有人死亡，有三分之二的機會造成 600 人死亡。

龔薩雷斯說，甲計畫中救活 200 人的想法，實際上是不必考慮就會做出的決定，因為甲計畫架構成一定會得到的成就。她解釋說：「這是可以用很低的認知成本來評估的簡單做法。」這種架構顯示不必動用情感成本，因為甲計畫要你注意救活的人數，而不是注意死亡人數。你可以在彩圖 6 的左上圖，看出頭腦評估這個決定時，幾乎沒有花什麼力量。

另一方面，風險用負面的方式架構時──例如強調死亡 400 人──就會激發出影象，刺激情感。虧錢的想法和喪失性命的想法一樣，天生就極為嚇人，會刺激你頭腦裡的頂內溝劇烈活動，頂內溝是形成彎曲皺紋的組織，位在兩耳後方的頭頂，功能似乎有點像心裡的電影銀幕，讓你可以預先看到和想像未來行動的後果。後果愈不確定，頂內溝會變得愈活躍。你可以在彩圖 6 右上方的影像中，看到這種情形，這張圖顯示某一個人的頭腦正在考慮是否賭 B 計畫：救活所有的人、但是機會比較小的賭博，和救不活半個人的較大風險。你可以從影像的下緣看出來，這種鮮明的危險引發頂內溝冒出火花。

架構從救活人命到造成死亡時，不論死亡人數很確定或者只是純粹的可能性，你心裡的銀幕都會放出令人痛苦和困惑的影像。你的頭腦不再完全根據哪一種選擇會引發較小的情感，在賭博和穩當的結果之間選擇，因為可能死人和確定會死人都讓人覺得難過，因此龔莎雷斯說，半空的情境使頭腦「想的更用力」。彩圖 6 下方兩張影像顯示，你必須在確定或可能喪失同樣的價值之間選擇時，頭腦裡幾乎相同的地方會發亮（左下圖顯示思考丙方案——大部分人一定會死亡的情形，右下圖顯示思考丁方案——沒有人死亡的可能性比較小、每個人都死亡的風險比較大的情形。）

龔莎雷斯解釋說：「我們做決定時，會權衡我們需要花多少力量，思考一種想法和我們可能有多少損失。」你的頭腦必須這麼用力想時，決定的關鍵是情感因素有多少。連沒有人會死亡的渺小機會給人的感覺，都勝過大部分人一定會死亡的後果。這就是我們選擇丁方案的原因，從情感上來說，丁方案是簡單的脫困方法。

現在想像兩個更簡單的情境：

一、我給你 50 美元，你必須選擇

甲、確定留住 20 美元或

乙、接受有 60％機會損失 50 美元、有 40％機會保住 50 美元的賭博。

二、我給你 50 美元，你必須選擇

甲、一定會損失 30 美元或

乙、接受有 60％機會損失 50 美元、有 40％機會保住 50 美元的賭博。

你很可能已經看出，兩種情況完全一模一樣，但是給人的感覺卻不一樣。第一種架構讓你注意到你可以留下多少錢，第二種架構讓你注意你會損失多少錢。倫敦的神經科學家最近在受測者面臨這種選擇時，掃描他們的腦部，事後受測者說，他們很容易就想出兩種選擇相同，他們堅持自己在穩當的選擇和賭博之間，各分配一半的反應，這種說法不對。受測者在第一種架構中，有 57％的可能性選擇穩當的東西，在第二種架構中，他們接受賭博的機率達到 62％。

大家避免第一種架構中的賭博，接受第二種架構中的賭博時，杏仁核中的神經活動會激增，顯示腦部這個恐懼中心會引導你，避開想像中的虧損風險。杏仁核像很鈍的工具，顯然只對「保住」和「喪失」之間的粗糙差別起反應，前額葉皮質才能看出所有選擇都相同這種比較細緻的事實。華爾街的行銷人員利用架構的情感因素，使你的杏仁核不斷的發射，阻止你的反映性腦部從中干涉。

理財架構中，最精明的一種形式叫做「股票指數型年金」，這種流行的投資商品光是在 2005 年裡，在美國就賣出 270 多億美元，這種投資保證你在股市中獲得最低的投資報酬率，同時確保你不會蒙受任何虧損。大家經常把股票指數型年金說成是「沒有下檔風險的利潤。」但是為了保證你不虧損，股票指數型年金規定你的獲利上限。這種年金像亞洲疾病問題中的甲計畫一樣（救活 200 人），強調避免虧損的確定性。

這樣使另一種方法——把你的錢投資在市場上，沒有下檔保障——聽起來風險太高，不值得一試。但是這種半滿的想法也促使你忽略一種比較微妙的風險，股票指數型年金因為限制你的獲利上限、也消除了你虧損的風險，使你不能獲得股市的全部報酬率。

你從某些股票指數型年金獲得的報酬率，只比股市報酬率的一半略高。如果你投資 1 萬美元在這種股票指數型年金中，股市上漲 30%，你只能賺到 16.5%，如果你不是這麼擔心限制自己的虧損，你原本可以多賺 1,350 美元，沒有賺到的利得也是一種虧損，但是股票指數型年金的架構使很多投資人看不出這一點。

## 誰是倒楣鬼？

除了半滿或半空的想法之外，還有另一種架構可能傷害你的投資邏輯。我們對於用百分比（例如 10%）表示的機率、和對用頻率（例如十分之一）表示的機率，反應截然不同，差異大的驚人。

心理治療醫師聽說「根據估計，像張三的病人，在半年內有 20%的機率，會犯暴力行為」時，有 79%的醫師願意把張三從精神病院中放出去。但是醫師聽說「100 個類似張三的病人當中，估計有 20 人在半年內，會做出暴力行為」時，只有 59%的醫生說，願意把張三放出去，然而張三可能傷害別人的機率卻完全一樣。

心理學家山岸侯彥問受測者，想知道他們對不同的死亡原因有多擔心。他告訴受測者，癌症造成每 1 萬人中的 1,286 人死亡，也告訴受測者，癌症造成 12.86%的人死亡，受測者聽到前面的說法時，評估癌症的風險比後面這種情形高 32%。

百分比是抽象的東西，難以想通；要很了解 12.86%的死亡率有多糟糕，你必須知道這種比率代表多少人。但是你聽說同樣的癌症造成每 1 萬人中的 1,286 人死亡時，你的第一個想法是「將近 1,300 人死亡！」就像心理學家史洛維奇說的一樣：「如果你告訴大家，盈虧的可能性為十分之一，大家會這樣想『嗯，誰是倒楣鬼？』大家實際上會想出一個人來。」你想像中盈虧的人經常就是你自己。

因此，理財顧問說明投資風險時，可以改變方式，促使你接受（或避免）投資風險。如果他宣傳某種厲害的軟體，說這種軟體有 78%的可能，讓你達成退休目標，聽起來就很好。但是他可以把同樣的結果重新架構，宣稱「採用你這種策略的 100 個人當中，有 22 個人最後是在黑暗中吃貓食」，你還沒有搞清楚狀況時，他已經把一堆你根本不想要的高風險股票塞給你。

研究醫師考慮癌症治療方法的實驗顯示，專家可能像業餘人士一樣，輕易的就成為架構問題的受害者。不論你是散戶還是專業基金經理人，你的「風險忍受度」理當是你人格中密不可分的一環。但是基本上，把令人難堪的說法略為扭曲一下，風險忍受度就可能改變。每個投資人始終都必須保持警戒，避免陷入架構的風險中，原因就在這裡。

## 群眾的錯誤

你的投資風險觀念也要看同儕壓力而定。如果我聽說一位基金經理人宣稱自己是「反向思考的人」、「不隨俗浮沉」、或是「喜歡別人都痛恨的股票」時，我都可以獲得 1 美元，那麼我幾乎光靠這些錢的利息，就可以過活。基金經理人最相像的地方是他們都堅持自己完全不同。事實上，他們的行為就像《蒙提派森》（Monty Python）影集中《布萊恩的一生》（Life of Brian）中的群眾一樣。布萊恩鼓勵群眾說：「你們全都是個人，」群眾跟著歡呼：「對，我們全都是個人！」布萊恩再試一遍，告訴群眾「你們都截然不同，」群眾再次歡呼：「對，我們全都截然不同！」

投資人的行為真的像個人一樣嗎？

- 針對 100 家券商旗下證券分析師的 1,000 次買賣建議所做的研究顯示，分析師好像用黏扣帶綁著一樣，緊緊跟著群眾走。例如，大家建議「強烈買進」時，任何其他分析師下一個建議也是強烈買進的可能性，大約會提高 11%。
- 一群散戶把某一檔股票的平均持股提高 10 個百分點時，這群投資人居住地點方圓 50 英里內的人，會把同樣股票的持股平均提高兩個百分點。
- 不論市場是漲是跌，理當由獨立思考的投資專家管理、只有精明有錢人能夠投資的避險基金，會像在購物中心裡成群結隊閒逛的青少年一樣，互相模仿別人的交易。
- 研究人員針對某一所大型大學，評估 1.25 萬大學員工的退休計畫決定時發現，雖然每個員工都可以從四家不同的基金公司中自由選擇，相同部門的同事通常都投資同一家公司的幾檔基金。
- 1995 年，約翰・班尼特（John G. Bennett Jr.）經營的新時代慈善公司（New Era Philanthropy）騙局敗露，公司騙了大學、教會和基金會 1 億多美元後崩潰。班尼特所設的陷阱是：向這些單位承諾他們的資金每半年會翻一番，他的特異功能迅速在非營利事業的董事會中迅速傳開，班尼特很快的從創投資本家勞倫斯・洛克菲勒

（Laurance Rockefeller）、美國前財政部長威廉・席蒙（William Simon）和避險基金經理人朱利安・羅伯森（Julian Robertson）手中，騙走幾千、幾百萬美元，這些人分開來時，是美國最精明的投資人，成為群眾時，行為像一群傻瓜一樣。

- 保險公司、基金會、校產基金、退休基金和共同基金之類的投資機構，每年花幾十億美元，研究該買賣哪些股票。這番挖掘應該可以挖出藏寶，找到別人不知道或不了解的罕見股票。結果這些投資機構挖的是相同的表面。一般說來，如果過去三個月內，其他大型投資機構的股票交易全都是買進，一家機構投資人增加持股的可能性會提高43%。
- 投資機構擁有流行產業的一檔熱門股時，通常是透過口耳相傳聽到的，不是透過原創的研究。而且和持有較不熱門股票的人相比，他們會多找三倍的同事，唱高這檔股票。難怪「每個人」似乎經常都在討論同一檔股票。

構想像哈欠一樣，具有傳染性（我只要要求你看含有哈欠字眼的這句話，很可能就能夠讓你打哈欠。）假設你必須在機場租一部車，隊伍前面有兩個人，有一個標語宣佈只有兩種車可以出租，一種是現代車、另一種是飛雅特車。你的直覺是租現代，但是你對車子懂的不多，又從來沒有開過現代或飛雅特，因此你注意看前面的兩個人。第一個人信心十足的挑選了飛雅特，因此看來她知道自己在幹什麼，接著第二個人走上前，猶豫了一下，也要飛雅特。

現在輪到你了，你會怎麼辦？你應該記住，第一個租車的人似乎對自己的選擇很確定，第二個人知道的似乎不比你多，因為兩個人都挑了飛雅特，你很可能放棄自己的靈感，也挑選飛雅特。因此你堅定的說：「我要一部飛雅特。」他們的選擇影響了你的選擇，現在你的選擇會傳染你後面的每個人，引發所謂的「資訊串流」，可能影響隊伍中的每一個人，產生一波飛雅特的需求。

這種串流很可能會持續到看來似乎是專家的人終於走上前、要求租現代車為止。如果下一個人也租現代車，現在在這個人後面原本想租飛雅特車的人，會要求改租現代。不需要花多少資訊，就能使資訊串流流往相反的方向。

資訊串流不見得不理性。如果你真的不很懂車子，你應該設法判斷誰懂車子，接受他們的暗示，你必須當場做決定，又沒有時間多了解時，更應該這樣。這是你知道自己沒有所需要的全部資訊，又要做簡單選擇時的簡單指導方針。

事實上，生態學家所說的「公共資訊」──有關風險和報酬信號像傳染病一樣傳播──是生物用來提高生存機會最基本的技巧。這一點看起來似乎很神奇，但是連一些植物都發展出這種能力，能夠分享危險當前的公共資訊。例如艾草受到動物侵害時，會發出芳香化學物質，警告附近的植物，加強生產防禦性蛋白質，阻止蚱蜢和其他生物吃植物。在動物王國裡，各種生物都會成群結隊，例如魚群、鳥群、山羊群、狼群、鯨魚群都一樣，目的是為了進食、遷徙、對抗敵人、互相學習有關風險和報酬的知識。

以在地面上搜尋食物的白頭翁為例，單獨一隻白頭翁搜尋時最辛苦，然而，如果當時至少有另一隻白頭翁，牠們很快的就學會略過比較難以評估的地區，注意其他鳥類行為顯示食物最可能存在的地方。魚類當中，脊椎比較小、身體比較軟的棘魚，會從其他魚類的覓食型態中，接受比較多的暗示，尋找最適合覓食的地方。但是比較強壯、比較瘦長的棘魚覓食時獨立多了。動物本身的資訊不足、過時或覺得危險時，似乎比較容易由別人代為思考。

人類也是動物，人類形成投資團體時，會集合起來買一檔股票，一起慶祝股價上漲，彼此互相打氣。我們像白頭翁一樣，比較不願意冒險獨立出去，光是身為團體的一份子，就會讓我們比較不願意問問題。

投資人搶進小型股和新產業時，會變得比較願意承認別人可能知道自己不知道的事情。就像租車隊伍中一連串人租用飛雅特或現代車一樣，結果形成資訊串流，團體裡的每一個人同時買相同的股票。營業員長久以來一直告訴客戶：「趨勢是你的朋友，不要對抗盤勢。」群眾團體能夠維持時，身為群眾的一份子就很有意思，但是豐厚的利潤很難得維持很長期間，你又不可能預測群眾什麼時候會改變「心意」。如果你希望比別人賺更多錢，你不能像別人一樣投資。

## 歡呼「聖母瑪利亞」

你上次投資賺賠多少錢，可能改變你對下次投資風險高低的認知。同樣的投資可能讓你覺得危險或安全，要看你是否手風很順，還是運氣低迷而定，你的頭腦就是這樣設計的。

動物體溫降低、食物和飲水供應不足時，會進入生態學家所說的「消極能源預算」（negative energy budget）。饑渴或寒冷的生物幾乎沒有能力冒險，因此少量、穩定的收穫就足以讓他們維生。事實上，他們需要設法行大運。因此飢寒交迫的動物通常喜歡比較多變得報酬：這樣會提高一無所獲的風險，卻也是得到所需要大收穫、恢復喪失精力唯一可行的方法。

生物學家湯瑪斯・卡拉可（Thomas Caraco）供應兩盤不同的小米種子，讓原產墨西哥和美國西南部的黃眼燈草雀吃。我們把其中一盤叫做「高風險」的選擇，盤中不是有很多顆小米種子，就是一顆也沒有。另一種盤子是「確定」的選擇，總是供應一定數量的食物。（例如，如果第一個盤子裡有零或四顆種子，那麼第二個盤子裡總是供應兩顆種子；如果高風險的盤子供應零或六顆種子，那麼確定的盤子總是放了三顆種子；其餘以此類推。）如果燈草雀最近進食過，牠們會喜歡比較確定的選擇，就是在數量固定、卻比較少的食物盤中進食。但是如果燈草雀好幾小時沒有吃過東西，就會變成冒險家，會到供應兩倍糧食或完全不供應的盤子旁進食。

鳥類如果沒有種子可吃，可能無法生存，人類如果沒有錢可用，也可能無法生存，因為沒有錢的話，我們可能無法取得生活必需品。人的錢愈少，經常愈願意冒額外的風險，就像美式足球四分衛在第四節即將終了時，會投擲「最後一擲」的傳球一樣，也像終場鈴聲響起時，籃球員從半場絕望的投籃一樣。「消極能源預算」使人孤注一擲的情形太常見了，有時候會形成令人痛心的結果，就像 2006 年馬尼拉發生的悲劇一樣，菲律賓窮人為了拿到贈送現金的對獎券，在恐慌中踩死 79 個人。

最不能承受虧損、僅存少許金錢的人，最可能把這些錢拿去冒很高的風險，這樣雖然不會有人死亡，卻是令人難過的事實。

- 年所得低於 1.5 萬美元的維吉尼亞州居民，把年所得的 2.7%，拿去買樂透彩券，年所得超過 5 萬美元的居民每年只拿所得的 0.11%買樂透。
- 詢問 1,000 多位美國人，請他們選擇最實際的致富方法，21%說「中樂透」。所得低於 2.5 萬美元的人當中，幾乎有兩倍的人認為，致富最好的機會是中樂透。
- 黑人和西裔美國人比白人更不願意冒微小的財務風險，但是非白人冒龐大財務風險的比率卻比白人高出 20%至

50％。一般而言，黑人和西裔家庭的財產大約是一般白人家庭的四分之一.

- 每年下半年，和上半年績效高於平均水準的基金相比，績效低於平均水準的共同基金波動性會增加 11％。上半年落後的基金經理人不論是有意還是無意，都會買風險比較高的股票，希望年底前能夠挽救自己的報酬率。
- 一般而言，芝加哥商品交易所的專業「造市者」早上如果虧損，下午會冒額外的風險，下比較大的賭注，交易速度加快，一直到看起來好像內褲著火一樣為止。
- 比較窮的投資人、也就是財產不到 7.5 萬美元的投資人，喜歡能夠像樂透彩券一樣讓人中大獎的股票，也就是價格低落、賺大錢的機會不大、虧損風險很高的股票。最窮困的投資人賭這種希望渺茫的股票，年度報酬平均落後整個大盤大約 5％。因此最不能承受風險的人冒最大的風險。同時，他們沒有財力，得到或許可以幫忙他們更慎重投資的建議。

## 讓風險為你服務

本章開始時提到的攀岩冠軍班斯曼知道，攀岩的人如果思慮不清楚，吊掛在懸崖峭壁上可能會丟掉老命。但是如果你知道怎麼控制最可能的風險來源，攀岩就變得極為安全，投資也像這樣，下面是一些可靠的政策和程序，你可以在事前利用，協助你管理自己風險，而不是被風險牽著鼻子走。

## 暫時退場

因為連你情緒中最微小、最短暫的變化，都可能使你的風險認知產生驚人的變化，因此不要一時興起，買賣投資標的。你可能受到自己根本不知道的短暫影響左右，上班途中碰到塞車暴力、跟朋友吵架、聽到讓你煩心（或高興）的背景音樂、碰到紅燈或綠燈——這些事情中的任何一種，都可能扭曲你對一種投資的看法，睡到明天，看看你的看法是否還相同。

## 自我超脫

1980 年代中期，英特爾公司（Intel Corp.）因為碰到日本的激烈競爭，主要業務記憶晶片的產銷開始崩潰，公司的獲利在一年內下降超過 90%，經營階層在保持現狀的痛苦和擔心改變得恐懼中拔河，變得動彈不得。當時的總裁安迪．葛洛夫（Andy Grove）回憶說：

> 我看著窗外，看到遠處大美遊樂園（Great America amusement park）的重力式摩天輪不斷旋轉，然後回頭看著執行長戈登．摩爾（Gordon Moore），問道：「如果我們被趕下台，董事會聘請新的執行長，你認為他會怎麼做？」摩爾毫不猶豫地回答說：「他會把我們通通忘

掉。」我看著他，呆住了，然後說：「你我為什麼不走出去再回來，自己把自己忘掉？」

葛洛夫和摩爾因為超脫自己，才看得出哪種風險是應有的風險，才有勇氣冒這種風險。英特爾退出記憶體晶片生產，改為生產微處理器，這種躍進大膽而明智，推動英特爾未來多年的成長。

知道或甚至想像有人依賴你的建議，可能讓你覺得責任更大，迫使你超越自己的本能反應，用事實證據強化自己的意見。911 恐怖攻擊後，我收到驚慌的讀者幾十封電子郵件，問我是否應該退出市場。我壓抑自己恐懼與憤怒的本能反應，搜集美國股市過去在國家悲劇之後表現的的歷史證據，儘量用分析的方式回信。我的結論是：「美國現代金融史上，從來沒有天災、甚至沒有公開戰爭，對投資報酬率造成長久傷害的例子。」一年內，空頭市場結束，2001 年 9 月退場的人都錯過了一代以來最好的買進機會。

如果你覺得超脫自我很難，嘗試任何一種相關的做法。斷定一種投資決定是否適合你之前，要問你自己，是否能夠安心的建議令慈這樣做，如果你會告訴她不要這樣做，那麼你自己為什麼要做？我把這種方法叫做「媽媽會怎麼做」的問題。

## 回顧

如果你從來沒有經過像 2000 至 2002 年或 1973 至 1974 年的空頭市場，你很容易幻想自己有著鋼鐵般的意志。每一個投資新手都應該充分研究金融史，知道繁榮之後總是衰退，最有自信的交易者最先死亡。〔愛德華・錢斯樂（Edward Chancellor）的《貪婪時代》（Devil Take the Hindmost）和查爾斯・金德伯格（Charles P. Kindleberger）的《瘋狂、恐慌與崩盤》（Manias, Panics, and Crashes，寰宇公司出版）是兩本好書。〕

## 價格下跌時，風險跟著消失

很久以前，財務分析大師葛拉漢曾經指出，大部分人用價格衡量股票的價值，卻用公司事業的價值，判斷公司的價值，這樣導致大家的想法出現重大差異：

| | 股票 | 事業 |
|---|---|---|
| 評估單位 | 價格 | 價值 |
| 評估正確性 | 精確卻經常錯誤 | 大致符合、卻經常正確 |
| 變化速率 | 每隔幾秒鐘 | 一年幾次 |
| 變化原因 | 沒有股票的人報出不同的價格 | 為事業主創造金額不等的現金 |
| 持有期間 | 平均 11 個月 | 多達幾代 |
| 風險 | 股價暫時下跌 | 事業價值永遠衰退 |

奧克馬克基金（Oakmark Fund）經理人比爾・奈格林（Bill

Nygren）說：「投資人不知道怎麼因應利空消息，主要原因是他們真的沒有想到自己為什麼會擁有現在持有的股票。如果你買進一檔股票的主因是股價上漲，那麼股價因為利空消息而下跌時，你的本能反應是賣出，應該一點也不值得訝異。」

這種情感上的混亂會出現，是因為一旦公司向大眾承銷股票後，幾乎每一個人都注意公司股價的快速變動，忘掉公司穩定多了的價值有什麼變化。因此，股價下跌時，看起來就像利空消息。《商業周刊》在很久以前的空頭市場最低迷時期說過，「對投資人來說，股價低落是買進的阻力。」但是如果公司的價值很實在，股價下跌應該是買進的誘因，因為這樣你能夠用比較少的錢，買到更多的股票。如果股價跌到低於公司的價值，你就有難得的機會，得到葛蘭姆所說「安全邊際」，保證你可以用低於公司實際價值的價格，增加你的持股。

我經常說，股票的問題跟小寫的 t 有關，如果你把 stocks 中的 t 拿掉，剩下的就是 socks，兩者之間幾乎沒有相同的地方：

| 襪子（socks） | 股票（stocks） |
| --- | --- |
| 你需要時才買。 | 別人需要時你才買。 |
| 大拍賣時你買更多。 | 不是大拍賣時你買更多。 |
| 留著好幾年。 | 儘快賣掉。 |
| 有破洞時，留下來當雜物袋。 | 價格下跌時你會驚慌。 |

你會付 500 或 1,000 美元，買一雙襪子，卻不問襪子可能值這麼多錢嗎？如果你最喜歡的商店開始打對折賣襪子，你會生氣嗎？當然不會。但是把襪子換成股票時，大家總是會犯這種錯誤。

一旦虧損的痛苦和恐懼出現，你幾乎不可能用你的反映性腦部，十分鎮定的思考，想出正確的行動方針。但是面對股價下跌時，你必須有系統的分析便宜貨是否出現了，這就是事前計畫這麼重要的原因。買股票不先計算標的事業的價值，跟買房子卻不進屋查看一樣不負責。沒有先問股價下跌是否使股票變成更好的投資之前，絕對不應該賣股票。

## 寫下你的投資政策

要預防自己被情感打敗，以致脫離正軌最好的方法，是事前說出你的投資政策和程序，寫成所謂的「投資政策聲明」，投資政策聲明說明你以個人或機構的身分，希望用你的資金創造什麼成就，以及達成目標的方法。投資政策聲明列出你未來的目標和一路上會碰到的限制（請參閱附錄 C 的投資政策聲明範例）。你做出投資政策聲明後，一定要遵守，這是你跟自己或你們機構之間定的合約。你可以把投資政策聲明輸入掌上型電腦、黑莓機或桌上型電腦的日曆軟體，設定程式，定期對你發出警告，要你不要違反自己的投資政策，使投資政策聲明增加額外的「力量」。

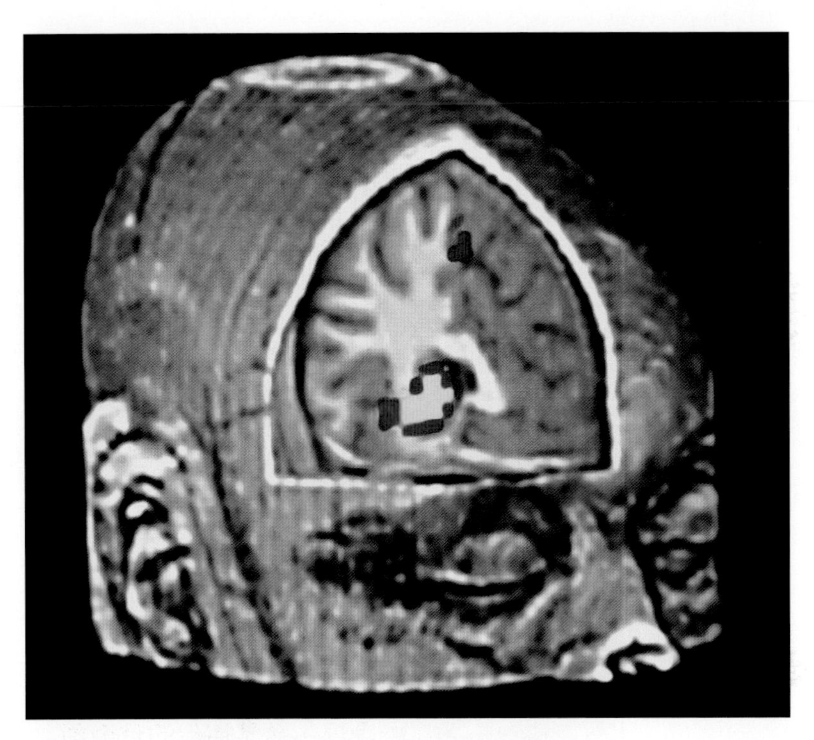

圖 1 期望

中心紅黃色火球顯示阿肯伯氏核的活動，阿肯伯氏核是腦部期望報酬的中樞之一。

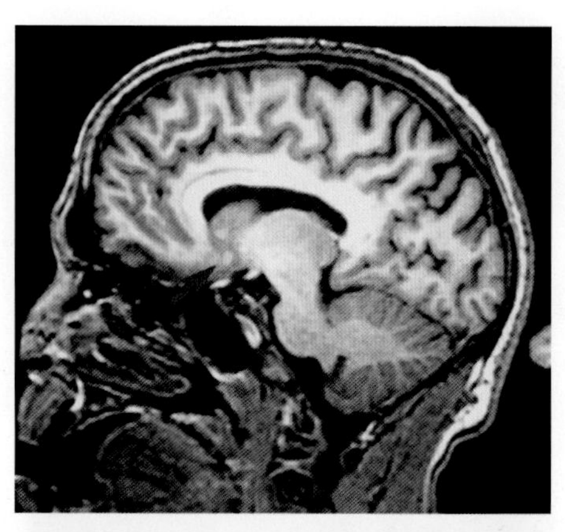

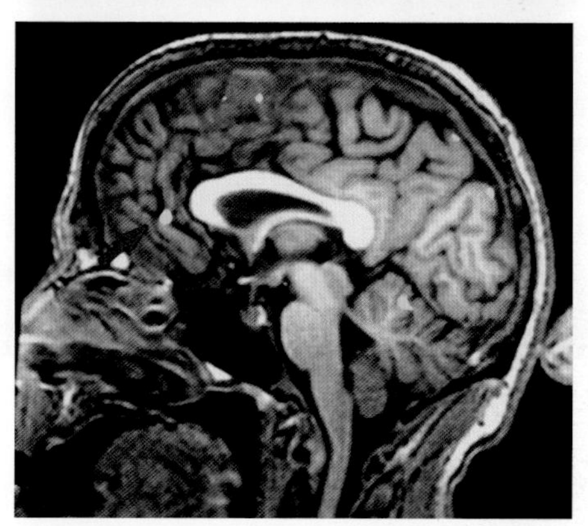

圖 2 貪婪是好事，利得不稀奇

作者腦部的阿肯伯氏核（箭頭處）在他有機會贏得 5 美元時，會引發貪心的感覺。

作者贏得 5 美元時，中前額葉皮質（箭頭處）會產生比較溫和的滿足感。

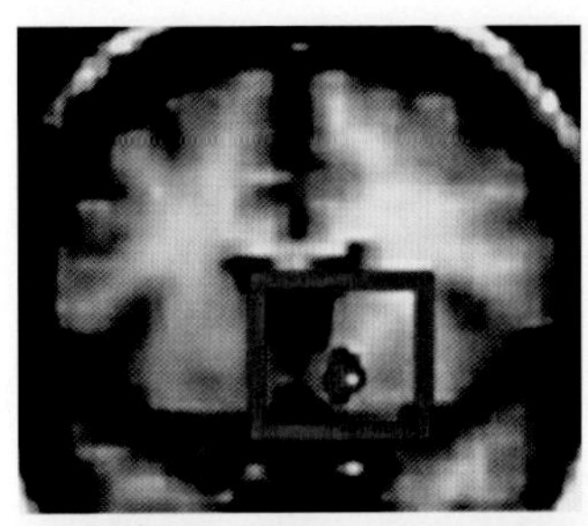

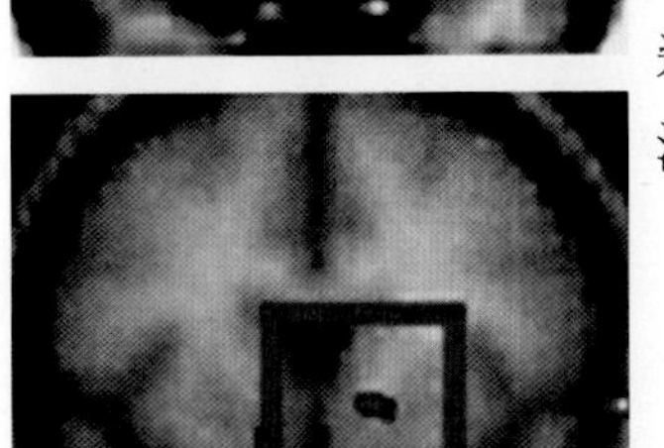

圖 3 期望賺錢和期望注射

上面的腦部掃描顯示，預期會賺錢時，阿肯伯氏核會噴發；下面的影像顯示，即將注射古柯鹼時，同樣的地方會噴發。在財務上「賺大錢」，幾乎跟即將再注射一次毒品的影像沒有不同。

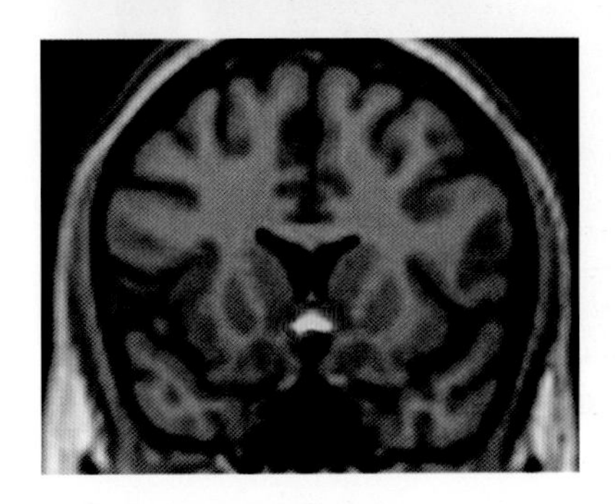

圖 4 不知不覺中的學習

這張影像顯示，作者腦部有「意識」的部分還沒有辨認出型態前，阿肯伯氏核就對重複出現的報酬型態做出反應。

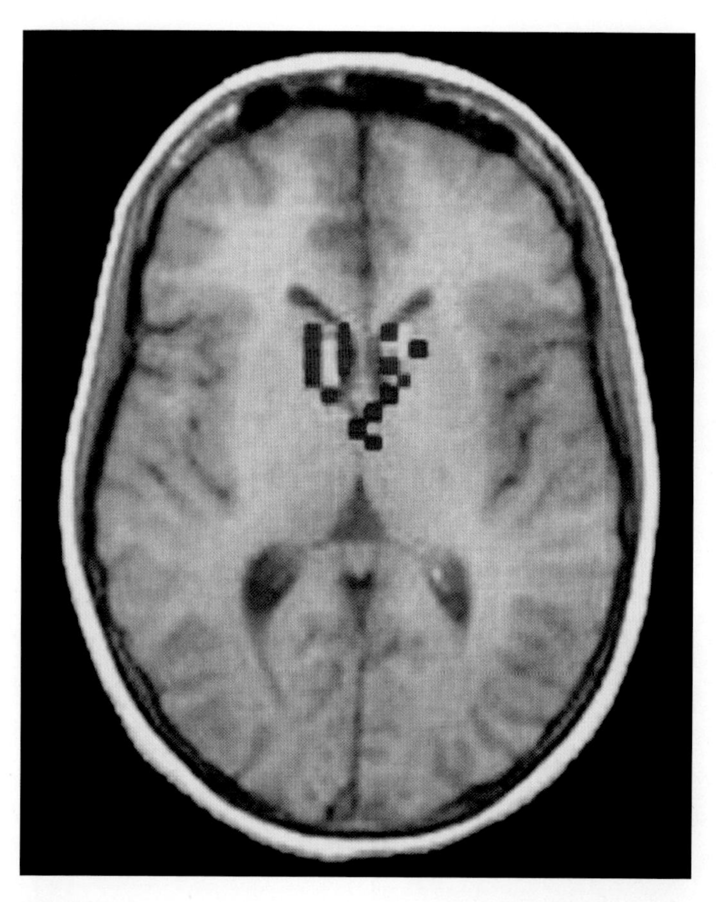

圖 5 我掌控一切

大家認為自己的行動會造成特定的結果時，即使這種印象是幻想，如圖所示，頭腦報酬系統中名叫尾葉的部分一樣會發亮。

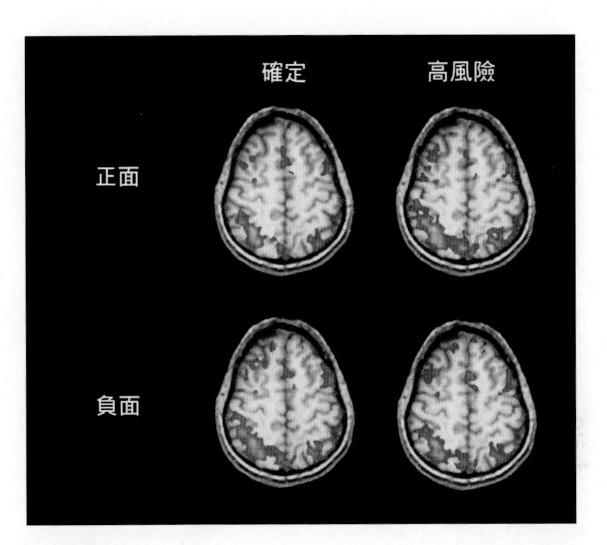


圖 6 頭腦裡的架構

圖中上方兩張腦部掃描所示，是人怎麼評估兩種在經濟上相同的情境：左上圖顯示評估穩當的利得，右上圖顯示如何評估可能全損、或獲得更大利得但機會渺茫的賭博。賭博引發腦內溝的發射劇烈多了，腦內溝是頭腦中幫忙我們想像未來事件結果的地方（請參閱右上掃描圖中的下緣）。因為賭博會引發鮮明的恐懼印象，大部分人喜歡穩當的東西，即使穩當的價值不比賭博高。

下面兩張掃描圖所示，是受測者評估另外兩種在財務上也相同的選擇：左下圖評估確定的虧損，右下圖評估會造成全損或損益兩平機會渺茫之間的賭博。兩張圖裡頂內溝都激烈發射，兩種選擇都會引發虧損的恐懼，大部分人現在比較喜歡機會不大的損益兩平，比較不喜歡一定會虧損的確定性。

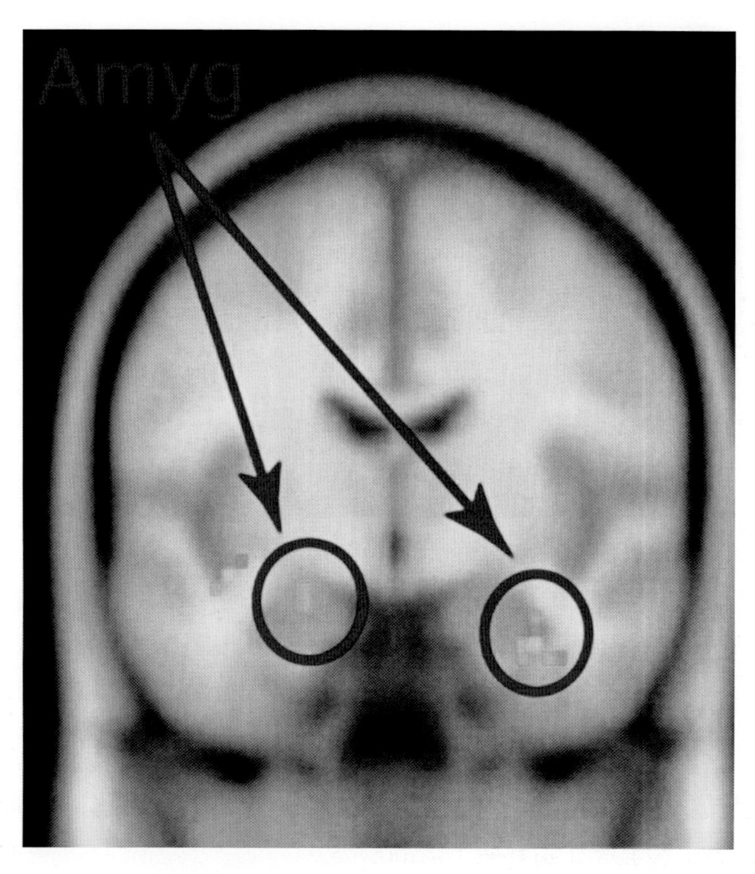


圖 7「已經知道不知道的事情」

投資人只知道自己不能知道賺錢的機率時，腦中表示恐懼的中樞杏仁核會強勁發射。

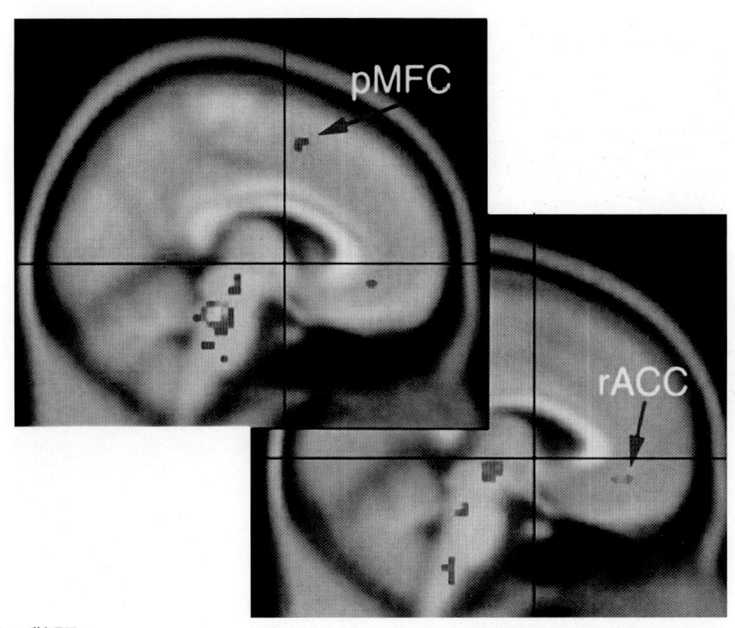


圖 8 驚訝！

受測者必須用最快的速度，在一長串字母中，看出突兀的字母（例如 HHHHSHH 中的 S。）受測者因為猜錯而輸錢時，反映性腦部中的後側中央額葉皮質（pMFC, posterior medial frontal cortex）會發亮（請參閱上方的掃描圖）。但是情感性腦部中的前扣帶皮質（rACC, anterior cingulate cortex）和腦幹兩個部位也會發亮（請參看右邊的掃描圖），腦幹是從腦部中央斜斜往下伸的部位（兩張影像中都清晰可見）。這些部位會警告你的身體，知道財務上的驚異可能產生危險。

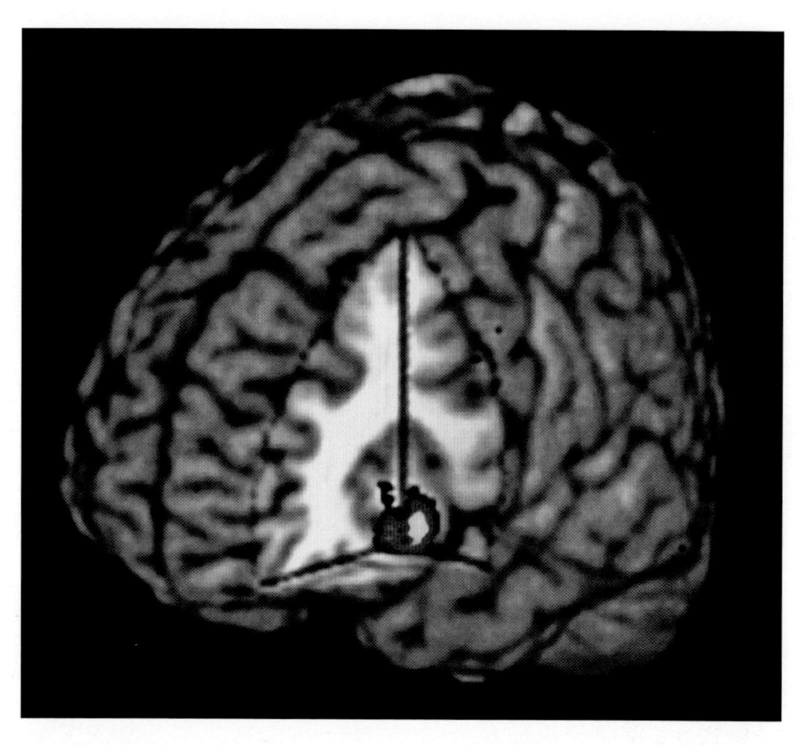

圖 9 別過去！

作者考慮賭可能大贏或大輸的吃角子老虎時，腦島──腦部的痛苦與厭惡中樞之一──會劇烈發射（如上合成圖所示）。因此他改選比較安全、有三分之二機會贏錢的選擇。

## 再度確認

德國數學家卡爾・雅可比（Karl Jacobi）說過一句有用的建議：「顛倒、總是顛倒過來。」投資專家蒙格解釋說：「這是事情的天性，雅可比知道，很多困難問題最好的解決方法是倒回頭去處理。」

如果有人告訴你，成功的機會有 90%，你要把架構顛倒成下面這樣：這點表示失敗的可能性有 10%，這樣對你來說是否太高？接下來把百分比的架構變成跟人有關的架構：每十個嘗試這種方法的人當中，有一個會失敗，我怎麼知道自己不是那個倒楣鬼？如果你是大型組織的一員，你可以把手下的研究人員，分成幾個團體，要每個團體用不同的架構發表報告，看看用百分比和個人角度所做的風險評估，是否能夠幫助你，做出比較平衡的決定。

你應該把證據納入最廣泛的架構中。假設你在股票上一共投資 2.4 萬美元，現在你考慮把 1,000 美元，投入你認為加倍或虧光機會各占一半的股票上。用狹隘的架構來思考──我不是賺到 1,000 美元，就是虧損 1,000 美元──會把決定變成貪心與恐懼之間的拔河。相反的，把問題放在廣泛的架構中來看：我投資組合的總價值可能增為 2.5 萬美元，或是降為 2.3 萬美元，這種比較廣泛的架構會消除你做決定時的大部分情感因素。

## 設法證明自己錯誤

投資大師伯恩斯坦說：「最危險的時刻是你正確的時候，這時是你問題最大的時候，因為你通常會停留在這種良好決定的狀態中太久。」這樣拒絕預測自己的做法可能導致驚人的損失，形成有害的後悔感覺。因此，事前安排好跟唱反調的人見面是好主意。

你要定下規矩：一種投資的價格上漲一倍時，要找出有誰對這種投資抱持最不利的看法，好好聽這位唱反調的人說出全部的想法。要閱讀或聽批評文字，小心的做記錄，然後重新比較價格和價值，納入反對的說法，如果價格不再有道理，就是該賣出的時候。

## 認識自己

想測出你的「風險忍受度」的練習，大部分都是浪費時間，我們已經知道，你對風險的反應不像封鎖在琥珀裡的昆蟲，不是單一、固定和不能改變得東西。實際上，你擁有很多種可能的反應，從強烈的恐懼到好像諂媚一樣的感覺。我們已經知道，你對財務風險的態度可能大不相同，決定因素包括財務風險如何架構，你是單獨一個人還是處在團體中，你先前的投資得到多少報酬，你是不是很容易想起風險，你現在的心情如何，甚至包括外面的天氣如何。這些因素中任何一種最微小的變化，都可能在片刻之間，提高或降低你對風險的忍受度。即使如此，你還是有很多方法，可以管理你對風險的態度。

- 請記住，大部分人說自己對風險有「很高的忍受度」時，真正的意思是：他們對賺錢有很高的忍受度。所有冒險似乎都很成功時：風險很容易讓你覺得安心，但是獲利消失、虧損膨脹時，風險的收穫會變成十足令人痛心的事情。如果你認為你的投資價值暴跌不會讓你困擾，你不是錯了就是瘋了。
- 經濟學家常常說，「理性」的人應該拿相同的金額，賭贏得 100 美元或避免輸掉 100 美元的賭博，畢竟兩種賭法都讓你增加 100 美元。但是卡尼曼與特佛斯基的實驗證明，大部分人不這樣想。你自己試試下列想法中的一種：想像投擲錢幣如果擲出反面，你會輸 100 美元，如果出現正面，你要贏多少錢，才願意參加這種賭博？大部分人堅持獎金至少要有 200 美元。這點告訴你什麼？輸錢的痛苦感覺至少是贏得同等金額快樂感覺的兩倍。因此你賺錢時的興奮和虧錢時的痛苦相比，好比小巫見大巫。如果你從來沒有經歷過這種痛苦，你不知道這種感覺多麼痛。你可以用單一投資投入不超過 10%資金的方法，儘量減少這種痛苦，這樣即使你最熱門的持股化為烏有，你的所有投資組合應該幾乎都還安然無恙。
- 大部分人和牛市一起奔馳，卻避開熊市遠遠的。市場上漲時，你也會看多，冒的風險超過正常水準。市場反轉下跌時，你會變得過度看空，冒的風險低於應有的水準。一朝被蛇咬，十年怕井繩。只要事前知道你可能這樣做，可以幫忙你為這種事情預做規劃，例如，你可以定出投資外國股票金額的目標區間，假設你定為 25％至 30％，一年後，如果外國股票大幅上漲，你可以把比率降回 25％，一年後，如果股票大幅下跌，你可以把配置比率提高為 30％。這樣你可以強迫自己在股價漲到高得危險時，少冒一點險，在股價跌到有吸引力時，多冒一點險。

- 心理學家史洛維奇說，因為沒有一個人的風險忍受度是固定的，從「目標、目的和結果」的角度來思考，比較有幫助。你將來需要多少錢？你要怎麼達成目的？你希望得到什麼結果、或是希望避免什麼結果？要回答這些問題，你必須知道自己的預算、計算自己現有的財產，規劃未來的所得和支出。這些數字雖然也不十分確定，和「風險忍受度」這種觀念相比，卻是做判斷時可靠多了的基礎。
- 請記住，你急匆匆地希望靠某些投資發大財時，不但要考慮自己判斷正確時會賺多少錢，也要考慮自己判斷錯誤時會虧多少錢。數學家兼神學家布雷斯．巴斯卡（Blaise Pascal）著名的「巴斯卡賭注」中，提供了如何思考這個問題的模式。因為上帝的存在是信仰問題，沒有科學證據。你應該怎麼過日子？假設你賭上帝存在，因此過著合乎道德的生活，但是結果上帝不存在，你活著的時候，會錯過享受少數罪惡的機會，但這一切就是你賭輸後付出的代價。現在假設你賭宇宙間沒有上帝，毫不後悔地過著罪惡的生活，結果上帝真的存在，這種賭法的報酬是幾十年的廉價興奮，然後是在地獄中永恆的煉獄生活。照伯恩斯坦的說法，巴斯卡的賭注顯示「你是否應該冒險，不但要看你判斷正確的機率而定，也要看你判斷錯誤時的後果而定。」要做出可靠的好決定，你總是必須衡量你認為自己正確的程度有多高、如果自己錯了，後悔的程度有多高。

Chapter 7

# 恐懼

在絕大恐懼影響下，你不能相信個人、群眾或國家會做出呵護人道的行為，或是健全的思考……克制恐懼是智慧之始。

——伯特蘭·羅素（Bertrand Russell）

## 你怕什麼？

下面幾個問題乍看之下，可能很蠢。

- 核子反應爐和陽光相比，哪一個比較危險？
- 害死最多美國人的動物是什麼？

  ——鱷魚

  ——熊

  ——鹿

  ——鯊魚

  ——蛇

- 把左邊的死因和右邊全世界每年的死亡人數連在一起：

1. 戰爭　甲、310,000

2. 自殺　乙、815,000

3. 殺人　丙、520,000

現在看看答案。

歷史上最嚴重的核能事故是 1986 年在烏克蘭發生的車諾堡（Chernobyl）核能反應爐熔毀，根據初期的估計，輻射毒害可能造成數萬人死亡。但是到 2006 年，死亡人數低於 100 人。同時，每年有將近 8,000 個美國人因為皮膚癌而死亡，皮膚癌最常見的原因是曝曬過度。

一般的年度裡，鹿大約造成 130 位美國人死亡，是鱷魚、熊、鯊魚和蛇害死的美國人總數的七倍。溫柔的鹿怎麼可能造成這麼血腥的結果？鹿和其他讓人害怕之至的野獸不同，不是用利齒或爪牙攻擊，而是站在快速開來的車子前面，造成致命的撞擊。

最後，大部分人認為，戰爭奪走的人命比兇殺案還多，兇殺案害死的人又比自殺的人多。事實上，在大部分的年度裡，戰爭害死的人數低於一般的兇殺案，自殺的人數幾乎是遭到謀殺人數的兩倍（上一頁的表中，死因和死亡人數已經正確的連好了。）殺人似乎比自殺常見，因為想像別人死亡比想像自己自殺容易。

這一切不表示核能輻射對你有益、響尾蛇是無害的動物、或戰爭的邪惡遭到誇大，真正的意思是我們經常最怕最不可能發生的危險，對於自己最可能碰到的風險，擔心的程度經常不夠。這點也提醒我們，世界上大部分不幸不是由我們害怕的事情造成，而是害怕本身造成的。

例如，車諾堡核能事故造成的最可怕傷害不是來自核能反應爐，而是來自人心。恐慌的企業主逃離這個地區，失業和貧困狀況飛躍上升，無法離開的居民焦慮、憂鬱、酗酒和自殺的情形變得十分嚴重。懷孕的媽媽擔心還沒有出生的嬰兒遭到輻射污染，造成了超過 10 萬件不必要的墮胎。輻射造成的傷害和擔心輻射造成的傷害相比，簡直是小巫見大巫，想像中的恐怖實際上造成了大規模的悲劇。

談到錢時，我們沒有不同。每個投資人最可怕的噩夢是股市崩盤、像引發大蕭條的 1929 年大崩盤一樣崩潰。根據最近針對 1,000 位投資人所做的調查，任何一年裡，美國股市下跌三分之一的機率有 51%。然而，根據歷史記錄，任何一年裡，美國股市跌掉三分之一的機率大約只有 2%。真正的風險不是股市會崩潰，而是通貨膨脹會提高你的生活費用，侵蝕你的儲蓄。但是接受訪調的人當中，只有 31%的人擔心自己退休後的第一個十年裡把錢用完。投資人受到害怕市場崩盤的明確恐懼吸引，忽略了通貨膨脹這個無聲殺手可能造成更微妙、卻很嚴重的傷害。

如果我們純粹依據邏輯思考，我們判斷一種風險的發生機率時，應該問在類似的情況下，過去這種壞事實際發生的機會有多少。相反的，照心理學家卡尼曼的解釋：「我們通常依據心裡回想的難易程度，判斷事件發生的可能性。」某一件事發生的時間離現在愈近，或是對過去某一件事情的回憶愈鮮明、我們的頭腦愈容易「想到」，這種事情再度發生的可能性似乎愈高。但是這樣評估風險不正確，某種事件不會完全因為最近才發生、比較容易記得，再度發生的機率就會提高。

你只要大聲說空難這兩個字，你腦海裡會想到什麼？你很可能想到冒煙的機艙、慘叫聲四起、令人驚恐的嘎嘎聲、巨大的火球不斷旋轉，墜落在跑道上。奧勒岡大學心理學家史洛維奇說：「原則上，風險是由機率與後果兩種分量相同的因素造成的。」但是實際上，我們看待身邊的風險時，這兩種因素的分量並非總是相等。因為空難的後果可能極為恐怖，空難的機率卻無從引發想像，因此我們從美國人因為空難而死亡的機率大約只有 600 萬分之一的事實中，得不到任何安慰。死亡的想像很可怕，「600 萬分之一」卻是抽象的觀念，完全不傳達任何感情。〔籃球員東尼．庫科奇（Toni Kukoc）說過：「我不怕飛行，只怕空難。」〕反射性腦部的情感力量再度壓倒反映性腦部的分析力量。

另一方面，我們坐在自己的車子駕駛盤後方時，卻覺得十分安全，只差沒有覺得自己永生不死而已。很多駕駛人認為，喝上幾罐啤酒，再爬上駕駛座，開到機場去，一手拿著行動電話，另一手夾著菸，沒有什麼大不了，其中很多人甚至擔心自己坐的飛機會不會墜機，卻完全不知道自己的行為充滿了危險。

數字可以清楚說明這個事實：2003 年內，只有 24 位美國人在商用客機上死亡，車禍死亡人數卻高達 42,643 人。經過旅行距離因素調整後，你在自己車裡死亡的可能性，比在飛機上死亡的可能性，大約高出 65 倍，但是讓我們害怕的卻是搭飛機。2001 年 911 恐怖攻擊後的一年內，害怕搭飛機促使開車上路的美國人大為增加，造成車禍死亡人數大約額外增加 1,500 人。

愈鮮明、愈容易想像的危險，愈讓人覺得可怕。大家願意付出購買因為「任何原因」住院保單的兩倍價格，購買因為「任何疾病」住院的保單。根據定義，「任何原因」當然包括所有疾病。但是「任何原因」是模糊的觀念，「任何疾病」卻是鮮明的觀念，這種鮮明程度使我們心中，充滿了在經濟上沒有道理的恐懼，不過這點在情感上卻非常有道理。

我們的反射性系統產生的情感可能排擠我們的分析能力，因此一種風險出現後，可能使其他事情似乎都變得比較危險。例如 911 恐怖攻擊後，經濟研究聯合會（Conference Board）的消費者信心指數劇降 25%，這項評估美國人對經濟展望看法的調查指出，未來半年內計畫買車、買房子或大型家電的人數減少 10%。

身邊彌漫無形的危險感覺時，你可能像傳染到感冒一樣，輕易地受到別人的情感傳染。只要看看報上有關犯罪或蕭條的簡短報導，就足以促使大家評估離婚、心臟病、或暴露在有毒化學物質中之類無關風險時，把風險的可能性提高一倍以上。就像你宿醉時，最微小的聲音聽起來似乎都讓你覺得震耳欲聾，一則煩人的消息出現，可能使你對可以聯想到危險的任何事情，變得極為敏感。反射性腦部的情形經常就是這樣，你可能不知道你的決定受到感覺左右。大約 50%的人知道利空消息讓他們煩惱，但是只有 3%的人承認煩惱可能影響他們對其他風險的反應。

我們對風險的直覺升高或降低，受到史洛維奇所說的「可怕」和「可知性」影響，他解釋說，這兩種因素「使風險充滿了感情因素。」

- 可怕與否，是由一種風險看來多鮮明、是否可以控制或是可能多悲慘而定。很多調查發現，大家認為手槍比抽菸危險，因為我們可以選擇不抽菸（如果我們抽菸，可以選擇戒菸），抽菸的危險似乎可以由我們控制。但是你沒有什麼辦法，能夠預防歹徒隨時對著你的頭部開上一槍，而且電視警匪影集每天晚上在你的客廳裡槍聲大作——因此手槍似乎比較可怕，但是抽菸害死的人比手槍多了千百個。
- 風險的「可知性」由後果似乎多立即、多明確或確定而定。鞭炮、降落傘運動或火車相撞之類的危險直接而明確，和基因改造食品或全球暖化之類模糊的開放性風險相比，讓人覺得「比較容易知道」（也比較不值得擔心）。美國人認為，龍捲風害死的人數遠超過氣喘病，因為氣喘發作緩慢，很多患者都活了下來，因此似乎比較不危險，不過氣喘病害死的人卻多多了。如果風險的後果極為不確定，大家又很不了解，任何想像中的問題都可能引發新聞熱潮，因此幾乎完全秘密操作、金額龐大的避險基金只要一虧損，都會變成報紙的頭條新聞。

可怕和已知性加在一起，扭曲了我們對周遭環境的看法：我們低估了一般風險的可能性和嚴重性，高估了罕見風險的可能性和嚴重性——我們從來沒有親身經歷過時，更是如此。我們覺得自己掌控一切，又了解後果時，風險程度似乎比實際還低。我們覺得控制不住風險，又比較不了解時，會覺得危險程度高於實際狀況。這樣好像我們透過曲度望遠鏡看世界一樣，不但遠處會放大，近處也會縮小。

這就是這麼多人在機場買旅行平安險的原因：空難死亡的機率接近零，而且大部分旅客的壽險中，已經有這種保險，但是搭飛機仍然讓人覺得危險。同時，大約四分之三住在洪水危險區的美國人沒有買洪水險，因為屋主很容易看出過去水位升到多高，而且可以輕易的投資排水系統，和其他似乎可以控制洪水風險的技術，因而覺得比實際上還安全，卡翠娜颶風（Hurricane Katrina）暴露了這種安全感有多危險。

這種怪異的風險觀念在股市中可能變成大問題。2005 年 3 月 22 日，一位叫做艾亞拉（Anna Ayala）的女性在加州聖荷西

（San Jose）的溫蒂餐廳（Wendy's）吃東西，她舀了一湯匙紅番椒到嘴裡，開始咀嚼，然後吐出一節人的手指。這則新聞爆發後，溫蒂的股價在熱絡交易中下跌 1%，到 4 月 15 日，溫蒂的總市值跌掉了 2.4%。顧客拒絕上門，造成溫蒂公司大約損失 1,000 萬美元的營收。但是調查人員很快就發現，艾亞拉把手指放進紅番椒的碗裡（手指是她丈夫的同事在工安事故中斷掉的。）溫蒂的生意穩定恢復，但是在恐慌初期賣掉股票的人都覺得自己左右不是人，因為隨後一年裡，溫蒂股價上漲將近一倍。

1999 年 6 月發生了大致相同的一件事故，電子灣的網站當機，「關閉」24 小時。「豆豆娃」（Beanie Baby）與特種部隊（G.I. Joes）玩具的交易停頓，電子灣因此大約損失了 400 萬美元的費用，也造成成千上萬的買家與賣家恐慌。隨後的三個交易日裡，電子灣的股價暴跌 26%。公司總市值因此跌掉了 40 多億美元。因為網際網路還相當新，很多投資人不知道電子灣什麼時候可以把網站修好，因此後果似乎十分不確定，引發了嚴重的恐懼，但是電子灣的網站很快又恢復順利運作，隨後五年裡，股價幾乎上漲三倍。

簡單的說，面對風險時，對赤裸裸的感覺、對「瞬間的感覺」過度反應，經常是投資人最危險的行為。

## 頭腦裡的熱鍵

你腦部深處大約和耳朵上端同高的地方，有一塊形狀像杏仁、名叫杏仁核的小塊組織。你面對可能的風險時，反射性腦部的這個部分會像警報系統一樣發揮作用，產生恐懼與憤怒之類強烈而快速的情感，再像警告燈號一樣，發送到反映性腦部（其實杏仁核有兩個，一個在左腦，一個在右腦，就像辦公大樓電梯門兩側經常各有一個緊急按鈕一樣。）

杏仁核會在一瞬間，幫忙我們集中注意力，注意任何新穎、突兀、快速變化或是讓人害怕的東西。這點有助於說明為什麼我們對罕見卻鮮明的風險反應過度。畢竟危險當前時，誰猶豫、誰倒楣，片刻的差別可能立辨生死。腳踩到蛇旁邊，看到蜘蛛、看到尖銳的東西向臉部飛來，你的杏仁核會刺激你跳開、躲避或採取任何閃避行為，讓你在最短的時間內脫離危險。虧錢或是認為自己可能虧錢，會引發同樣的恐懼反應。

你頭腦的其他部分也會產生恐懼，但是到目前為止，大家對杏仁核扮演的角色很可能最清楚。杏仁核碰到令人高興的刺激時，也會強力發揮作用，不過看來卻是為恐懼而特別設計的。杏仁核直接連結操縱臉部肌肉、控制呼吸、規範心跳速度的其他地區。從杏仁核伸出去的纖維也通知頭腦的其他部分，釋出好比發動油料的正腎上腺素，讓身體準備送出精力到肌肉中，以便立即行動。杏仁核也協助身體，釋出壓力荷爾蒙皮質醇到血液中，協助身體因應緊急事故。

令人驚異的是，杏仁核可以在你還沒有意識到害怕時，先在你身體裡灌滿恐懼信號。如果你在家裡或辦公室裡聞到煙味，火警警報還沒有發出，你的心臟就會砰砰作響，你的兩腳會開始奔逃。碰到實際或可能的危險時，杏仁核毫不等待。南加州大學神經科學家貝卡拉說：「你不需要從十樓摔下去，才會害怕墜落，你的頭腦不需要實際經驗。」

在實驗室出生長大的老鼠從來沒有看過貓，遇到貓的時候，還是會立刻嚇呆。雖然老鼠不知道貓是什麼，老鼠的杏仁核還是察覺到危險，自動發出恐怖反應。然而，杏仁核受傷的老鼠不會嚇呆，反而會蹦蹦跳跳的接近貓，爬到貓背上，甚至咬貓的耳朵（這些老鼠很幸運，因為實驗中的貓都注射過鎮靜劑）杏仁核損壞時，恐懼的感覺會遭到破壞。

貝卡拉解釋說：「由一系列過去經驗引發的情感，可能很有用，否則的話，你永遠不會做決定。」我對投資人演講時，有時候會伸手到封好的袋子裡，抓出一條響尾蛇，向聽眾丟去，理論上，蛇在空中飛時，「理性」的人應該安坐不動，應該花點時間，判定是否值得驚慌逃命，同時計算作家在演講時向他們丟活蛇的可能性。評估可能的成本和可能的利益後，「理性的」人應該斷定沒有驚慌的理由。然而，聽眾卻尖叫著從椅子上跳起來（不用說也知道，蛇不是真的，是橡膠玩具。）

杏仁核這種飛快的反應是否讓我們變成「不理性」？當然

不是。恐懼反射協助我們的遠祖生存下來，在今天的日常生活中，還是重要的生存工具：恐懼反射會讓你在過馬路前左右看看，提醒你在很高的陽台上要握緊扶手。然而，可能的威脅是財務威脅、而不是實際威脅時，反射性的恐懼經常害你陷入危險，而不是脫出危險。每次投資標的暴跌時，就把投資賣掉，會讓你的營業員發財，卻只會讓你變得窮困和緊張。

社會信號可能像實質危險一樣，輕易地觸發你頭腦中的熱鍵。放映害怕的臉孔相片 1,000 分之一秒後，立刻放映延續時間較長、情感上沒有什麼偏向的臉孔——你的反映性腦部沒有時間了解你看到了令人害怕的東西，但是反射性腦部會以飛快的速度，「知道」自己看到了可怕的東西。只看 30 分之一秒害怕的臉孔，就足以刺激杏仁核產生強烈的活動，使身體做好行動的準備，以便在這種下意識威脅變成事實時，採取行動。

杏仁核也讓我們在片刻之間，看出害怕的身體語言：光是看到有人雙手高舉站著，就會讓我們預期發生搶案，有人躬著身體發抖，會讓我們預期有人遭到痛打。你只要看無名演員擺出激動姿勢的影像三分之一秒，你的杏仁核就會立刻「掌握」他們的恐懼，在一瞬間，警告全身的壓力系統。

最後，杏仁核對於人類特有、用語言傳達威脅的方式敏感。腦部掃描顯示，杏仁核對殺人、危險、刀子、刑求等字眼的反應，比對毛巾、形態、數字或鋼筆等字眼的反應強烈。法國人最近發現，令人驚恐的字眼可能使你冒冷汗，即使這個字眼只閃現千分之 12 秒——大約比人眨眼的速度快 25 倍！（難怪有人說：「那檔基金把我殺死了」或「買那檔股票好像抓住下墜的刀子一樣」時，你會覺得害怕。）

有幾個令人緊張的字眼，力量甚至大到足以改變你的記憶。心理學家羅芙德所做的一項經典實驗中，受測者看車禍的錄影帶。主持人問一部分觀眾，兩輛車「相撞」時，車速有多快，問另一些人「兩輛車撞進對方車裡時，車速有多快。雖然兩組人看的是相同的錄影帶，聽到「撞進」字眼的人估計的車速快 19%。「相撞」聽起來可能沒有那麼可怕，但是「撞進」聽起來的確很可怕。這個字眼顯然打開了杏仁核，把情感送回到你的記憶中，改變了你對過去的看法。

這一切對我們的投資有什麼教訓？人類不但反射性的害怕實質的危險，也害怕傳達驚恐的任何社會信號。例如，股價下跌的日子裡，從證券交易所交易大廳轉播的電視影像中，綜合了可能刺激杏仁核發揮作用的很多信號，包括閃光、清楚的鈴聲、喊叫聲、令人恐慌的字眼和營業員狂熱的姿勢。你在一瞬間會冒冷汗、呼吸加快、心跳加速。你甚至還沒有想到自己是否虧錢，腦中這個重要部分就讓你做好「戰鬥或逃走」的反應。

實際和想像中的虧損都可能打開這個開關，有一項研究利用腦部掃描，發現愈常聽到自己虧錢的人，杏仁核會變得愈活躍。其他掃描實驗顯示，連預期虧損，都可能開啟這個恐懼中樞。創傷的經驗會啟動杏仁核裡的基因，刺激蛋白質的產生，強化腦部很多地方存放記憶的細胞。從杏仁核發射的信號激增，也可能刺激腎上腺素和其他壓力荷爾蒙的釋出，「接通」記憶，使記憶更難抹滅。

令人煩惱的事件可能震撼杏仁核裡的神經元同步發射好多小時——甚至在你睡眠時也繼續發射（我們在噩夢中可以紓解財務虧損的確是真的。）腦部掃描顯示，你連續在財務上虧損時，每一次新的虧損都會加強刺激靠近杏仁核、協助儲存恐懼與焦慮經驗的記憶銀行海馬迴。

這點為什麼這麼糟糕？片刻的恐慌可能嚴重傷害你的投資策略，因為杏仁核和重大變化配合的非常貼切，市場突然下跌造成的困擾，通常高於比較漫長、比較緩慢、甚至嚴重多了的下跌。1987 年 10 月 19 日，美國股市慘跌 23%——一天的跌幅超過造成大蕭條的 1929 年大崩盤。1987 年大崩盤跌幅沉重、突然、又莫名其妙，正是刺激杏仁核在每個投資人頭腦和身體中，迅速傳播恐懼的事件。

這種回憶難以抹滅：1988 年內，美國投資人淨賣超股票型共同基金 150 億美元，股票型基金的淨買超要到 1991 年，才恢復崩盤前的水準。「專家」同樣震驚：1990 年底前幾乎每一個月裡，股票型基金經理人都至少把 10%的總資產，保留在安全的現金中，紐約證券交易所席位的價值要到 1994 年，才恢復崩盤前的水準。1987 年秋天某個星期一股市的一次暴跌，至少在隨後的三年裡，破壞了千百萬人的投資行為。

哲學家威廉・詹姆斯（William James）寫道：「印象可能對情感造成極大的刺激，幾乎好像在大腦組織上留下瘡疤一樣。」杏仁核似乎像烙鐵一樣，把財務虧損的記憶，銘刻在你的腦海中。這點或許有助於說明為什麼崩盤固然使股價變得便宜，卻也在崩盤後很長的一段時間裡，使投資人比較不願意買股票。

## 害怕有理

我參與愛荷華大學一項實驗時，了解自己的杏仁核對風險會有什麼反應。首先我的胸膛、手掌、臉孔上，接上電極和其他監測設備，以便追蹤我的呼吸、心跳、排汗和肌肉活動。

接著我玩神經科學家貝卡拉和安東尼奧・戴馬休（Antonio Damasio）設計的電腦遊戲。一開始時，我有 2,000 美元的賭本，我要按滑鼠，從面前電腦螢幕上顯示的四副牌中選一張牌，每「抽」一張牌，都會使我變得「比較有錢」或是「比較貧窮」。我很快就發現，左邊兩副牌比較可能讓我大贏，卻也可能讓我輸的更多，右邊兩副牌贏錢的次數比較多，但是贏到的金額比較小，大輸的可能性也比較低（左邊兩副牌大致上等於投資高風險小型股的積極成長型基金，右邊兩副牌像是同時投資股票與債券、追求比較平穩報酬率的平衡型基金。）我逐漸開始從右邊的兩副牌中抽牌，到實驗結束時，我從這兩副比較安全的牌中，抽了 24 張牌。

事後我查看自己身體反應的圖表時深感驚異，我可以看出紙上蓋滿了彎彎曲曲的線條，顯示風險的紅色警告迅速傳遍我身體時，我的心跳加速，呼吸急促。但是我頭腦裡的反映區域卻不知道我當時很緊張，就我所（知），我只不過是鎮定地想靠著抽牌，賺幾塊錢而已。

圖表顯示，一開始時，我抽到害我輸錢的牌時，我的皮膚會冒汗，呼吸會加快，心跳會加速，臉部肌肉立刻會起伏。起初我抽了一張害我輸掉 1,140 美元的牌，我的脈搏在一剎那間，從 75 下跳到 145 下。從高風險的兩副牌中抽牌，大輸三、四次後，我再從這兩副牌中的任何一副抽牌前，我身體的反應會開始突然急速升高。光是把游標移到風險較高的兩副牌上，不必按下滑鼠，就足以使我的生理功能大亂，好像走近咆哮的獅子一樣。我只要輸了幾把，我的杏仁核就會產生情感上的記憶，使我一想到再度輸錢，身體就會很擔心，因而產生激動的反應。

我現在可以看出來，我的決定受到我身體可以察覺出來的下意識恐懼左右，不過我頭腦裡「思考」的部分並不知道我很害怕。凡是碰過突如其來危險的人都知道，常常要等到事情過後，你才知道你在危險的那一刻有多緊張。我的頭腦用同樣的方式處理這種危險，雖然這種危險只是金融風險，不是跟身體有關的危險，而且這種危險涉及的只是遊戲用的假錢，不是真正的現錢。

錢至少在先進國家裡，已經變成人人天生就喜歡的東西。現有的社會壓力、加上幾世紀的傳統，促使我們把錢和安全與舒適劃上等號〔諷刺的是，我們甚至用代表安全的「證券」（securities）稱呼股票、債券和其他投資標的！〕因此，財務上的損失或不足，是一種痛苦的懲罰，會引發近乎原始的恐懼。神經科學家戴馬休說：「金錢是生活問題的象徵，在我們的世界裡，金錢代表維持生命、維護我們有機體地位的工具。」從這種角度來看，難怪輸錢可能引發的基本恐懼，和遭到老虎攻擊、陷入森林大火或站在崩山峭壁邊緣一樣。

諷刺的是，有時候，我們頭腦這個高度情緒化的部位可以協助我們，用更理性的方式行動。貝卡拉和戴馬休請杏仁核受傷的人，進行抽牌遊戲，發現這些病人絕對學不會避免從風險較高的兩副牌中抽牌。如果告訴這些病人，說他們剛剛輸錢了，他們的脈搏、呼吸和其他身體反應不會出現變化，杏仁核受損後，財務上的損失不會再讓人覺得痛苦。

結果是貝卡拉所說的「決策疾病」。這些病人的杏仁核不會發出情感信號，警告前額葉皮質，讓他們知道輸錢會讓人多痛苦，因此他們不管牌好、牌壞，都會從所有的牌中抽牌，到輸光為止。在正常的情況下，杏仁核會扮演重要的警告角色，告訴你「別去那裡！」但是反射性腦部的這個地方一旦受傷，反映性腦部會說：「嗯，或許我應該試試那副牌。」頭腦失去恐懼的補救功能後，分析性的腦部會繼續設法勝過機率，形成悲慘的結果。戴馬休說:「做出有利決定的過程不但跟邏輯有關，跟情感也有關。」

有一組研究人員設計了更簡單的遊戲，測試恐懼對我們的財務決定有什麼影響。遊戲開始時，你有 20 美元，你可以在投擲錢幣遊戲中賭 1 美元（或是放棄不賭），如果擲出正面，你會輸掉 1 美元；如果擲出反面，你會贏 2.5 美元，遊戲進行 20 回合。研究人員設法在兩組受測者中，進行這個實驗，一組是腦部安然無恙的人（「正常組」），另一組是杏仁核和腦島等腦部情感中樞受傷的人（「病人組」）。

正常組比較不願意賭，雖然平均計算的話，如果他們每一把都賭，應該會贏錢，但是 20 回合中，他們參與賭博的比率只有 58%。他們證明了「一朝被蛇咬，十年怕井繩」的諺語，因為每次輸錢後，正常組參與賭博的比率只有 41%。輸 1 美元的痛苦阻止正常組去嘗試贏 2.5 美元的機會。

情感迴路受損的病人組行為大不相同，平均說來，20 回合中，他們參與賭博的比率達到 84%，而且即使上次才輸了 1 美元，病人組參與下次賭博的比率也高達 85%。不只是這樣而已，不管他們輸了多少錢，他們玩的愈久，愈願意再賭下去。看來就像他們腦部的痛苦迴路遭到麻醉，不可能感覺到輸錢的痛苦一樣，因此他們盡興的賭下去，管他什麼結果，只要全力衝刺！

結果如何？腦部情感中樞受損的病人組贏到的錢，比腦部安然無恙的人多 13%。病人組因為恐懼迴路損壞，願意冒我們怕到不敢碰的風險。

其中有什麼教訓？當然不是用鐵錘打自己的腦部就可以提高投資報酬率，而是對財務虧損的恐懼，總是潛藏在正常人的頭腦裡。市場走平或上漲時，你恐懼的感覺可能進入深深的冬眠。但是相信自己不害怕和真的不害怕大不相同。在多頭市場巔峰期間，投資人吹噓說，自己為了追求更大的獲利，不怕冒很高的風險。但是他們大都沒有經歷過重大的財務損失，以及隨之而來的杏仁核崩潰，這樣造成太多投資人做出錯誤的結論，誤認自己不會受重大的虧損困擾。

但是你不能改變生物學上的事實，你承受挫敗前，想像自己可以對挫敗一笑置之的幻象很可怕，因為這樣會導致你冒極高的風險，以至於無法避免驚人的損失。1990 年代的多頭市場結束時，投資人因為買從頭就不該持有的股票，虧損數兆美元，他們因為太不了解自己，付出了慘痛的代價。

## 數大就安全嗎？

近來投資大眾經常形成網路聊天室，裡面的同儕壓力很大，會拉著每個訪客去看最大聲、最有魅力成員的觀點。你到處逛逛，發現有一大群支持團體都發表類似的看法，因此你覺得「數大就安全」。

但是洛杉磯加州大學生態學家丹尼爾．布倫斯坦（Daniel

Blumstein）指出，動物形成的群體「有比較多的眼睛、耳朵和鼻子，可以偵測掠食動物。」一般而言，群體中的動物對風險的敏感度，高於落單的動物。群體中的動物愈多，通常愈早、愈快逃離危險，因此只有在沒有什麼東西好怕時，數大才安全，身為群體一份子的安全感可能在瞬間消失。

凡是經歷過青少年階段的人當然都知道，同儕壓力可能使你做出處身群眾中才會做、自己一個人絕對不會做的事情。但是你是否真的有意識的選擇服從群眾，還是群眾會自動發揮幾乎好像磁力一樣的力量？最近有一項研究要求受測者，判斷一些立體的東西是否相同，有時候，受測者單獨回答，有時候先看另外四位「同儕」或四台電腦的答覆（實際上，「同儕」和主持研究的研究人員串通好了。）受測者個別回答時，正確率為 84%，四台電腦都說出錯誤的答案時，受測者的正確率會降為 68%；但是所有同儕團體都說出錯誤的答案時，受測者的正確率會降到只剩 59%。腦部掃描顯示，受測者遵循同儕團體的說法時，前額葉皮質某些部分的活動會降低，好像社會壓力多少能夠克制反射性腦部一樣。

腦部掃描發現，受測者獨立判斷，做出和同儕共識相反的判斷時，杏仁核會強烈發射（他們獨立判斷，不理會電腦的共識時，沒有這種型態，顯示是人類的同儕壓力，使我們極為難以獨立思考。）主持這項研究的神經經濟學家伯恩斯，把杏仁核的這種強烈發射，稱為「和堅持本身立場有關的情感負載跡象」。背離社會，會啟動腦中碰到身體疼痛才會啟動的若干地方。簡單地說，你隨俗從眾不是因為你刻意這樣選擇，而是因為這樣做不會痛苦。

一旦你隨俗從眾，你的感覺就不再獨一無二。一組神經科學家掃描觀賞經典義大利式西部片《黃昏三鏢客》（The Good, the Bad and the Ugly）的觀眾腦部，讓他們自由自在聯想，聽恩尼歐·莫利克奈（Ennio Morricone）怪異的音樂，或是奇怪克林伊斯威特（Clint Eastwood）為什麼老是斜眼看人。即使如此，三分之一觀眾的大腦皮質會和其他觀眾的腦部同時發亮，研究人員把這種驚人的現象，叫作「同步作響」。

碰到電影裡最明顯的轉折，例如槍戰、爆炸或劇情突然改變時，觀眾的腦部特別容易同時作響。情緒高昂時，個別觀眾的腦部幾乎會合而為一，像一個人一樣思考（如果你有《黃昏三鏢客》的光碟，你可以上 www.weizmann.ac.il/neurobiology/labs/malach/ReserseCorrelation/.*，在電腦上，配合其他人的腦部活動型態，放這部電影來看。）

「同步作響」顯示，我們的情感通常會配合其他人對相同刺激的反應，升到最高峰。我們形成團體行動，原因之一是我們雖然全都是個人，頭腦對共同狀況的反應卻一樣。我們面對同樣的情況時，「同步作響」導致很多人擁有相同的感情。如

* 編按：2016 年網址連結已失效。

果財經消息讓你覺得焦慮或害怕、驚訝或欣喜，很多其他投資人也非常可能有同樣的感覺。

萬事如意時，身為較大投資人團體的一份子，可能讓你覺得比較安全，但是一旦醜陋的風險抬頭時，數大就沒有安全：你可能發現每一個團體成員都在拋售你心愛的股票，還各自逃命。利空消息一傳出，支持團體可能各自逃竄，你突然間會變得極為孤獨，再也沒有什麼東西能夠讓你覺得安全。

## 不知道機率

1971 年，軍事情報學者丹尼爾・艾爾斯伯格（Daniel Ellsberg）把五角大廈文件，洩露給《紐約時報》，協助把尼克森總統拉下台。這份文件屬於最高機密，內容是記錄越戰中一大堆有系統的決策錯誤。艾爾斯伯格對於大家並非總是能夠做出良好判斷的觀念並不陌生，十年前，他還是哈佛大學實驗心理學家時，就發表過一篇論文，探討一種不可思議、後來叫做艾爾斯伯格矛盾（Ellsberg Paradox）的小小發現。這種矛盾的運作情形如下：想像你面前有兩個罈子，你可以從罈子上方的開口伸手進去，卻看不到裡面有什麼東西。第一個罈子我們叫做甲罈子，裡面有 50 個紅球和 50 個黑球，乙罈子也有 100 個球，有些是紅球，有些是黑球，但是你不知道兩種球各有多少個。如果你從其中一個罈子裡，拿出一個紅球，你會贏得 100 美元。

你會把手伸進哪個罈子？如果你像大多數人一樣，你會比較喜歡甲罈子。

現在我們重複這個遊戲，但是改變遊戲規則：這次如果你從其中一個罈子中，拿出一個黑球，你會贏得 100 美元，現在你要把手伸進哪個罈子？大部分人還是選擇甲罈子，但是這樣做在邏輯上沒有道理！如果你第一次選甲罈子，你這樣做，顯然是因為其中的紅球比乙罈子多，因為你知道甲罈子有 50 個紅球，你的第一個選擇暗示乙罈子的紅球低於 50 個。因此，你應該斷定乙罈子裡的黑球超過 50 個，現在你想拿出黑球，你應該選擇乙罈子。

既然如此，為什麼大家在第一回合和第二回合中，都偏愛甲罈子？美國國防部長唐納．倫斯斐（Donald Rumsfeld）2002 年在一場記者會中，遭到普遍的嘲笑，因為他刻意區分他所說的「已經知道知道的事情」、「已經知道不知道的事情」和「不知道還不知道的事情」。但是──雖然他跟艾爾斯伯格相通的地方幾乎比任何人都少，他的說法卻正確無誤。倫斯斐解釋說：「已經知道知道的事情，是我們知道自己已經知道的事情」；至於已經知道不知道的事情，就是「我們知道有些事情我們不知道。」

用倫斯斐的說法來說，艾爾斯伯格的甲罈子是已經知道知道的事情：你確定裡面有紅球和黑球各 50 個。另一方面，乙罈子是已經知道不知道的事情：你確定裡面有紅球和黑球，但是你不知道紅球和黑球各有多少個。乙罈子充滿了艾爾斯伯格所說的「含糊不清」，這種感覺令人害怕。畢竟，如果乙罈子裡的 99 個球都是紅球的話，怎麼辦？那麼你從裡面拿出一個黑球來，贏不到錢的機會就很高。我們對機率愈不確定，愈擔心後果，因此我們不理會基本邏輯，避開乙罈子。

艾爾斯伯格發現，即使大家了解一直從甲罈子裡拿球沒有道理，而且即使他要求大家拿錢出來，賭自己是否從正確的罈子裡拿球出來，大家還是繼續選擇甲罈子。艾爾斯伯格請當時著名的經濟學家和決策理論家，做同樣的實驗，發現很多人和一般人一樣，犯同樣的錯誤。

這點不足為奇，因為艾爾斯伯格矛盾和我們的極多投資決定一樣，都是起源於思考和感覺之間的緊張衝突。一組研究人員最近要求受測者，從一副 20 張牌中抽牌，再掃描他們的腦部。有時候，受測者知道這副牌有十張紅色的牌，十張藍色的牌；有時候，受測者只知道牌裡紅色和藍色的牌都有（如果他們抽錯牌，會賺不到 3 美元。）第一副牌像艾爾斯伯格的甲罈子一樣，是已經知道知道的東西；第二副牌像乙罈子一樣，是已經知道不知道的東西。受測者考慮從不清楚的那副牌中抽牌時，杏仁核裡的恐懼中樞會過度運作。你可以看彩圖 7 中這個區域急速運作的情形。此外，想到一個比較不明確的賭博，會抑制尾葉的活動，尾葉是頭腦裡的報酬中樞之一，我們在第五章裡，已經知道尾葉會協助我們信任別人，感覺自己能夠控制情勢的快樂。不知道機率不但會加深我們的恐懼，也會剝奪我們覺得自己掌控情勢的感覺。

艾爾斯伯格矛盾經常表現在股市中。雖然每家公司的成長率不確定，有些公司的成長率似乎比別的公司容易預測。一家公司的成長率似乎相當可靠時，華爾街會說這家公司擁有「高能見度」，艾爾斯伯格可能說這種情形是「比較不含糊」。不管你怎麼稱呼，投資人都會為這種比較容易預測的幻想，付出溢價。

- 比較多華爾街證券分析師追蹤的股票，成交量比較高，顯示投資人喜歡賭比較多「專家」注意的公司。
- 分析師對一家公司未來一年賺多少錢的看法愈一致，愈多投資人會買賣這檔股票（我們在第四章裡已經指出，分析師預測企業獲利的正確度很差；但是投資人喜歡精確卻錯誤的預測，不喜歡模糊卻精確的預測。
- 78％的證券分析師認為，未來盈餘不確定，「通常會讓我在投資小型股時，比投資大型股更沒有信心。」
- 一般而言，所謂的「價值」公司，盈餘波動程度是「成長」公司的兩倍以上。

這一切使投資價值股或小型股，變成等於嘗試從乙罈子裡拿出黑球來，情況比較不明確，使你覺得成功的機率比較不確定。從甲罈子中挑選「比較容易預測」的成長股，就是讓人覺得比較安全，因此大部分投資人會避開價值股和小型股，造成這種股票的價格下跌，投資人蜂擁投入大型成長公司，造成這種公司的股價飛躍上漲──至少在短期內如此。然而，長期而言，成長股和分析師最喜歡的股票，投資報酬率通常低於價值股和比較少人分析的公司。投資大眾避開高度不明確的股票，造成這種股票的短期績效較差，卻創造了長期績效會比較優異的便宜貨。

## 對抗你的恐懼

你面對風險時，你的反射性腦部由杏仁核主導，像油門一樣發揮作用，振奮你的情感。幸運地是，你的反映性腦部在前額葉皮質主導下，會像煞車一樣發揮作用，讓你慢下來，到你能夠鎮定地做出比較客觀的決定為止。最高明的投資人習於先定出程序，協助自己抑制情感性腦部的激烈反應，下面有一些投資技巧，可以幫忙你在面對恐懼時保持鎮定：

### 超脫問題

風險升高時，除非你退後一步，放鬆心情，否則絕對不能用心思考下一步應該怎麼做。舊金山49人隊傑出的四分衛喬伊・孟丹納（Joe Montana）十分了解這一點，49 人隊在 1989 年超級盃球賽最後三分鐘時，落後辛辛那提猛虎隊三分，要進攻 92 碼，幾乎等於要跑完全場，才能得分。進攻截鋒哈里斯・巴頓（Harris

Barton）擔心的要死，這時孟丹納對巴頓說：「喂，你看看，看觀眾席靠近出口走道的地方，約翰・坎迪（John Candy）站在那裡。」球員全都轉頭去看這位喜劇演員，因而分心，使他們能夠解除壓力，在很短的時間內反敗為勝。你覺得風險壓得你透不過氣來的時候，要製造出「坎迪時刻」。要破除焦慮，你可以去散步、上健身房、拜訪朋友、或是跟你的小孩一起遊戲。

## 利用文字

明確的景象和聲音會刺激你反射性腦部的情感，語言信號比較複雜，會刺激反映性腦部的前額葉皮質和其他地方。用文字來對抗市場向你傳達的一系列影像，可以讓你從比較冷靜的角度，思考最熱門的風險。

1960 年代，柏克萊加州大學心理學家理察・拉薩路斯（Richard Lazarus）發現，放映割禮影片會造成大部分觀眾強烈反感，但是可以在影片中，加入割禮程序其實沒有那麼痛苦的聲明，「切斷」這種討厭的感覺。聽到這種口頭評論的觀眾和看無聲影片的觀眾相比，心跳速度會比較慢、流的汗會比較少，而且會說自己沒有那麼焦慮（順便要說的是，這段話並不正確，卻很有效。）

心理學家詹姆斯・葛洛斯（James Gross）最近對受測者，放映令人厭惡的影片，影片內容是燙傷病患接受治療和手臂截肢手術的特寫（雖然我建議你飽著肚子時不要看，但是你可以上 www-psych.stanford.edu/~psyphy/Movs/surgery.mov.* 網站，看截肢手術的影片。）他發現，如果事前發給觀眾書面指示，要觀眾保持「超然而不帶感情」的態度，觀眾厭惡的感覺會少多了。

我們已經知道，如果你看疤面人的相片，你的杏仁核會強烈發作，促使你的心跳加快，呼吸加速，手掌流汗，但是如果你看的同樣照片上，附有憤怒或害怕的文字，你的杏仁核活動會受到抑制，身體的警告反應會受到控制。前額葉皮質開始運作，設法判定文字敘述正確度如何時，會克制你原始的反射性恐懼。

總而言之，這些發現顯示，言詞資訊可以像濕毯子一樣，壓住杏仁核對意識資訊的激烈反應。這就是為什麼利空消息來襲時，利用文字、考慮投資決定這麼重要的原因，過去極為成功的投資的確可能在片刻之內，化為烏有；一旦安隆和世界通訊開始下跌，分析性思考對這兩檔股票完全無濟於事。但是如果有一檔股票徹底崩盤，就有幾千檔其他股票只是暫時性下挫，太早賣出經常都是最糟糕的做法。為了預防你的感覺壓倒事實，你要利用文字，問下列問題：

除了價格之外，還有什麼東西改變了？

---

* 編按：2016 年網址連結已失效，不過相關手術影片現在能透過網路查詢觀看。

我最初的投資原因是否還正確無誤？

如果我非常喜歡這檔股票，願意用高很多的價格買進，

現在價格下跌了，我是不是應該更喜歡這檔股票？

我評估時，還需要哪些證據，才能判定這個消息是真正的大利空？

這檔投資以前有沒有跌到這麼低過？如果有，我全部拋售比較好，還是加碼買進比較好？

## 追蹤你的感覺

第五章談過記投資日記的重要性，你的日記裡應該包括神經科學家貝卡拉所說的「情感記錄」，配合你財產的起伏，記錄情緒的高低。碰到市場漲到天價或跌到谷底時，倒回頭看你過去類似期間的舊日記。你可能發現自己的情感記錄會告訴你，你在價格（和風險）上升時，通常會變得過度熱心，價格（和風險）降低時，會陷入絕望。因此你必須訓練自己，把自己的投資情感顛倒過來。

世界上很多最高明的投資人，都善於把自己的感覺，當成反向指標：興奮變成應該考慮賣出的信號，恐懼會告訴他們可能該買進了。我問過富達和美盛著名基金經理人布萊安．伯斯納（Brian Posner）。他怎麼感覺到哪一檔股票會不會賺錢。他回答說：「如果我覺得自己想要嘔吐，我可以相當確定這檔股票是非常好的投資。」同樣的，戴維斯基金經理人戴維斯發現，

他覺得「嚇的要死」時，就是投資時機。他解釋說：「覺得風險很高的看法會打壓價格，可以降低真正的風險，我們喜歡悲觀氣氛造成的股價。」

## 脫離群眾

1960 年代，心理學家史丹利・米格蘭（Stanley Milgram）進行一系列令人震驚的實驗。假設你在他的實驗室裡，你每小時得到 4 美元（大約等於今天的 27 美元），擔任「老師」，在簡單的記憶測驗中，用處罰答錯「學員」的方式，指導學員。你坐在一排有 30 個電氣開關的機器前面，上面貼著電流強度不斷升高的標籤，從 15 伏特的「輕微電擊」到 375 伏特的「危險：強烈電擊」，再到 450 伏特的電擊（上面註明了代表不吉利的「XXX」。）學員坐在你聽得到、卻看不到的地方，每次學員答錯，實驗室主任會命令你推下一個開關，對學員升高電擊強度。如果猶豫不決，不知道該不該升高電流強度，實驗室主任會客氣卻堅定的命令你，繼續做下去。最初的幾次電擊沒有造成傷害，但是升高到 75 伏特後，學員開始抱怨。

米格蘭寫道，「升到 120 伏特後，學員開始發出呻吟，到 150 伏特時，學員要求退出實驗，隨著電擊強度升高，學員的抗議繼續增強，變得愈來愈厲害、愈情緒化……到 180 伏特時，受害的學員大喊，『痛得我受不了了』……到 285 伏特時，他的反應只能用痛苦的嘶吼來形容。」

如果你是米格蘭請的「老師」之一，你會怎麼辦？他在實驗室外，訪調了 100 多人，說明實驗的情形，問他們認為自己到什麼程度，會停止對學員電擊。平均說來，受訪者說，會在 120 到 135 伏特之間停止電擊，沒有一個人預測自己會把電擊升高到 300 伏特以上。

然而，在米格蘭的實驗室裡，百分之百的「老師」不管學員怎麼呻吟，都會把電擊強度升高到 135 伏特；80%的老師會把電擊強度提高到 285 伏特，不理會學員痛苦的嘶吼；62%的老師把電擊強度一路升高到最高的 450 伏特（「XXX」）。米格蘭難過的寫道，因為這樣做跟金錢有關，老師擔心跟實驗室裡的權威人物作對，在「嚇呆了的規律性」下，聽命辦事。（順便要說的是，「學員」是訓練有素的演員，只是假裝受到電擊；米格蘭的機器是無害的假機器。）

米格蘭發現，有兩種方法可以打破隨俗從眾的鎖鏈，一種是「同儕背叛」。米格蘭出錢請兩個人，以額外「老師」的身分，參加這個實驗，要他們在電流強度超過 210 伏特以後，拒絕再對學員電擊。大部分人看到這兩位同僚停止電擊時，也鼓起勇氣退出。米格蘭的另一個方法是「權威之間的歧見」，他在實驗室裡增加另一位主管，第二位主管告訴第一位說，沒有必要再提高電流強度時，幾乎每一個老師都立刻停止電擊。

米格蘭的發現顯示你怎麼做才能對抗群眾的影響：

- 進入網路聊天室或跟同事見面時，寫下你對考慮中投資標的的看法：這種投資好不好的原因何在、價值多少、你得到這種看法的原因。要儘量明確，而且把你的結論告訴你尊敬、卻不是團體成員的人（這樣你就知道別人會注意你是否為了隨俗從眾，改變自己的看法。）

- 把群眾的共識告訴你最尊敬、卻不是團體成員的人。至少問三個問題：這些人看來理性嗎？他們的主張有道理嗎？如果你是我，你做這種決定前，還希望知道哪些其他資訊？
- 如果你是投資機構的成員，要任命一位內部狙擊手。分析師的獎金一部分，要看他們阻擋大家都喜歡的構想多少次而定（每次會議這個角色都要輪替，避免任何人變成大家都討厭的人。）
- 通用汽車公司傳奇性的董事長艾佛瑞・史隆（Alfred P. Sloan Jr.）曾經用下面這種方式，打斷一次會議：「各位先生，我認為我們全都完全同意剛才做的決定…因此我建議我們在下次開會前，暫時停止進一步討論這件事，好讓大家有時間想出不同的意見，也對這個決定的內容多了解一些。」同儕壓力可能使你陷入心理學家爾文・詹尼斯（Irving Janis）所說的「模糊預感」，卻不敢說出來。和相同的團體在大家都喜歡的酒店裡喝酒，或許可以讓你減少一些限制，能夠更自信的說出不同的意見。要任命一個人，當「指定思想家」，負責記錄大家喝酒時自由自在的意見交流。根據羅馬史學家塔西圖斯（Tacitus）的說法，古日爾曼人認為，喝酒可以幫助他們，「揭露內心最秘密的動機和目的」，因此他們會評估重要的決定兩次：一次是喝酒時，另一次是清醒時。

Chapter 8

# 驚訝

再也無法想像的事情一定會發生，因為事情如果可以想像，就不會發生。

——卡爾·克勞斯（Karl Kraus）

哎喲！每個人都知道這種感覺：你出於習慣，沒有先看，就坐下去。然後才發覺上一位上廁所的人，沒有把馬桶座放下來。你開始震驚才幾毫秒，在坐進馬桶裡幾毫秒前，恢復平衡，半途站了起來，接著是尖叫聲或憤怒的咒罵。

這種經驗令人驚異的地方不是多麼常見，而是你的反應多麼靈敏、多麼快速。馬桶座翻上去的高度大約比放下來低8%，但是你的頭腦極為敏感，能夠察覺你預期得到和實際得到的東西之間最微小的差異。

你差點坐進馬桶裡後，要經過一會兒，心臟才不會砰砰亂跳，這是驚訝最簡單的力量：期望一樣東西，卻得到另一樣東西，是我們從經驗中學習最常見的方法之一。你的心臟亂跳、神經緊張，確保你要好一陣子之後，才不會不先看看，就坐下去。國家衛生研究院神經科學家道格拉斯·費爾茲（R. Douglas Fields）說：「精確記錄周遭的一切，在進化上沒有什麼價值，看出新奇的東西卻有很大的價值。」如果你不能驚訝的看出什麼地方出了問題，一定會繼續犯錯，到你所有行動累積的效果變成一團混亂，無法收拾為止。

不管是好是壞，你的頭腦對於投資部位意外變化的反應，就像對馬桶座放錯位置的反應一樣非常快速。當然，如果每一樣事情都讓你持續不斷地訝異，你的一生會活在狂熱階段中，死於神經耗竭。幸運的是，你愈常碰到什麼事情，頭腦的反應強度通常會愈降低，這種程序叫做適應。聖芭芭拉加州大學神經科學家蓋森尼佳說：「你練習愈多，或是愈熟悉什麼東西，你的頭腦作用會減少，從而降低頭腦的新陳代謝負擔。」

潛在的危險變得更熟悉、威脅性減少後，你的神經元會以降低速度的方式，節省精力，每秒送出的信號會減少。但是只要出現另一個突然的變化，你的神經元就會重新進入高速檔。就是這種驚訝的感覺──看到意外的新事物──促使你的頭腦脫離自動駕駛狀態，及時因應變化。

在金融市場裡，連最微小的驚訝都可能讓你煩惱，做出重大的改變，不管這樣突然改變策略是否有道理。因此，重要的是，你必須想出怎麼限制自己受到意外震撼影響的次數，怎麼降低碰到意外事情時的恐慌感覺。本章會幫忙你，把投資上的驚訝事件驚訝程度儘量降低。

## 從哪棟大樓跳下去最好？

2006 年 1 月 31 日，Google 公司宣佈 2005 年第四季的財報：營收成長 97%，淨利成長 82%。你很難想像這麼驚人的成長怎麼可能是壞消息。但是華爾街分析師原本預期 Google 會有更好的表現。結果卻是「不好的盈餘驚異」，也就是市場的預期和實際結果之間有落差，這種驚異進而導致恐慌。不利的驚異消息一傳出，Google 的股價在幾秒鐘之內，暴跌 16%，股票被迫暫停交易。交易恢復時，幾分鐘前還高達 432.66 美元的股價，慘跌到 366 美元，形成怪異的結果：Google 的盈餘大約比華爾街預期的少 6,500 萬美元，華爾街的反應是把這家公司的總市值，打掉 203 億美元。

在這檔股票的網路留言板上，投資人十分震驚。一位粉絲寫出驚駭的心聲，「完了……天啊，我不敢相信。」另一位粉絲感歎說：「壞消息來了，我幾乎要吐了。」還有一位難過的說：「這種情形好像是最可怕的情況，我覺得十分難過和痛苦……今天是可怕之至的一天，我完全嚇壞了，覺得深受震撼……這是 Google 黑之又黑的一天。」還有一位貼圖的投資人道盡了大家的心聲：「從哪棟大樓跳下去最好？？？？？？？？？？？」

每個投資人應該都知道，預測公司盈餘不可能準確到一分錢的程度，雖然如此，大家還是繼續努力這樣預測，結果是一次又一次的驚訝。有一項研究探討大約 20 年來超過 9.4 萬次的季盈餘預測，發現產生的不好驚異超過 2.9 萬次，光是 2005 年內，就超過 1,250 次，公司宣佈的每股季盈餘比華爾街預測的少 1 美分。根據麻省劍橋的數字投資公司（Numeric Investors L.P.）的說法，這些公司的股價平均立刻下跌 2%。

結果要是不這麼嚇人的話，通常應該會很有趣，2006 年 1 月，杜松網路公司（Juniper Network Inc.）宣佈每股季盈餘只比分析師預測的少 0.1 美分，也預測未來的成長率會略為降低，公司的股價幾乎立刻下跌 21%，總市值減少 25 億美元。

盈餘讓人最不驚訝的特性是充滿了驚異；最讓人驚異的地方是投資人一再覺得驚訝。我們為什麼不能從經驗中多學一點？為什麼不好的盈餘驚異這麼常見？為什麼 6,500 萬美元的錯誤，會引發 200 億美元的大屠殺？要回答這些問題，最好的方法是鑽進頭腦裡，看看裡面發生了什麼事情。

## 意外地帶

平常的日子裡，你會說「真奇怪！」或「哇！」或「你一定是在開玩笑」很多次。我們擁有非常多的驚訝意識，這點似乎是人跟其他動物不同的主要特徵，這種意識從何而來？

人類和黑猩猩、大猩猩、人猿之類的類人猿，是擁有名叫紡錘細胞這種特殊神經元的少數陸上哺乳類動物。紡錘細胞位在頭腦中前方名叫前扣帶皮質的區域。人類在這個區域裡的紡錘細胞數目，至少是類人猿的兩倍以上。紡錘細胞長得有點像鬆開的螺絲錐，可以抓住腦部其他區域送來的信號，協助前扣帶皮質集中注意力，察覺痛苦，偵測錯誤。你的正常期望遭到打擊時，前扣帶皮質也會幫助你產生驚訝的感覺（有些神經科學家把前扣帶皮質稱為「哇！」中樞、或「唉，真糟糕！」迴路。）這部分皮質位在纏繞邊緣系統頂端的帶狀組織正上方。毫無疑問地，腦部其他區域也對驚訝很敏感，但是到目前為止，人類對前扣帶皮質的研究最深入。

前扣帶皮質在進化上，一定賦予人類遠祖一些優勢，因為原始人能夠直立行走，因此可以漫遊更廣大的地區，會比其他靈長類動物，碰到更變化多端的風險和報酬。哈佛大學神經科學家喬治．布希（George Bush）說：「猴子身上這種原始系統很可能在人類身上擴大，變成能夠把更多常見錯誤和違反期望的事物，通知人類，更重要的是，能夠讓人類知道自己是否成功之前，先知道是否犯錯。」我們的遠祖離開「家」愈遠，迅速、正確的做出這種決定變得愈重要，對古代躁動的猿人來說，熟悉和不熟悉的東西經常混在一起。例如：一種不同的莓跟常見的品種相比，看來可能只有一點點差別，卻很可能有毒，對最小的差異，能夠用最大的訝異去反應的原人最可能生存下來。

加州理工學院神經科學家歐爾曼說：「這些細胞以秒為基

礎，快速處理和綜合非常大量跨越時空的資訊，是為了追求速度而建構的直覺系統。在自然狀態中，沒有時間讓你研究所有的合理步驟，達成理想、『理性』的解決之道。不確定程度達到最高時，學習的重要性也升到最高，注意力會高度集中。」前扣帶皮質裡的神經元會在不到十分之三秒的時間裡，對各種令人驚訝或互相衝突的事件做出反應。

前扣帶皮質從攜帶報酬信號的多巴胺神經元接收資訊，也從杏仁核中針對風險做出反應、發出信號的神經元接收資訊。前扣帶皮質也跟腦部中央的視丘關係密切──視丘協助你把注意力，放在從感覺器官傳來的影像、聲音或氣味資訊上。而且前扣帶皮質也跟反射性腦部中另一個具有恆溫器功能的海馬迴連結，海馬迴負責規範你的脈搏、血壓、體溫和身體化學平衡，使這些所有因素都接近正確的設定。當令人驚訝的事情震撼你的前扣帶皮質時，隨即可能波及你的海馬迴，使你體內的恒溫器失常。難怪 1 美分之差，可能讓華爾街陷入價值數十億美元的恐慌中。

你可以在名叫史楚普色字干擾測驗（Stroop test）的簡單實驗中，感覺自己的前扣帶皮質怎麼運作。史楚普測驗是心理學家黎德利．史楚普（J. Ridley Stroop）1935 年設計的，測驗要求你說出不同文字印刷的顏色（這個實驗聽起來很簡單，做起來比較難，你可以在 www.jasonzweig.com/stroop.ppt* 網站上，試做基本版的測驗。）第一個變化幾乎一定會讓你大感意外；即使你答對了，你很可能也會覺得自己後知後覺，速度因此慢下來，經過幾次錯誤後，測驗會變得比較容易。普林斯頓大學神經科學家岳納山・柯恩（Jonathan Cohen）曾經證明，你在史楚普測驗中做錯一步後，如果你的前扣帶皮質愈活躍，你下次答對的速度會愈快。前扣帶皮質警告你這次出了錯，讓你能夠調整行為，在下一次矯正回來。這叫一朝被蛇咬，十年怕井繩。

## 不對稱的驚訝

即使在猴子身上，選擇導致報酬比預期少時（例如得到的果子減少），前扣帶皮質也會加速發作。在人類身上，驚訝涉及現代先進文明產物金錢時，會引發特別原始的反應。在某項實驗中，受測者必須儘快在一系列字母中，看出突兀的字母（例如，HHHSHHH 中的 S）。受測者每次犯錯，可以贏錢、輸錢或沒有得失。錯誤造成輸錢時，前扣帶皮質發射的強度，會比不涉及金錢時強烈。而且受測者犯錯輸錢時，腦幹（脊椎頂端負責管理身體基本功能的部分）中的一長條細胞也會啟動。然而，同樣的錯誤不會造成財務損失的懲罰時，腦幹幾乎不會反

---

* 編按：2016 年網址連結已失效，但讀者可透過網路搜尋到 Stroop test 的相關線上測驗。

應（請參閱彩圖 8）。這點特別奇怪，因為腦幹是人腦中最古老的部分之一。

協助進行這項研究的密西根大學心理學家威廉．葛靈（William Gehring）說：「大家隨時都會犯錯，但是我們真正在乎、將來會盡最大力量避免犯的錯誤，是具有重大不利後果的錯誤」——例如虧錢。研究人員利用微小的電極，衡量受測者設法正確移動搖桿，贏得金額不等的現金獎金時，衡量他們腦部前扣帶皮質單一神經元的活動。結果發現 38%的神經元在獎金突然縮水時會發射，但是得到比預期大的獎金時，只有 13%的神經元會發射；而且對驚喜產生反應的神經元，發射的信號比較微弱。知道這些資訊後，我們終於可以了解，為什麼企業盈餘超過華爾街的預期時，股價平均只上漲 1%，盈餘低於華爾街的預期時，股價平均下跌 3.4%。從最基本的生物角度來看，驚喜的影響力比驚駭小多了。

## 蘋果擦傷時

你驚異的強度大致上要看驚訝有多意外而定，相同的型態重複愈久，型態破壞時，你的前扣帶皮質的反應愈激烈，你的反射性腦部中，各部位的一大堆神經元都會加入反應，尤其是腦島、尾葉和尾殼核（協助產生包括厭惡、恐懼與焦慮等強烈情感的部位）的神經元。杜克大學神經經濟學家胡特爾發現，如果型態重複八次後逆轉，比重複三次後逆轉，前扣帶皮質的反應大約會增強三倍。

股市為胡特爾在研究時的發現，提供了怪異的事實證據：公司的盈餘超越華爾街預測的次數愈多次，最後不如分析師預測時，遭到的打擊愈大。連續三次的優異盈餘報告後，出現一次盈餘不如預期，只會使一般的成長股股價下跌 3.4%，連續八次的優異盈餘記錄後，一次不如預期，股價會下跌 7.9%。

因此一連串成功的利害關係很大。期望特別高時，一次不如預期的傷害更大；這就是為什麼 Google 之類的市場明星，在盈餘不如預期後，遭到特別大打擊的原因。獲利能夠加速成長，備受投資人重視的「成長股」，碰到獲利驚駭時，受到的傷害也大於股價波動比較慢的「價值股」。公司事前警告無法達成華爾街很高的期望時，股價在兩天內平均會下跌 14.7%。

分析師對一家公司獲利的預期愈一致，實際數字如果不如預期時，股票受到的打擊愈重。此外，整體股市的漲幅愈高，單一個股傳出獲利驚駭時的情況會愈突出，受到的打擊愈大。股價意外下跌後，華爾街分析師降低一家公司評等的可能性，是傳出獲利驚喜、股價上漲公司的兩倍，不過股價短期下跌，會使股票的長期價值變得更有吸引力。沒有什麼東西像獲利驚駭一樣，更能深化華爾街分不清價格與價值的長期問題。

獲利驚駭的金額可能有多大、可能造成多嚴重的傷害？2000 年 9 月 28 日，蘋果電腦公司宣佈，季盈餘應該會比先前估計的大約少 5,500 萬美元。這樣的盈餘大約比上一年同期成長 27%，根本不能說是不好的成績。但是，華爾街分析師預期蘋果會有更好的表現。到了下一個交易日，蘋果的股價慘跌 52%，公司的總市值蒸發掉 50 億美元。蘋果公司預期的盈餘每少 100 萬美元，華爾街把公司的總市值砍掉超過 9,000 萬美元。

現在只要不到一半的價格，就可以買到蘋果的股票，分析師提高蘋果的評等了嗎？當然沒有，反而急著降低蘋果的評等，警告投資人退避三舍，因為現在「烏雲」籠罩蘋果。但是蘋果碰到的只是短期問題。iMac 和 iPod 很快的就推出來，使公司創造創紀錄的盈餘。投資人如果在這次獲利驚駭中大驚失色，賣掉蘋果，將來一定會碰到更難過的驚駭：接下來的六年裡，蘋果股價上漲六倍，投資人即使在蘋果發佈「獲利警告」前，買進蘋果，如果抱著不賣，獲利也超過一倍。

## 利空消息

投資人討厭獲利驚駭，企業界當然很清楚。1990 年代裡，美國有很多執行長和其他高階經理人，沉迷於「做帳」，也就是確保盈餘數字，準確符合華爾街的盈餘預測到美分為止。針對美國 400 多家大公司所做的訪調發現，整整有 78%的高階財務經理人說，為了預防短期盈餘下降，他們樂於傷害公司的長期價值。一位財務長承認，公司為了符合每季盈餘的預測，會延後定期的大修，即使延誤重要的維修，會使公司將來耗費更多成本，也在所不惜。另一位經理人透露，他們公司出售旗下一家企業，獲利4億美元時，他利用複雜的財務技巧，把獲利平均分為十等分，每份收益為4,000萬美元，列在未來十季的財報中。這種花招創造了「美化」未來盈餘的幻象，當時卻形成了非常實際、又不必要的投資銀行費用。

公司如果持續對華爾街說明「盈餘預測」，也就是定出希望達成的精確獲利目標時，最後花在研究發展上的錢都會少很多。公司擔心在目前的獲利預估上，讓華爾街驚駭的心理，會傷害公司未來的獲利能力，因為今天的研究發展預算可能是明天成長的主要來源。現在不能忍受獲利驚駭痛苦的公司，會變得害怕為公司自己的前途投資。

久而久之，盈餘比盈餘預測多一、兩美分的公司，會比盈餘預測少一、兩美分的公司多出好幾千家，這種差別實在太大，不可能是巧合。就像哈佛大學經濟學家齊豪瑟所說的一樣，盈餘可能「略低於門檻時」，公司內部人會「設法調高」。但是這種短期手法長期會出問題，如果公司勉強讓盈餘符合盈餘預測，表示公司必須動用千方百計，才能符合目標，最後這種公司的盈餘成長率和股價表現，都會不如盈餘大幅超越或落後目標的公司。

幾年前，奎斯特通信國際公司（Qwest Communications International Inc.）執行長約瑟夫·那其歐（Joseph Nacchio）沉

迷於達成華爾街的盈餘預測目標。2001 年 1 月，那其歐在全公司的會議上宣佈：「我們最重要的工作是符合我們的數字，這件事比任何個別產品重要、比任何個別哲學重要……我們不能達成數字目標時，所有其他的事情都要停下來。」如果奎斯特不能達成數字目標，就編造帳目。為了避免發出獲利驚駭，遭到華爾街的嚴厲懲罰，奎斯特依賴做帳花招，把當期的支出延後到未來，把未來的營收挪到現在。員工太常聽到利用這種花招的命令，甚至把這些花招叫作「海洛因」。但是奎斯特服用太多海洛因了，後來公司被迫塗消超過 25 億美元的假盈餘，股價在 2001 年慘跌 65％，2002 年又慘跌 65％。奎斯特因為非常希望避免最小的盈餘驚駭，最後卻創造出一頭大怪獸。

## 打破驚異循環

我從 1987 年開始採訪華爾街，又研究了幾個世紀的金融史後，開始相信一般認為未來可以預測的看法幾乎總是不對。事實上，依據過去、可以預測金融市場未來的說法中，可以找到的唯一明確證據，都證明金融市場將來會讓我們驚訝。從這種歷史法則中得到的結論是：未來會以最嚴重的驚異，震驚自以為最了解未來的人。金融市場或早或晚——有時候比較慢，有時候比較突然——一定會以絕大的力量，消滅每一個曾經凝望水晶球的人，金融市場總是羞辱自以為知道未來的人。因此避免驚訝最好的方法，是預期一定會碰到驚訝的事情。艾倫波（Edgar Allan Poe）說過的一句銘言很有道理，齊斯特頓（G. K. Chesterton）後來把這句話修改的更完美，就是「智慧應該以不可預知的事物為基礎。」下面有一些特別方法，可以讓你用來擁抱無法預測的事情。

## 每個人都一無所知

投資人為了證明自己的決定，經常說：「每個人都知道這件事……」例如 1999 年時，每個人都知道網際網路會改變世界；2006 年時，每個人都知道能源價格會繼續上漲。但是「每個人都知道的事情」，已經反映在股價或整個市場的期望中。如果「每個人都知道的事情」完全正確，股價就不會變動。然而，如果每個人都知道的事情只有一部分正確，股價應該會崩潰。除非你能拿出跟「每個人都知道的事情」無關的遠見，否則你對於還沒有反映在價格中的市場，其實是一無所知。每次你想照著別人的做法去做時，不要這樣做，要設法找出大多數人多少都比較忽略、比較不明顯的投資機會。

## 希望愈高、問題愈大

基金經理人杜來曼曾經指出，大家對亮麗的成長股通常抱著極高的希望，以至於獲利驚喜幾乎不會產生什麼影響，最小幅度的獲利驚駭卻可能使這種股票沉沒。一般而言，每股盈餘只比獲利預期少 3 美分的成長公司，和同樣少 3 美分的價值型公司相比，成長公司的股價會多下跌兩、三倍。相反的，大家對廉價的價值股期望極低，因此獲利驚駭不會造成多大的傷害，獲利驚喜卻可能使價值股扶搖直上。

短期內，價值股的盈餘和成長股相比，通常起伏程度比較大，比較不會呈現直線成長的樣子。價值股的獲利和股價起起伏伏時，我們的頭腦很可能把這種情形解釋為輪流上漲下跌的型態，而不是像價值股一樣，經常呈現連續漲漲漲的持續型態。要了解輪流漲跌的型態，需要更多的腦力，神經經濟學的實驗發現，頭腦要掌握輪流漲跌型態，所花的時間比了解重複型態多——大約重複六次，而非兩次。

這點或許有助於說明為什麼價值股總是低估：因為在短期內，價值股的盈餘成長道路變化激烈多了，你的反映性腦部必須更努力的研究，才能預測下一次的盈餘是多少。另一方面，成長股上漲的線路很簡單，會自動啟動你反射性腦部中的情感迴路。價格穩定上漲，自然會讓人覺得比較容易預測，公司盈餘超過華爾街預期的盈餘時間愈久，買單超過賣單的數目愈大，公司連續發佈六次獲利驚喜後，買進需求會比只連續發佈兩次獲利驚喜的股票多五倍。這樣至少在短期內，有助於推升成長股股價，一連串獲利驚喜使投資人更相信一檔股票「可以預測」，但是如果下一次出現不利的獲利報告，也提高了嚴重虧損的風險。

因為頭腦解釋重複比解釋變化容易多了，這種短期型態導致我們忽略比較長期的事實：久而久之，價值型投資至少和只投資成長股的策略獲利一樣豐碩。

## 追蹤驚訝的「原因」

心理學家在一項經典實驗中，小心地把假牌混進正常的撲克牌裡，例如，加上塗成黑色的方塊 A，塗成紅色的梅花 6 點。這種簡單的變化產生了幾種結果，首先，一般人要說出假牌的花色和點數，花的時間是辨認正常牌張的四倍。第二，大家很困惑：知道有什麼地方不對，卻不能肯定什麼地方不對。讓大家看紅色的梅花或黑色的方塊，大家經常堅持說牌的顏色是「紫色」或「褐色」。有一個人看到紅色的黑桃時，脫口說出：「如果現在我知道牌是紅色還是什麼顏色，我就該死了！」另一方面，大家過去看過愈多次變造的牌，愈能夠迅速、正確地看出來。

其中有一個明顯的教訓，就是你愈常看到讓你驚訝的事情，愈不可能慌亂。心裡牢牢記住這一點──最好是在「情感記錄」或投資日記上記下重點──會幫忙你從過去的驚訝中學習，要查究什麼事情讓你驚訝、你的感覺如何、有什麼反應。要特別注意說明先前發生了什麼事情，使驚訝變得這麼意外。你可以寫「這種結果讓我驚訝，是因為 ______________________________。」讓你的解釋變得更周詳，不要只寫「我根本沒有預料到」之類的綜合性說法，要想出特別的因素，例如「從我買進以來，這檔股票已經翻了一番」，或是「跟這家公司有關的所有消息都是利多。」

## 避開導引飛彈

很多公司會跟華爾街分析師勾三搭四，暗示公司下季盈餘多少，引導分析師做出「盈餘預測」。如果分析師估計每股盈餘為 1.43 美元，公司的財務長可能說：「我們認為這樣有點冒進」，引導分析師把預測降為 1.42 美元。等到公司宣佈每股盈餘為 1.43 美元時。分析師和公司都可以吹噓公司的表現「優於預測」。把這種可笑的手腳叫作「盈餘驚喜」，根本就是笑話。但是隨之而來不可避免的盈餘驚駭，卻非常實際，因為企業經營不易的現實會異軍突起，突然爆發。利率或油價突然漲跌；颶風或地震來襲；工人罷工；競爭者發明絕佳的新產品。結果引導分析師做出盈餘預測的公司，就像導引飛彈一樣，會在可能造成最大傷害的時候爆炸。

對理智的投資人來說，合理的結論只有一個，就是應該不理會整個鬧劇。愈來愈多有勇氣的公司拒絕發佈盈餘預測指導，例如波克夏、花旗集團、可口可樂、Google、互動公司（InterActive Corp.）、美泰兒（Mattel）、進步公司（Progressive Corp.）和席爾斯公司（Sears）。這些公司不願意浪費寶貴的精力，配合公司的短期盈餘預測，編造營運成果，因此能夠把心力放在改善公司長期績效上。一般說來，比較不常發佈盈餘指導的公司，應該會提供更高的長期報酬。

## 注意統計背後的事實

金融業這一行裡，有太多善於扭曲數字、叫投資人把錢拿出來的專家。下面要說明他們的一些統計花招，也要告訴你有什麼對策，可以不讓這些花招侵害你。

私家獨賣法：共同基金公司會成立很多檔私家基金，再追蹤這些基金的績效，失敗的基金會秘密撤銷，成功的基金會大做廣告，宣揚這些基金打敗大盤的績效記錄。這種花招基金的年度績效，可能比所有類型基金申報的年度平均報酬率，高出 0.2 到 1.9 個百分點——但是這家基金公司以外的人，都賺不到這種報酬率。「私家」基金的長期表現通常不如大盤，為了避免這種新生基金造成的意外傷害，你一定要仔細閱讀新基金公開說明書中細小的文字。下面的現象代表警訊：在「創立日期」項目下的附註中，顯示基金成立初期沒有對大眾銷售；基金成立第一年的淨管理資產低於 100 萬美元，第一年的總報酬率高得無法自圓其說。

釣魚與改變：代銷商和基金公司會等到旗下一檔投資——任何投資——表現優異一段期間後，才宣揚優異的績效記錄。這檔投資表現一不好，他們就改宣傳看來比較好的任何期間。最簡單的對付方法，是注意開始和結束日期不同的好幾個期間的報酬率。

基金公司還有另一種釣魚與改變得手法，就是刊出廣告，吹噓旗下有多少基金，獲得晨星公司「五顆星」的最高評等。但是晨星公司根據政策，會把所有基金中的 10%，評為五顆星。如果一家公司宣稱，旗下有三檔基金獲得五顆星的評等，但是該公司一共銷售 60 檔基金，這點就不值得吹噓了，反而應該覺得丟臉，因為這家公司得到最高評等的基金，只有同業公司的一半。要避免受到這種統計騙局的欺騙，有一個簡單的方法：有人向你宣傳某個數字時，總是記得要問：「這個數字跟什麼相比？」

埋葬死者：差勁的基金績效記錄通常會從歷史中塗消，好像從來沒有存在過一樣。以 2000 年為例，科技股共同基金申報的報酬率中，就沒有包括幾十檔操作失敗、已經關門的基金。基金一旦關門，就會從晨星和理柏（Lipper）之類公司統計的平均績效表中剔除，2000 年的科技股基金平均績效表中，只納入還存在的基金，剔除已經倒閉的基金，因此平均績效為虧損 30.9%，但是當時存在的所有科技股基金在 2000 年內，實際上平均虧損 33.1%。

計算贏家、不理輸家的作法，甚至會扭曲投資人認為是真理的數字。大家幾乎一致宣稱，從 1802 年起，扣除通貨膨脹後，美國股票的實質年度平均報酬率為 7%。沒有人告訴過你，19 世紀初期美國股票申報的績效記錄中，只包含當時存在所有企業的極小部分。只有贏家納入記錄，消失的產業如運河、木製收費亭、快馬郵遞、鳥糞肥料等產業的千百家公司，都已經倒閉，拖著投資人一起殉葬。

如果把這些輸家納入績效記錄中，早年美國股票的平均年度績效，大約應該會降低兩個百分點。這點不表示今天股票不值得擁有，卻表示他們的優異績效不是萬無一失的事情，因此分散投資在債券和現金上確有必要。任何人宣稱，歷史「證明」年輕人應該把所有資金，投資在股票上，顯然是不太了解歷史。

計算贏家、不算輸家的技術性名詞是「生存者偏差」（因為得到的平均值受到繼續生存公司的成就扭曲。）要是有人用長期「平均」績效為說辭，向你推銷一種投資標的時，要問平均績效是否經過生存者偏差調整。如果這個人不知道你的意思，或是不能清楚解釋結果，好好的看住你的錢包。

## 有長期影響嗎？

不要只注意事情已經變化的事實，要注意變化的性質。五年後，投資人回憶時，還會把這件事當成分水嶺嗎？還會有人記得這件事嗎？花點時間，評估讓你驚訝的事件。現在既然發生了令人驚訝的事情，你願意為當成長期投資的這檔股票或那種資產付出的代價，減少了多少？為什麼企業未來基本面健全程度可能受損？有什麼理由讓你認為，這則消息會傷害公司的獲利能力？要忘掉這種驚異事件對股價的影響，要注意這件事——任何事件——對標的事業的意義。幾年後，顧客和供應商真的還在乎一家公司過去三個月裡，每股盈餘比華爾街分析師預期的少 1 美分、讓分析師失望的事情嗎？這件事應該才是最讓人驚訝的事情。

Chapter 9

# 後悔

前方聳起高山，清楚而高不可攀。

——奧登（W. H. Auden）

## 落水狗

2002年7月22日，丹·羅伯森（Dan Robertson）的投資組合價值跌到最低點，到現在為止，他還忘不了當時的痛苦感覺。因為對網路股和科技股基金一系列悲慘的投資，羅伯森虧損了將近100萬美元，在不到兩年半的時間裡，投資組合價值從145.7萬美元，降為46.8萬美元。住在洛杉磯北邊的退休老師羅伯森回憶說：「我覺得自己像隻狗，身處在下大雨的洛杉磯高速公路上。那隻狗被一部汽車擦撞，腳跛了，車子不斷開來，牠只好停住，看著來車，臉上有著痛苦的笑容。好像是在想，『你會不會撞上我，對我來說已經不要緊了，我只知道我再也跑不動了，再也跑不動了。』我告訴自己：『那就是你，你就像在雨中看到的那隻狗一樣。』。」

羅伯森知道，投資錯誤虧損會讓你難過到幾乎無法想像。我們在第八章已經看過，令人意外的不利財測會像震撼反應一樣，迅速而驚人、恐慌而粗暴的震撼反射性腦部。不過在令人難過的驚駭之後，你的反映性腦部可能掌控全局，產生後悔的感覺，讓你覺得痛苦、難忘、淒涼、時間難過。令人意外的驚訝會使你當場喊出：「哎呀！」、「噢！」或是「糟了！」隔天早上，令人難過的後悔會出現，你會想到「我當時到底怎麼想的？」或是「我怎麼可能相信這種鬼話？」你會恨死自己。

為什麼有些投資決定會比別的決定讓人更後悔？有下列情況時，後悔可能更厲害、更尖銳、更痛苦：

- 結果似乎是由你自己的行動直接造成的，不是你似乎無法控制的環境造成的；
- 你有別的選擇；
- 你差一點就成功；
- 你的錯誤是你的行為造成的，不是你不作為造成的結果，也就是作為的錯誤，不是遺漏的錯誤；
- 你採取的行動背離正常或是例行行為。

身為投資人，你最艱難的任務是正確預測你對自己的錯誤會多後悔。你可以在無休無止的「要是、應該、可能」的循環中，把自己生吞活剝，也可以從後悔中解脫，從錯誤中學習。投資絕不可能不犯錯，卻可能在犯錯時，不恨死自己。本章要告訴你怎麼做。

## 稟賦效應？

想像我讓你看一些便宜而簡單的東西，例如普通的咖啡杯，咖啡杯值不了多少錢，也沒有情感上的價值，而且你家裡已經有好多個咖啡杯了，你有興趣買這個咖啡杯嗎？如果有，你願意出多少錢？

現在想像我不是要把咖啡杯賣給你，而是送給你，咖啡杯不是禮物，也不是報酬，不過現在完全屬於你了，你願意把咖啡杯賣給別人嗎？如果願意，你要開價多少錢？

理論上，不管你是買是賣，你的買賣價格應該相同，杯子是同一個杯子，你是同一個人。但無數的實驗顯示，大家要賣自己剛剛得到的杯子時，索價是願意買不屬於自己杯子時出價的兩、三倍。而且這種人很可能包括像你一樣──堅持自己絕對不會做這種蠢事的人。

研究人員把這種現象叫做「稟賦效應」（endowment effect）。什麼原因讓你不願意賣掉你本來不想買的東西？你買咖啡杯前。注意的是為了買杯子，你必須出多少錢（也注意你用這筆錢，可以做什麼事情）。考慮這些問題通常會讓你願意出的價格降低。但是一旦你擁有了咖啡杯，別人要求你賣掉，你會更注意別人要求你交出已經屬於你的東西，也會更注意你擁有這個杯子的感覺。這些問題通常會讓你抬高出售時願意接受的價格。

此外，買不屬於你的杯子，感覺上像是刻意作為；決定不賣屬於你的杯子，感覺像是不作為。你的直覺告訴你，你對行為錯誤的後悔，會比對不作為錯誤的後悔還嚴重。因此你買不屬於你的杯子時，出的價格自然比較少，賣屬於你的杯子時，願意接受的價格自然比較高。

股票和咖啡杯有多少不同？沒有很大的不同。我們已經擁有的投資通常似乎勝過不屬於我們的投資，不過這一點並非總是正確。

- 一家公司開始把新進員工自動納入401（k）計畫，把3%的提撥投入貨幣市場基金。在這項改變前，員工大約把70%的儲蓄投入股票型基金，公司把員工所有的提撥投入貨幣市場基金後，新進員工大約把超過80%的資產，放在這種低報酬率的投資工具中。
- 很多公司為了鼓勵員工在401（k）計畫中儲蓄，提供相對等的提撥，有些公司把「對等提撥」，自動投資公司自己的股票，員工雖然可以自由的把對等提撥，從公司的股票中移出，卻很少這樣做。公司這樣做，一大部分的股票以逃脫企業併購專家的掌握，使高級經理人的財務前途更穩固。然而，依賴這筆錢退休的一般員工，財務前途卻變得比較不穩定，因為他們放棄了隨著分散投資而來的更大安全性。

- 瑞典勞工如果還沒有準備好，還不打算選擇退休金儲蓄要投資的標的，可以自動把錢投入低成本、結合股票與債券的指數型「違約」基金。近年裡，勞工雖然隨時可以自由自在地把錢移出來，投資 400 多檔其他基金中的任何基金，大約 97%合格的勞工，還是把錢留在違約基金中，（幸運的是，在這個例子裡，這樣做是不壞的決定。）

一旦你做了某種投資，你會不由自主地認為這種投資屬於你，你把自己的一部分投入其中。英文投資這個字實際上表示自己穿上某種東西。你買進一檔股票時，是用股票把自己包起來，股票變成你的一部分，從這個時候開始，擺脫這檔股票的可能性，變成了令人痛苦的想法。

在以色列海法的一處心理學實驗室中，主持人發給 61 位參與者樂透彩券，每張彩券贏得大約 25 美元獎金的機率相等。抽獎前，參與者可以跟別人交換彩券；如果他們交換彩券，會得到一顆美味的松露巧克力。實際上，只有 80%的受測者認為，每張彩券中獎的機率相同；10%的人認為，自己的彩券比別人的彩券更可能中獎，另 10%覺得自己的彩券中獎機率低於別人的彩券。難怪認為自己的彩券中獎機率比較高的人當中，六分之五拒絕跟別人交換彩券。

但是接著發生了兩件讓人驚訝的事情。首先，同意每張彩券機率相同的人當中，55%拒絕用自己的彩券跟別人交換；認為自己的彩券中獎機率不如其他彩券的受測者當中，67%一樣拒絕跟別人交換彩券！

什麼原因讓大家的行為變得這麼奇怪？如果你把自己的彩券跟別人交換，後來你原來的彩券中了獎，你會覺得自己像輸家和白癡一樣。一方面，如果你留著原來的彩券，結果別人中獎，你可以一笑置之（畢竟，你可能換來的所有其他彩券都是輸家。）你想像自己未來的感覺時，做將來可能造成損失的事情帶給你的感覺十分真實、十分痛苦；但是不做什麼事，因而錯過獲得好處的機會，給你的感覺卻模糊多了。

有時候，投資惰性是逃避的一種形式，很多人太害怕、太忙、或是根本無法花時間和精力在理財上。

- 最近有人研究 120 萬投資人的 401（k）帳戶，發現 2003 或 2004 年內，雖然股市上漲超過 40%，79%的人卻從來沒有把一毛錢從一檔基金中，移到另一檔基金。
- 1986 年有人針對美國教師退休金基金系統（TIAA-CREF）85 萬會員所做的退休儲蓄決定，進行研究，發現 72%的會員在整個投資生涯中，從來沒有改變過資產配置；總是投資開始投資時所選擇的相同基金。
- 後來有一項研究訪調這個退休金系統中超過 1.6 萬個帳戶，發現 73%的人過去十年內，從來沒有改變過資產配置；47%的人從來沒有改變投資任何基金的資金比率。

在牛頓爵士運動第一定律的金融版中，不動的投資人總是保持不動，除非有外力施加在他們身上。我們不會在必要時採取行動，而是盡可能不行動，我們靠著惰性投資。

## 沒有人喜歡輸家

想像你可以在穩贏 3,000 美元，或是有 80%機會贏得 4,000 美元、同時有 20%機會贏不到半毛錢的賭博之間，做出抉擇，如果你像大部分人一樣，你會選擇穩贏不輸的 3,000 美元。

接著，想像你可以在穩輸 3,000 美元，和有 80% 的機率輸 4,000 美元，有 20%機率什麼都不輸的賭博之間，做出選擇，現在你會怎麼辦？在這種情況中，大家拒絕穩輸的選擇，有 92%的人會參與賭博。

在第一個例子裡，參與賭博會讓你變得更有錢，在第二個例子裡，接受穩當的選擇會讓你少輸一些錢——正好和你很可能做的選擇相反。一般而言，80%贏得 4,000 美元的機率價值 3,200 美元（0.80×4,000=3,200）。因此在第一個例子中，參與賭博的「期望值」比穩當的選擇高出 200 美元。同樣的，80%輸掉 4,000 美元的機率會讓你減少 3,200 美元，因此在第二個例子裡，你合理的做法應該是選擇穩輸 3,000 美元；一般而言，這樣會讓你多留下 200 美元。

但是在這種選擇中，很難完全根據邏輯辦事，因為輸錢的想法可能使你的情感性頭腦產生後悔的感覺。如果你賭 80% 贏得 4,000 美元的賭博，結果一毛錢也沒有贏，你會恨死自己放棄一定可以得到的 3,000 美元。在感覺上，百分之百輸掉一切的機會比輸掉更多錢、卻也有少許機會完全不輸錢的可能性，讓人覺得難過多了。做可能導致無法避免虧損的任何事情，甚至想到這樣做，都會讓你極為痛苦。

這就是為什麼美式足球教練幾乎總是在第四節下半，要球員踢懸空球，不過統計證實如果在第一節下半踢懸空球，結果通常會比較好。懸空球是「穩輸不贏的球」，因為懸空球通常是在對手半場後方踢，如果你不踢懸空球，因而失球，對手的攻勢可能對你造成真正的傷害。因此你在第四節下半幾乎一定會成功的事實，會變得比較不重要，你沒有嘗試因而感到的後悔和受到的指責，會變得比較重要。同樣的，棒球隊經理通常把最好的救援投手，保留到第九局，球隊經理知道，如果最後一局不能派上最好的救援投手，對手這時攻得致勝的分數，他會恨死自己，球迷也會把他當成傻瓜。但是在比數接近的比賽中，最後幾局動用王牌投手比較有道理，尤其是對手最高明的打者即將上場打擊時，更是如此，球隊合理的目標是防止對手在任何一局裡得分，但是在情感上，最後一分鐘輸球的懊惱嚴重多了。

同樣的直覺也促使千百萬的退休投資人，把資金放在現金和債券上；他們害怕就在股市崩盤前投資股票造成的後悔感覺，但是在現金與債券的投資組合中加上股票，長期幾乎一定會提高報酬率。

避免可能造成損失感覺的任何事情，很可能有助於我們的遠祖生存下來。耶魯大學的研究人員訓練五隻捲尾猴用金屬代幣，交易蘋果、葡萄或果凍之類的好東西。兩個人──我們把他們叫作第一位賣家和第二位賣家──跟猴子交易。

猴子可以選擇用一個代幣的價格，向第一位或第二位賣家買東西，第一位賣家供應一片一定會交貨的蘋果，加上有50%機率得到第二片蘋果的可能性；第二位賣家起初供應兩片蘋果，然後加上一半機率輸掉其中一片的可能性。猴子「交易」了幾十次，次數多到可以學會自己至少總是可以得到一片蘋果，也知道兩種情況的平均結果完全相同。然而，猴子有71%的機率，比較願意跟第一位賣家交易，他們這樣選擇，顯然是基於避免更大的報酬遭到剝奪的痛苦。捲尾猴的行為顯示，規避損失是非常古老的天性；跟我們最親的共同祖先大約在4,000萬年前，就發展出這種天性。

## 分手很難

投資人悔恨之至時會怎麼樣？大部分人不會恐慌，反而會呆住，要了解這種癱瘓狀態，請看看下面這個例子：

保羅擁有甲公司的股票，過去一年裡，他考慮把甲公司股票換成乙公司的股票，但是他決定不這樣做，現在他發現如果他換成乙公司的股票，他的財產會增加 2,500 美元。

喬治擁有乙公司的股票，過去一年裡，他把乙公司的股票換成甲公司的股票，現在他發現，如果他留著乙公司的股票，他現在的財產會多 2,500 美元。

哪一位心情比較不好？在多次訪調中，高達 92%的人說，喬治會比保羅懊惱，幾乎每個人都會感覺到強而有力的相同直覺：在這種情況下，錯誤行動造成的傷害，大於不行動錯誤造成的傷害。

康乃爾大學心理學家季洛維奇說：「你本來安安穩穩地停留在樹幹上，然後你向一枝大樹枝爬過去，大樹枝斷裂時，你覺得自己像傻瓜一樣，因為你不需要爬到這根大樹枝上。」錯誤這麼經常造成投資人癱瘓，原因就在這裡，你搞砸一次以後，會變得害怕再採取另一次可能使事情變得更糟的行動。唯一比虧錢還糟的事情是承認自己是輸家，因此，雖然大部分投資人在獲利時，十分願意獲利落袋，卻極不願意在股價下跌時，賣掉投資，因為賣出會把「帳面虧損」變成實際虧損。

根據美國稅法，這樣做沒有道理，你賣掉賺錢的投資時，是把帳面利潤變成應稅資本利得（如果你持有期間不到12個月，稅率最高可達 35%）。同時，緊抱著虧錢的投資，使你無法獲得稅務抵減。只有在你認定企業的價值高於股價時，緊緊抱著才有道理。

然而，在經濟上沒有道理的事情，在情感上卻經常很有道理的事情太常見了。心理學家卡尼曼解釋說：「你賣掉虧錢的東西時，你不只是承受財務上的虧損而已，你也承受承認自己犯錯的心理虧損，你賣出時，是懲罰自己。」另一方面，卡尼曼說：「賣掉賺錢的東西是獎勵自己的一種形式。」

虧錢的東西抱太久、賺錢的東西賣太早不是發財的方法，但是幾乎每個人都這樣投資：

- 一項針對大約200萬筆交易所做的分析發現，芬蘭投資人在股價劇跌後賣股票的可能性，比股價上漲後少32%。以色列專業基金經理人平均抱著虧錢的股票55天，是抱著賺錢股票時間的兩倍。
- 一項針對9.7萬多筆交易所做的研究發現，個別投資人實現獲利的比率，比實現虧損的比率高51%，不過如果他們抱著賺錢的股票、拋售虧錢的股票，年度平均報酬率會提高3.4個百分點，稅負也會降低。
- 研究平價券商8,000個帳戶超過45萬筆交易的結果顯示，21.5%的客戶從來沒有賣過跌價的股票！
- 研究人員研究換新經理人的共同基金時，依據持股的報酬率，把基金的持股從最好排到最差。一般而言，新經理人會把排名最差的股票全部賣掉──暗示他們的前輩一定是為自己的錯誤，嚇得極度癱瘓，只能靠新人徹底清洗投資組合。緊抱虧錢股票最嚴重的基金，年度報酬率最多會減少五個百分點。

- 想賣房子的人考慮到虧損時，堅持不賣的時間會比較長，而且經常會把房子從市場上撤下來，而不是虧錢賣掉。

哈姆雷特（Hamlet）說過，「我們寧願忍受現有的窘況，也不願飛向未知的折磨。」一旦你犯了錯，你的直覺會告訴你，另一次作為錯誤會比不作為錯誤造成更大的傷害。幾乎每個人都認為，即使你認為你對某個測驗所做的答覆可能錯誤，你仍然應該「堅持最初的直覺」，不應該改變答案。但是改變答案的受測者從錯改成對的可能性，是從對改成錯的兩倍！

一般說來，如果你改掉曾經重新考慮的答案，會大幅提高得分。但是跟現狀不同的東西會在你的記憶中揮之不去，因此你通常會高估把原本正確的答案改錯的次數，低估你把原來的答案改成實際上正確答案的次數。因此如果你改答案，你預期自己會覺得自己愚蠢，即使預期的後悔是以對錯誤的誤解為基礎。

對投資人來說，這種爛股或爛基金將來總是可能變成明星，你的直覺告訴你，如果你現在賣掉，你最後可能會恨自己兩次：一次是開始時買進，一次是就在反彈前賣掉。你會告訴自己：「或許我不理會的話，價格會回升，價格只要回升到我的買進價格，到時候我可以賣掉，至少不賺也不賠。」

你潛在的後悔可以很清楚的看出來：如果你賣掉自己很熟悉又喜愛的股票，你會立即打擊自己的自尊，你也可能換到比較不熟悉、又害你虧更多錢的股票。結果就是投資組合癱瘓：你陷入嚇呆了的狀態，知道自己犯了一次錯誤，卻害怕採取別的行動，以免再犯一個錯誤。

## 意外之財

你剛剛收到 1 萬美元，你花這筆錢的方式，會因為得到這筆錢的方式不同而有變化嗎？你最初的答案可能是「當然不會」，但是請你考慮下面三種情境：

1. 想像你得到 1 萬美元的年終獎金，你很可能會：

   甲、買奢侈品

   乙、買必需品

   丙、投資

   丁、存在絕對安全的帳戶裡

2. 想像你最親的阿姨去世，留給你 1 萬美元，你很可能會：

   甲、買奢侈品

   乙、買必需品

   丙、投資

丁、存在絕對安全的帳戶裡

3. 想像你買樂透彩，中了 1 萬美元，你很可能會：

甲、買奢侈品

乙、買必需品

丙、投資

丁、存在絕對安全的帳戶裡

你的答案可能不同，一般人的答案是這樣的：第一個問題的答案是乙或丙；第二個問題的答案是丙或丁；第三個問題的答案是甲或乙。金額雖然相同，卻讓人感覺不同之至，每一筆錢都用不同的情感和意象包裝。獎金帶有自傲的訊息：「我是用傳統方法賺來的。」遺贈會讓你覺得阿姨的影子在天上徘徊，看著你怎麼花這筆錢。樂透彩金帶有一輩子難得一次的興奮，可以讓你痛快地花想都想不到會有的錢。

「意外之財」對你的頭腦可能會有奇怪的影響。假設你到百貨公司去找一樣 100 美元的東西，意外發現東西正在打折，只賣 50 美元。你買了下來，然後把你剛剛「省下來」的 50 美元，用在買你本來絕不可能買的其他東西。到超級市場買東西的人如果在店裡，拿到「立即減價券」，自發性購買的價值大約會比其他顧客多 12%，好像他們覺得必須為了省錢，獎勵自己一樣。

布希總統在 2001 年推動的租稅改革中，美國每一位納稅人最多可以收到 600 美元的退稅。收到退稅的人如果認為退稅是政府發的意外之財，和認為退稅是把自己的錢拿回來的人相比，花的錢會多三倍。意外之財會使你變得比得到應得之財更願意花錢。一組大學生得知如果他們隔天去看籃球賽，會拿到 5 美元可以花用；第二組大學生沒有得到預告，到了球賽現場，卻每個人都得到 5 美元，拿到意外之財的學生花掉的錢，是預知會拿到錢學生的兩倍多。

班傑明・富蘭克林（Benjamin Franklin）長年使用石棉製的錢包，據說這樣他的錢絕不會在口袋裡燒出一個洞來，我們很多人也可以從防火的皮夾中受惠。1988 年，我匆匆地走在紐約市的格林威治村，要跟一些朋友見面、共進午餐，忽然間，我從眼角裡，看到人行道上有一疊鈔票，我踩在鈔票上，在那裡站了好幾分鐘，讓鈔票的主人有機會要回去。但是沒有人來，我撿起鈔票，匆忙趕去跟朋友見面。到了餐廳裡，我算一算錢，一共是 300 美元，對剛剛入行的年輕記者來說，的確是一筆很大的財富，我怎麼辦呢？首先我請四位朋友吃中飯（他們覺得這樣才公平。）然後我替自己買了一些書、一些唱片、幾條漂亮的領帶，再帶女朋友去吃了一頓昂貴的晚餐。到我結束痛快花錢時，我從撿到的 300 美元中，大約花掉了 430 美元，但是我不後悔。

另一方面，意外之財很大，你又把事情搞砸時，你幾乎一定會回想、一定會恨自己浪費了一生難逢的機會。不幸地是，這正是很多樂透彩得主最後變得又窮又痛苦的原因。

你認為自己應得的意外之財可能讓你產生另一種感覺。我撿到 300 美元前大約一年，華爾街一家大券商最高明的投資專家——我們叫他某先生好了——獲得到當時為止金額最高的現金獎金：大約 1 億美元。某先生出身貧窮的移民背景，發現自己突然坐在比自己夢想還高的金山上。某先生像我們大部分人洗牌一樣，習於輕鬆的把別人幾千、幾百萬的錢搬來搬去，因此，這位選股專家怎麼投資這 1 億美元？他把全部的錢投入一檔貨幣市場基金，也就是報酬率可能最低、卻最沒有風險的投資標的。

他把錢放在裡面，經過很多年，總是想把錢轉投資到股市中，卻從來沒有採取行動。告訴你，某先生還是非常富有，但是他害怕將來後悔，讓他喪失巨額財富，他過去的一位同事後來回憶說：「要是他把錢投入股票，他現在的財產至少有 10 億美元以上。」

其中的教訓是：意外之財讓你感覺多好，要看是你控制意外之財、還是意外之財控制你而定。

## 選擇的鎖鏈

「可以選擇真好！」我們都相信這句話，這點似乎是活在民主制度——或是活著——的基本事實。連鴿子都希望有很多種選擇食物的方式。知道你有很多選擇，讓你覺得自由、覺得有力量。如果你想喝一杯普通的黑咖啡，你可以到最近的便利商店去買，但是如果你真的想喝有杏仁口味的美味無咖啡因低脂冰拿鐵，沒有什麼地方比星巴克還好。看來顯然你擁有的選擇愈多，你最後的選擇會愈好，你會愈快樂。

這種想法像很多看來顯然正確的想法一樣，大致上並不正確。信不信由你，一旦你有不少選擇後，再增添更多的選擇，會降低你做出良好決定的機率，提高你對自己所做決定後悔的機率。有一些選擇可能很好，但是有太多的選擇卻絕對是問題。

加州門羅公園市（Menlo Park）美食商場杜蕾格市場（Dreager's Market）的顧客，在一項經典的實驗中，走到展示高級果醬的「試吃攤」前，有時候，攤子上展示24種不同的果醬；有時候只展示六種，攤子上展示全部24種果醬時，顧客停下來試吃的可能性高出50%。

然後選擇開始展露黑暗的一面，獲得24種選擇的顧客中，至少買一罐果醬的比率低到只有3%，然而，只有六種選擇的顧客當中，最後至少買一罐的比率高達30%。用戈蒂娃（Godiva）巧克力進行類似的實驗時，從六種展示品中選擇一種巧克力的顧客，比從多達30種不同口味巧克力中選擇一種的顧客快樂多了。攤子上的選擇愈多，顧客愈擔心自己選擇的不是最好的東西。太多好事會產生「選擇超載」（choice overload），可能釋出很多後悔。

我們投資時，也會發生同樣的現象。一項針對幾千、幾百位 401（k）計畫所做的研究發現，計畫的「菜單」供應的基金檔數愈多，大家愈不願意參加、愈不願意為退休儲蓄。讓人感覺到愈難決定的選擇，願意選擇的人愈少。

但是選擇減少的威脅幾乎總是讓我們困擾。如果公共廣播系統宣佈：「本店要在五分鐘內打烊。」你比較可能從貨架上，抓一些你原本不會挑的東西。共同基金宣佈即將「對新投資人關閉」時，也就是還沒有擁有這檔基金的人以後再也不能買進時，千百萬美元的資金可能在幾天裡湧入。光是警告你可能錯過某種選擇，就足以使這種選擇看起來值得一選，不過你可能根本沒有好好考慮過這個選擇。

## 本來該是我

請問下面這句話正不正確：你比較希望得到 150 美元，比較不希望得到 100 美元。

如果你的答案是「正確」，請你看看下面這種情形：羅夫走到樂聲戲院（Roxy Cinema）票房窗戶時，戲院裡的人告訴他，他剛剛賺到 100 美元，因為他是這家戲院第 10 萬個顧客。同時，在比照戲院（Bijou Theater）前，比爾得到 150 美元的獎金，因為他是第 100 萬零 1 位顧客，你希望自己是比爾還是羅夫？

然而，片刻之後，比爾發現他前面那個人得到 1 萬美元，因為他是比照戲院第 100 萬位顧客。現在你希望自己是比爾還是羅夫？

這個例子顯示，你在財務上多後悔，不只是由已經發生的事情決定，也是由你認為本來可能發生的事情決定。如果你像大部分人一樣，一開始時，你希望自己是比爾，因為他得到的獎金比羅夫多。但是你也覺得比爾知道自己原本可以得到 1 萬美元時，一定會樂極生悲。這就是心理學家所說的「反事實思考」──想像原本可能發生的事情。

反事實思考一開始經常是「要是我……」或是「如果我沒有這樣的話……」以比爾為例，他可能想到「要是我不停下來繫鞋帶，那我就可以得到 1 萬美元了」，因而覺得痛苦不安。反事實思考會創造另一種天地，在這種天地裡，結果總是可以知道，該做的事情總是很清楚。你愈容易陷入這種想像的世界裡，你對自己在現實世界中所犯的錯誤會愈後悔。

荷蘭政府舉辦「郵遞區號」彩券抽獎，如果你參加抽獎，你的彩券號碼不是隨機選擇的，你也不能自己選號，而是打上你家地址的郵遞區號（荷蘭的郵遞區號由四個數字和兩個字母構成）。政府隨機抽出一個郵遞區號，持有中獎彩券的人可以得到 1.25 萬到 1,400 萬歐元（超過 1,800 萬美元）。在一般的樂透彩券中，如果你買了彩券，你很難知道自己會不會中獎；任何一天裡，你挑選的號碼都可能不同。但是荷蘭的樂透彩沒有什麼值得懷疑的地方：如果你參加抽獎，你的郵遞區號中獎，你就是中獎人。問沒有買彩券、自己的郵遞區號卻中獎的荷蘭公民做何感想，他們說會覺得嫉妒、生氣、難過，當然也會覺得後悔，他們覺得愈後悔，愈可能再度參加郵遞區號彩券遊戲，好像把握另一次機會可以彌補錯過上一次機會的缺憾。

在義大利杜林（Torino）舉行的2000年冬季奧運中，美國滑雪板好手林西・賈可貝利斯（Lindsey Jacobellis）遙遙領先，向終點線直衝過去，金牌離她只有幾十公尺遠，賈可貝利斯滑到倒數第二個跳台，因為很高興自己掌控比賽，在空中抓住自己的滑雪板，因而失去平衡，摔倒在地。她爬起來，最後衝過終點，得到第二名，攝影機照出她眼中的憤恨。國家廣播公司廣播員佩特・巴奈爾（Pat Parnell）和陶德・理查茲（Todd Richards）說：「這副模樣不是剛剛奪得銀牌、而是痛失金牌的樣子。」

這就是差一點成功的痛苦。贏得奧運金牌是任何人可能得到的最高榮耀之一，但是如果你知道自己可能──或應該──表現更好，卻遭到挫敗，可能讓覺得更難過。你離達成目標愈近，錯過目標時的懊惱可能愈嚴重。針對幾十位奧運選手所做的研究顯示，一般說來，銅牌得主比銀牌得主快樂，銀牌得主畢竟是差一點就得到金牌，銅牌得主卻差一點什麼獎牌都得不到。

運動員可能再也沒有機會爭奪奧運金牌，但是在賭博或投資的其他領域中，卻有一再追求勝利的機會，在這種情況中，差一點就成功，可能讓人覺得有點痛苦，但是大致上都讓人覺得愉快。這種情形讓你可以告訴自己:「我其實沒有真的輸掉——我差一點就獲勝。」事後回想，這麼接近成功，可能讓你覺得獲勝的機會比當時實際的情況還高，而且極為驚險地逃過重大損失，可能讓你覺得自己極為幸運，好像護衛天使照顧著你一樣。兩種感覺都可能驅使你再回頭。

賓州史克蘭頓（Scranton）的學生在一場投資遊戲中，可以在兩檔股票中選擇，然後比較自己選擇的股票和沒有選擇股票的報酬率。有時候，他們選擇的股票報酬率遠不如沒有選擇的股票；有時候，他們選擇的股票賺的錢只少 1%。如果有機會讓大家再度投資，大家比較願意買回先前選擇的股票。問他們為什麼，他們會說:「我現在覺得相當愉快，因為我十分接近成功」之類的話。但是股票當然不知道你是否差一點靠它賺錢，公司未來的繁榮跟你什麼時候買賣他們的股票，也毫無關係。

針對散戶六年期間的 200 萬筆交易所做的研究發現，15% 的買進委託是買回投資人一年內賣掉的股票。他們買回哪些股票？買回售出後獲利股票的可能性，是買回售出後虧損股票的兩倍。投資人一旦知道這些股票是賺錢的股票，會樂於買回，股價跌到低於他們最先賣出的價格時，更是樂意買回。大家似乎告訴自己:「我這麼接近賺大錢，我不要再錯過機會！」（唉，他們買回的股票表現不會勝過賣掉或抱著的股票。）

因此你防範自己後悔會有用。股市像沼澤滋生蚊蟲一樣，會滋生反事實的想法。每一秒鐘裡，你都可以比較你確實擁有和不屬於你或原本可能屬於你的東西之間的價值。不管你怎麼做，別的事情似乎可能才像你該做的事。

## 後悔的考驗

人腦善於比較實際狀況和可能發生的想像狀況。如果你不知道情況可能會有什麼其他變化，你的很多差勁決定應該永遠不會讓你煩惱。出問題時，知道或相信你原本可以做的更好，正是讓你難過的原因。後悔的痛苦會鼓勵你在心裡想像可能發生的情形，讓你把注意力放在你原來應該做的事情上，這樣進而會刺激你將來做的更好。對我們的錯誤覺得後悔，會阻止我們急著再犯同樣的錯誤。人類會進化出這種功能，很可能是為了協助我們的遠祖在貧困的世界中，計畫怎麼生產和消費有限的資源，和今天的金融市場相比，當時的風險和報酬遵循的規則比較容易預測。

人腦的前額葉皮質中，至少有一個地方（專門名詞叫作布羅曼氏第十區），比所有其他靈長類的頭腦都大。如果你用手掌拍打眉毛正上方的額頭，好像是為了愚蠢的錯誤打自己一樣，你大概就打中了第十區所在腦部的表面。人類的這塊組織大約是任何類人猿的兩倍，其中含有的神經元幾乎是其他類人猿的四倍。第十區和人腦其他部位的連結，似乎也比其他猿猴類複雜。

第十區和眶額前腦皮質位在相同的神經部位，第十區和附近的內側中前額葉皮質合在一起，似乎是我們評估實際得到的好處和希望得到的好處之間差異的主要腦部地區之一。眶額前腦皮質跟處理記憶、情感和味覺、嗅覺與觸覺等印像的腦部其他部位，關係特別密切，這點或許可以說明為什麼我們後悔的感覺，經常讓人覺得這麼難過、這麼實際（你可能會說：「太早賣掉 Google 股票讓我覺得有種又苦又甜的感覺。」，或是說：「我這麼接近賺錢，甚至可以感覺到那種味道。」）眶額前腦皮質裡的神經元會預測你的行動可能的結果，是否會產生報酬或懲罰，然後監視結果和實際情況的誤差。如果你認為一檔股票會上漲，實際上卻下跌，你感覺到的後悔大致上是由眶額前腦皮質產生的。

腦部這些部位受傷的人可能變得很衝動，不能為未來計畫。國家衛生研究院神經科學家葛拉夫曼，曾經研究一群在越戰中頭部受傷的退伍軍人。這些病人因為眶額前腦皮質和內側中前額葉皮質受傷，花在計畫籌募子女大學教育費用的時間，不到沒有受傷的人所花時間的一半，而且他們幾乎沒有花時間，規劃怎麼為自己的退休儲蓄，他們也很難想出增加所得的新方法，好像他們困在既有的現實狀況中一樣。腦部受過類似傷害的其他人，會把錢浪費在俗不可耐的珠寶上，不先做研究，就冒然投入高風險的合夥事業，或是把全部的保險理賠，拿去買昂貴的汽車。

請內側中前額葉皮質病人，回憶讓他們覺得悲傷或害怕的經驗，他們可以喚起過去經歷過的清楚回憶，但是他們和回答同樣問題的正常人不同，不會冒汗、脈搏也不會加速，好像他們可以回想起這種感覺，卻對這種感覺沒有感覺一樣。同樣的，他們經常說自己「知道」自己的行為「不對」，而且經常在屈服於最新的怪念頭之前，告訴自己「不能這樣做！」

愛荷華大學的賭博實驗顯示，內側中前額葉皮質病人有一半的時間裡，可以看出那種賭博比較可能輸掉。不幸地是，這種病人超過一半的時間裡，還是會出於好奇或反覆無常，照樣勇往直前，參加容易輸掉的賭博，他們的後悔迴路失常，使他們無法阻止自己。

對其他人來說，後悔的預期是一種緊急煞車，可以在我們的腦海裡浮現每一種貪心的衝動時，阻止我們加速。不幸地是，這種預期也可能阻止我們進行一些有利的投資。

## 比較與對照

神經經濟學現在已經可以說明：眶額前腦皮質為什麼不只會對現狀起反應，也會對原本可能發生的情形起反應。在最近的一項實驗中，甲拉霸機器提供賭客五五波的機率，贏得 20 美元或是贏得 0 美元；乙拉霸機器有 25％的機會贏得 20 美元、75％的機器贏得 0 美元。腦部掃描顯示，受測者玩乙機器，沒有贏到半毛錢時，眶額前腦皮質裡的神經元幾乎沒有反應；畢竟這些人知道，和不賺不賠相比，贏錢的機會相當小。

然而，受測者玩甲機器，沒有贏到 20 美元時，眶額前腦皮質的神經元會猛烈發射。贏錢的機率為五五波時，錯失贏錢機會會在突然間，打開後悔迴路，這點顯示你投資時腦部結構的一項基本原則：你認為賺錢的機會愈高時，如果你沒有賺到錢，你會愈後悔。

神經科學家約翰·歐德地（John O'Doherty）在加州理工學院的人類報酬學習實驗室（Human Reward Learning Lab）中，讓受測者有機會贏 1 美元或是不贏不輸，也讓他們有機會輸 1 美元或不輸不贏，同時他用核磁共振造影機器掃描他們的腦部。他評估受測者贏錢、輸錢和不贏不輸時腦部的活動。受測者贏 1 美元時，眶額前腦皮質內的神經元大約會在四秒鐘內，急速增加，但是受測者避免輸掉 1 美元時，幾乎也會變得同樣活躍。另一方面，輸 1 美元時，相同神經元的活動會大為減少，非常像關掉電燈，使房間陷入黑暗中一樣。錯失贏得 1 美元的機會時，會使這些神經元的輸出幾乎同樣劇烈減少。

因此，你的眶額前腦皮質會對現在發生的事情起反應，也會對原本可能發生的事情起反應。避免虧損產生的神經興奮會比賺到利得產生的興奮多出一半以上。你嘗試賺錢，卻只不輸不贏時，會把眶額前額皮質神經元的數字，降到實際虧損時的一半左右。

結論很明顯，就是避免虧損是比較溫和的獲利形式，錯過利得是經過稀釋的虧損形式。你考慮原本可能發生的情形時，創造了想像中的結果，卻也產生了真實的情感。

在法國布洪（Bron）進行的實驗中，受測者參加一種簡單的賭博遊戲，輸贏是 50 至 200 法國法郎（當時大約等於 9 至 36 美元）。有些受測者的眶額前腦皮質或內側中前額葉皮質受過傷，有些人的頭腦完好無缺。受測者在兩種賭博之間挑選時，只能看到自己所選擇賭法的結果時，他們大致上全都有稍微失望的相同感覺。

但是等到他們不但可以看到自己賭法的結果，也可以看到沒有選擇的賭法的結果時，差異突然出現。腦部正常的人如果發現自己原本可以贏得 200 法郎，而不是像剛才一樣只輸贏 50 法郎時，說自己覺得「極為難過」（而且立刻冒出冷汗）。同時，眶額前腦皮質或內側中前額葉皮質受傷過的人，知道自己原本可以有好很多的表現時，卻沒有後悔的感覺（而且根本不會冒冷汗。知道自己如果賭另一種賭法，結果會更好，卻一點也不會痛苦。他們像法國歌手艾迪絲・皮雅芙（Edith Piaf）柔聲唱的一樣「我不會後悔」，他們對什麼事情都不會後悔。

後續研究針對頭腦正常、玩相同的簡單賭法的人，進行核磁共振造影掃描，發現他們的眶額前腦皮質會對輸贏起反應，加強發射，但是只有在他們知道他們沒有選擇的賭法，本來可以讓他們多贏或多輸多少時，才會強力發射。眶額前腦皮質愈活躍，大家對自己沒有做的選擇愈後悔。下次他們面對選擇時，因為預期自己如果犯了錯誤，一定會覺得後悔，因而改變自己的行為。

因此，腦部這些地區似乎具有比較和對照的功能，會把你預期會發生、確實發生和原本可能發生的三種情況對照比較。這些迴路故障時，這種功能也跟著失常。問題腦正常的人要怎麼在很多棟公寓中選擇租一棟時，他們通常會同時比較所有公寓大小、地點和噪音水準等因素的資訊。但是內側中前額葉皮質受傷的人，一次只評估一棟公寓的資訊，他們經常在找到一棟似乎滿意的公寓後，就不再尋找，當場決定租這棟公寓，他們不能預期自己如果做出不好的決定時會後悔，不在乎是否做出最好的選擇，只想租看來夠好的公寓。

## 「莫非」是投資人

2006 年 6 月 13 日，我收到一位煩惱投資人的電子郵件，我要把他叫做麥克・布坎南（Michael Buchanan）。布坎南是退休社會研究教師，他不敢相信自己運氣這麼差。他回憶道：「很多年來，我一直想把一部分資金，投資在一檔新興市場基金上，我知道這些基金會賺大錢，實際上也是如此。而且我知道這些基金會繼續賺大錢，實際上也是這樣。」（新興市場基金 2003 年平均上漲 55.4%，2004 年平均上漲 23.7%，2005 年平均上漲

31.7％。）「情形演變到我再也忍不住的時候，因此我在 5 月 13 日，投資 1 萬美元，買了一檔新興市場股票基金。」但是隨後利率上升，地緣政治憂慮打擊巴西、俄羅斯、印度和中國等地的投資，布坎南的投資在四星期內，虧損了 22％。

「信不信由你，要是我 2000 年 1 月沒有買過賈可布網際網路基金（Jacob Internet Fund），這次虧損實際上應該不會讓我這麼困擾，那檔網路基金把我的心都撕碎了。」（賈可布網際網路基金 2000 年虧損 79.1％，2001 年又虧損 56.4％，2002 年還虧損 13％。）「因此我在 2002 年底把這檔基金賣掉，我一脫手，這檔該死的基金就變成超級巨星。」（2003 年裡，賈可布網路基金暴漲 101.3％，2004 年上漲 32.3％。）

「為什麼我一直碰到這種事情？」布坎南難過地問：「我知道──我不是認為、而是知道──我賣掉新興市場基金那一刻，這檔基金就會起飛，但是如果我繼續抱著，這檔基金會繼續虧錢！我到底有什麼問題？應該怎麼辦？這是共同基金的莫非定律（Murphy's Law）嗎？」

布坎南會寫信給我，是因為我在 2002 年寫了一篇叫作「莫非是投資人」的專欄。我們在日常生活裡，全都會對莫非定律（「可能出錯的事情一定會出錯」）以及莫非定律的推論（「……在最可怕的時候，以最可怕的方式出現」）一再大大發威，都會大搖其頭。我們通常認為，如果我們忘了帶傘，老天一定會下雨；如果我們帶了傘，就會碰到晴天。我們也相信，不管我們站在哪一條結帳隊伍裡，結帳速度一定最慢，或是每次我們在高速公路上變換車道，其他車道速度都會變快。但是莫非定律反常的邏輯也主導投資嗎？這整個觀念只是用巧妙方式表達出來的迷信，還是具有一些事實基礎？

牛津大學畢業的物理學家馬修斯（Robert A. J. Matthews）是莫非定律的專家，幾年前，馬修斯決心研究莫非定律最古老的一個例子。為什麼麵包掉到地上時，塗奶油的一面總是朝下？你可能認為是因為塗奶油的一面比較重；心理學家可能說我們比較容易記住掉到地上亂七八糟的情形，比較不容易記住掉到地上沒有弄髒地面的情形，懷疑論者可能乾脆堅持說，哪一面向下是隨機現象。實際上，上面的看法全都錯誤。

馬修斯說：「我想我像大部分人一樣，認為機會應該是一半、一半，除非你在其中一面塗上一磅的果醬。」馬修斯具有英國人特有、非常重視基本上愚蠢事情的特質，2001 年，馬修斯請全英國 1 萬名學童，把塗了奶油的吐司從盤子裡撥下去，結果塗奶油的一面掉到地上的機率略為超過 62%，在這麼多次的實驗中，這種百分比實在太高，不可能是機率的結果。馬修斯用簡單的方法，排除了奶油重量的原因：就是在沒有塗奶油吐司中的一面，用奇異筆寫上 B 的字樣，然後這一面朝上，放在盤子裡，再從桌上撥下去，結果大部分的情況中，寫字的一面都朝下，接觸地面。

因此，為什麼吐司不對的一面通常會掉在地上？馬修斯簡單地說：「宇宙刻意跟我們作對。」考慮麵包的寬度和掉下去時的加速度，再考慮一般桌面的高度（29 至 30 英寸），顯然掉下去的吐司落到地板上前，沒有足夠的空間，整個翻轉一次；因為人類的平均高度不到六英尺，桌面太低。為什麼這樣？馬修斯說，如果我們高很多，「我們的頭部撞到地面時，力量會非常大，會打破我們頭腦形成連結的化學鍵」，這樣人類會經常因為絆倒和摔倒而死亡。

這就是工程師所說的基本設計限制。投資也有本身特有的設計限制嗎？當然有。從 2003 年初到 2005 年底，新興股市每年平均上漲 36.3%。但是數十年──事實上是數百年──的歷史顯示，扣除通貨膨脹後，超過 2.5% 到 3.5% 的經濟成長率無法永續維持。短期內，股市的表現可能勝過本身代表的經濟體，以及構成股市的成分公司。長期而言卻不可能。

一段罕見的高報酬率期間後，一定是比較正常的報酬率，這就是為什麼日本股市在 1970 和 1980 年代創造創紀錄的報酬率後，在 1990 年代大約跌掉三分之二的總市值。美國經歷 1990 年代下半期的繁榮後，碰到 2000 到 2002 年的衰退，原因也在這裡。這也是新興股市經過多年的高速成長後，在 2006 年初不是優異投資標的的原因。這時唯一的問題不是投資會不會虧損，而是什麼時候會虧損。（我告訴布坎南稍安勿躁，事實上，新興市場 2006 年的整體表現很好，但是我聯絡上布坎南的時間太晚，他已經把基金賣掉。）

追求提高成長率本身就帶有自我毀滅的種子。巴菲特說過，「沒有什麼像成功一樣，這麼快就會退潮。」這句話讓我們回歸投資的莫非定律：報酬率遠高於平均值的股票或基金，幾乎總是會向平均值退潮，同理，嚴重低於平均值的報酬率也可能反轉回升。

隨著時間過去趨勢會反轉的傾向叫做回歸平均數。如果沒有回歸平均數的定律，長頸鹿每過一代，應該都會長的更高，高到心臟和臀部在壓力下爆炸為止。大橡樹應該會掉下更大的橡子，生出愈來愈大的幼苗，一直到完全長大的橡樹因為承受不了本身的高度和重量倒下來為止。長人應該總是生出更高的後代，他們的子孫也應該這樣，一直持續下去，到任何人不彎下腰來，都不能走過九英尺高的門為止（馬修斯也指出，他們摔倒的話，應該會撞破頭。）

大自然靠著回歸平均數的方法，把包括投資在內的每一種遊戲的競爭環境幾乎都拉平。因此，每次你賭很高（或很低）的投資報酬率會繼續下去時，機率總是對你嚴重不利。布坎南應該依據回歸平均數的原則下注，卻跟回歸平均數對賭，他一再抓住他所能找到的最熱門報酬率，幾乎等於保證他早晚會燙傷。

莫非定律的其他特點也適用於投資。馬修斯指出，劍橋大學傑出數學家哈地（G. H. Hardy）相信雨傘的莫非定律。馬修斯說：「哈地相信天上有一個壞心腸的雨神，因此他會派助理帶著雨傘出去，戲弄雨神，確保他參加當天的板球比賽時不會下雨。」

然而，即使在潮濕的英國，一天任何時間裡下雨的機率，大約都只有10％。因此，即使氣象預測當天的下雨機率為100％，任何一小時內下雨的機率卻低多了。因此，你根據會下雨的氣象預測，帶傘出門的大部分時間裡，最後都根本不必開傘。你愈常記得在晴朗的日子裡帶傘出門，選擇性記憶對這種情形記憶愈深刻。你比較不容易記住比較少見、你帶了雨傘卻不下雨的情況。

因此，你通常會高估多常帶了雨傘卻沒有用的情形，低估多常應該帶傘卻沒有帶傘的次數。

同樣的，某種類股熱門的時候，把資金分散投資到其他資產上，給人的感覺總是像浪費精力、帶著你似乎永遠不需要的雨傘。然而，就像布坎南的故事所顯示的一樣，認為你不需要分散投資是錯誤，不管你多少次帶傘卻用不上，一旦大雨傾盆而下時，你會非常高興自己帶了傘。

你顯然挑錯結帳隊伍的趨勢在投資方面，也具有教訓意味。如果有三個結帳櫃檯開放，你選中最快結帳櫃檯的機率只有33％，有三分之二的時間裡（假設排隊的人數相同，結帳人員的效率大致相等），另兩條隊伍中的一條移動會比較快。如果有四個結帳櫃檯開放，你的機率會降為四分之一。因此，赤裸裸的算術總是和你作對：不管你挑選哪一條隊伍，經常總是錯誤的選擇。你可能認為，你成功的機率是你多善於評估隊伍長度的函數，但事實上，成功機率是事先決定的。

現在考慮共同基金，長期而言，扣除交易成本、管理費和稅負之類的費用前，大致上會有一半的基金表現勝過大盤，一半的基金不如大盤。扣除費用後，持續勝過大盤的機率會從一半、一半，降到大約三分之一。因此，如果你光憑著基金過去報酬率一種因素，希望選中將來能夠打敗大盤的共同基金，最後你大約有三分之二的機率選錯，這就是為什麼聰明投資人不犯這種錯誤的原因。

你在電視上、網路上、下次參加的聚會上，聽到陌生人吹噓他們的成就時，你追逐熱門基金或熱門股的後悔感覺會變得更痛。你搞砸了，但是他們大致上卻一直賺錢。

這種感覺和你在高速公路上變換車道後的怪異感覺相同：你一轉出「比較慢」的車道，切入「比較快」的車道，比較快的車道就變成停車場，不管你在哪一條車道上都不對——至少看來是這樣。

事實複雜多了：其他車道比較慢時，你可以在瞬間超越很多車，因此你對自己超越多少車只有模糊的感覺。但是你自己所在的車道比較慢時，別的車子一部接一部、咻的一聲超越你，感覺卻很清楚。此外，安全駕駛規則要求你多注意前面的道路，少注意照後鏡。因此，你看超越你的車子會看的比較清楚，看到的時間也比較久，看被你超越的車子卻比較不清楚，比較不夠久。

投資也一樣，你看自己的投資虧損和別人的投資賺錢時，經常覺得比看自己良好的決定清楚。在雞尾酒會或烤肉餐會上，情況可能變成除了你之外，每一個人都有優異的投資績效可以吹噓。你怯懦地告退、去重振精神時，可能想不到這些人在投資方面也都會犯錯，而且宴會根本不是他們會討論錯誤的地方，這種誤以為只有自己投資才會犯錯的感覺，可能促使你，冒你在正常情況下會避免的風險。因此記住每個人都會犯錯、每個犯錯的人都會後悔這件事很重要。

## 噁心之島

為什麼我們至少在短期內，這麼難以適應虧損？是什麼原因造成布坎南和我們大家，會對愚蠢的投資行為後悔的這麼痛切？

在你頭腦上方內側好幾層皮質下面，有一個地方叫作腦島。腦島是你頭腦中評估痛苦、厭惡與罪惡感之類負面情感的主要中樞——這些感覺都像你虧損時的感覺。腦島前端像我們在第八章裡討論過的前扣帶皮質一樣，充滿了叫作紡錘細胞的特殊神經元。這些神經元可能特別善於協助我們在情況變化時，調整我們的行為。所有的動物中，只有人類和類人猿才有紡錘細胞，而且一般人頭腦裡的額島皮質中，所含有的紡錘細胞幾乎是黑猩猩腦島的 30 倍。

令人驚異的是，紡錘細胞中含有一種在人腦中少見，卻在消化系統、尤其是在直腸中大量存在的分子，這種分子協助引發腸道收縮，促使食物通過腸道。患有消化性疾病克隆氏症（Crohn's disease）的人對於害怕、悲傷或噁心的影像，反應特別強烈；這種感覺實際上是出自內心深處的反應。你感覺到投資出問題的「本能感覺」時，可能不是想像，你腦島中的紡錘細胞可能和反胃的胃部同步發射。

人類的味覺雖然遠不如其他動物靈敏，但腦島中有這麼多這種神經元，或許可以說明為什麼我們這麼討厭臭味（只要想一想你看過自己的狗聞過或吃過、讓你反胃的所有東西，不管你是否聞過這些東西的氣味。）幾十年前，科學家發現，用電流直接刺激腦島，會引發嚴重的噁心和令人反胃的強烈味覺。腦島似乎也是腦中把瞬間情感變成有意識感覺的主要地方，你感覺心跳加速時，其實是腦島要讓你知道身體的狀況。

腦島的名字中雖然有島，其實不是島。腦島跟協助規範心臟與肺臟的海馬迴關係密切，跟分辨感覺印象和比較基本報酬的視丘關係密切，跟處理恐懼的杏仁核關係密切；跟促使肌肉做好行動準備的皮質運動區關係密切，跟記錄驚訝與衝突的前扣帶皮質關係密切；跟似乎評估「原來可能如何」的眶額前腦皮質關係密切。

你不需要直接接觸讓你厭惡的東西，腦島才會發亮，受測者腦部接受掃描，同時聞到造成嘔吐物味道難聞的酪酸（butyric acid）時，腦島會激烈活動。大家看到別人對反胃的氣味起反應時（觀察什麼東西讓別人討厭，是我們學到什麼東西值得討厭的方法之一）腦部同樣的地方也會起作用，腦島大約需要四分之一秒的時間，產生這種「噁！」的反應。

你只要看到蟑螂或腐敗食品之類令人討厭的東西，腦島就會啟動。腦島和腦部相關的殼盒部位受傷的病人，在一系列的測試中，不能從一系列的相片中，看出呈現厭惡表情的臉孔；聽別人噁心的聲音時，也不能了解為什麼人會發出這種噪音；病人回答問卷中的問題：「如果你很餓，你願意喝一碗用洗乾淨的蒼蠅拍攪拌過的湯嗎？」病人會說願意。說明巧克力的形狀像一堆屎一樣，也不會讓病人打退堂鼓，然而，這些東西都很容易讓腦島正常的人噁心（承認吧，你真的覺得糞便形狀的巧克力似乎很美味嗎？）

輸錢也會讓你的腦島激烈發動。有一項試驗發現，受測者輸錢時，腦島活躍的程度，大約是贏錢後的三倍。同時，根據受測者最近的經驗，受測者選擇可能導致輸錢的賭法時，腦部發亮的程度會比贏錢時高出四倍以上；在風險很高的賭法中，腦島發射的愈激烈，下次愈可能選擇風險比較低的賭法。新研究也顯示，大家購買消費產品時，如果產品價格偏高，腦島也會激烈作用，付出太多錢的想法確實可能會讓人痛苦。

我在杜克大學胡特爾的神經經濟學實驗室裡，參加一項實驗時，親身體驗自己腦島運作的情形。我在核磁共振造影機器裡，看三台吃角子老虎的影像：黑色的機台總是讓人不贏不輸，藍色的機台讓人小贏小輸，紅色的機台讓人大贏大輸。每次我決定玩藍色或紅色的機台時，我腦島的右前方會開始活躍，但是如果我選擇風險更高的紅色吃角子老虎時，腦島的活躍程度會激烈上升。我的腦島會不斷地噴發，產生焦躁不安的感覺，要到我做出下一個選擇後，這種感覺才會平息，難怪我後來改選比較安全的機台，而且有70%的時間，都選有助於儘量減少輸錢的機器（請參閱彩圖9）。

因為中風導致腦島受損的人在另一項實驗中，玩一種簡單的投資遊戲，一開始時，他們拿到20美元的遊戲賭金，他們可以在20回合遊戲中的每一回合，投資1美元或是不採取行動。如果病人投資1美元，主持實驗的人會投擲錢幣，如果錢幣的正面向上，病人會輸1美元；如果反面朝上，病人會贏2.5美元。正常人玩這種遊戲時，要是在上次投擲錢幣時輸錢，有60%的機率會拒絕再投資，但是腦島受傷的人上次輸1美元後，選擇繼續再賭的機率高達97%，他們的厭惡迴路故障，因此不會感受到過去或將來輸錢造成的痛苦。

知道某些痛苦的事情可能發生，讓人難過的程度幾乎和痛苦本身一樣嚴重；設想預期中的痛苦會出現時，腦部發射的程度幾乎和反應真正的痛苦時一樣激烈。腦島不但在你輸錢時會產生厭惡的感覺，也會在你認為自己可能輸錢時，產生噁心的感覺，就像你不但踩到狗屎時會噁心，看到狗屎時也會噁心一樣，畢竟這就是你不踩在狗屎上的原因。你預期自己虧損時會覺得難過，促使你避開風險較高的投資。

史丹福大學神經經濟學家納森和卡密里亞・庫能（Camelia Kuhnen）請受測者接受核磁共振造影掃描時，也讓受測者做一種簡單的選擇，就是投資兩檔股票中的一檔或是投資一檔債券。實驗的進行程序如下：首先主持人告訴你，其中一檔股票是「好股」，另一檔股票是「爛股」，但是你必須自己判斷那檔股票是好還是壞。風險較低的股票有 50％的機率會上漲 10％，有 25％的機率會損益兩平，另有 25％的機率會虧損 10 美元。另一方面，風險較高的股票有 25％的機率會上漲 10 美元，有 25％的機率會損益兩平，有 50％的機率會下跌 10 美元；實驗進行到一半時，好壞股會互換，債券卻總是提供 1 美元的報酬。

每次你選擇時，你不但知道自己選擇的投資標的盈虧如何，也知道這一回合中，如果你選擇另外兩種投資標的可能盈虧如何。你所做的選擇和你原本可以做的選擇之間，盈虧的差異愈大，你的腦島會變得愈活躍。此外，你選擇股票時腦島愈活躍，你下一回合愈可能選擇安全的債券。虧損會激發你頭腦中的厭惡中樞，使你從比較高的風險中退卻。

因此你犯了嚴重的投資錯誤時，腦島對你自己的行為產生的反應，跟在太陽下看到一堆臭魚或一袋垃圾時的反應大致相同。你會避開惡臭的東西，會設法忘掉惡臭的東西，畢竟你不希望再靠近那裡。事實上，這些特殊的神經元在你腦海中大叫：「你讓我難過。」這是程度最強烈的後悔，是讓你希望好好洗手、把骯髒的錯誤洗乾淨的感覺。

投資人厭惡自己所犯的大錯時，避免認虧的天性終於遭到破壞，不會再像平常一樣，痛苦的繼續緊抱下去，現在會迫切希望擺脫自己所擁有的東西。這點使他們願意承受高很多的交易成本，降低賣出後的淨所得金額。你買賣股票時，不但要負擔手續費；也要支付各種無形成本，包括「價差」（也就是買進和賣出價格之間的差距）、「市場衝擊成本」（你自己的委託抬高或壓低價格的程度）以及「延遲成本」（等待成交的成本）。

以所有的市場來說，賣方付出的交易總成本平均比買方高出六倍。絕望的人會做絕望的事情，以 2001 年第一季那斯達克指數下跌 20%時為例，根據證券經紀專家韋恩．華戈納（Wayne Wagner）的說法，交易者當時賣出快速下跌的股票時，平均要承擔 3.52%的總成本。同時，買進價格持穩的成本只有 0.21%。換句話說，恐慌賣出的成本比耐心買進的成本大約高 17 倍。2005 年第一季，那斯達克指數下跌 8%，耐心買進的人平均交易總成本為 0.52%，恐慌賣出的交易者成本為 1.8%，幾乎高出 3.5 倍。這點可能是因為買進的人通常分批小筆買進，賣出的人卻一舉大筆賣出，傳統經濟學不能解釋這種事實，但是跟厭惡有關的神經經濟學可以解釋。

你的厭惡會幫助別人發財。畢竟在股價下跌後賣出股票，等於承認自己錯誤，你痛恨自己這麼白癡，只想擺脫該死的股票，好讓你能夠再度相信自己知道自己在幹什麼。你愈快洗掉手上不知道自己在幹什麼的證據愈好。相信我，不管和你交易的另一方是誰，他都會很高興碰到你。

## 時間流逝

想像你買了甲公司股票 100 股，隔天股價暴跌 29%，你很可能會大叫：「我怎麼可能這麼笨？我知道我不應該買這檔爛股！」你的後悔會集中你現在知道自己不應該做的事情上。但是隨著時間過去，你從更遠的地方回頭看時，你的眼界會擴大，你從更全方位的角度看自己的決定時，會更清楚的看出你應該做的所有更好的選擇。長期而言，你可能更後悔自己的不作為，後悔你現在知道你應該做、卻沒有做的事情。

記憶會隨著時間減弱，你會變得更不容易記得你做決定時的實際想法，因此會變得更容易用後見之明說服自己，說你當初決定買哪一檔股票時，有很多其他選擇似乎具有同樣的吸引力——不過當時你卻認為甲公司是比 Google 還大的金礦。現在回頭來看，當時似乎顯然有不少選擇勝過你所選擇的股票，現在你知道乙公司、丙公司和丁公司的股票全都勝過甲公司，看來你顯然應該投資其中一檔或每一檔。然而，當時這些選擇都沒有出現在你的雷達幕上。

在出問題的婚姻中，配偶之一最初可能生氣的想到「我根本不應該跟他（或她）結婚的！」但是隨著時間過去，悔恨通常會從現實世界出問題的狹窄範圍，轉移到毫無限制的想像世界中可能很好的地方。經過很長一段時間後，怨偶經常會想：「我為什麼沒有跟老李結婚，而是跟他結婚？」或是「要是我娶娜娜就好了。」久而久之，熱辣辣的「作為後悔」通常會淡化，變成比較冷靜、一廂情願的「不作為後悔」，形成對原本可能發生的情形輕微的絕望。何況沒有走過的路多的不得了，誰知道你跟中學時親過兩次的人在一起，最後會有什麼結果？

因此你後悔自己沒有做的事情時，通常比後悔自己做了的事情時更「開放」。每次你看另一檔股票的價格時，你錯失大好良機的心態似乎可能會變得愈大（「我知道我應該買那一檔的！」）而且隨著時間流逝，你想像中該買而沒有買的每檔股票，價值都可能繼續膨脹。

隨著時間過去，幾乎每個人都有後悔的事情。在針對 176 位散戶所做的一項研究中，175 位說，他們至少對自己的一次理財決定覺得後悔。這些人當中，有 59%的人說，他們後悔抱著虧損的股票太久，只有 41%的人說，他們後悔太早賣出賺錢的股票。

事後看來，讓這些投資人比較困擾的是不作為錯誤，而不是作為錯誤。然而奇怪的是，他們的作為造成的成本，幾乎一定高於不作為的成本。投資報酬率並不均衡：股價下跌時，你的虧損不可能超過 100%（除非你用融資買進），但是如果股價上漲，你可以賺的錢卻沒有限制，因此一般而言，你太早賣出賺錢的股票，對投資報酬率的傷害應該超過抱著虧錢的股票太久。

但是你回頭看時，因為你是承受打擊的人，會清楚記得提早賣出可以少虧損多少錢。要估計如果你抱著好股更久，可以多賺很多錢卻比較難；因為這些錢被別人賺走了。虧損造成的財務損害可能比較小，造成的心理傷害卻超過錯失的利得。因此事後看來，雖然你的作為錯誤可能讓你損失更多錢，你卻會比較痛恨自己沒有做的事情，對自己所做過的事情反而比較不會後悔。因為在很長的期間裡，後悔會出現奇怪的變化，你的感覺會讓你看不出這種現實的財務狀況。

## 減少後悔

「時間會治癒所有傷口」這句話可能不完全正確，但是大部分的投資創傷不會留下持久的疤痕，一般說來，我們比自己想像的更善於減少後悔。減少後悔需要花點時間，但是大家會適應、會調整、會將就，然後繼續前進。只要時間夠久，連癱瘓的投資組合都可能賺錢，何況只要有一檔股票大賺，就足以彌補很多投資標的的虧損。預期後悔造成的傷害，經常比實際體驗的後悔造成的傷害還嚴重，形成怪異的矛盾。因此，投資人規避想像中將來可能讓自己後悔的風險時，造成的傷害很可能超過實際去冒險、卻以後悔收場所造成的人物害。哈佛大學心理學家吉伯特（Daniel Gilbert）說，避免採取自以為後來可能造成傷害的行動的人，經常是「購買他們實際上不需要的情感保險。」

投資有兩種基本錯誤。第一種錯誤立刻實現，又讓人生氣，就是你一買進，股價就暴跌，或是你一賣出，股價就飛漲。你立刻知道自己錯了，立刻會恨死自己。

第二種錯誤起初沒有那麼明顯。你在海灘上，躺在大浴巾上時，根本不會注意自己的皮膚，看看皮膚是否從健康的古銅色，變成嚴重曬傷的通紅。曬傷的過程極為緩慢，是無形的變化，投資錯誤經常很像曬傷，是忘性、粗心或你可能絕對不會滿意的漸進決定和承諾造成的，但是這種你事後不會看錯，投資錯誤可能讓你痛的要死，你會很後悔。

結局愈像你自己所做選擇造成的結果，你又愈容易想像自己原本可以有不同的做法時，你的後悔可能讓你愈痛苦。因此，可能的話，你應該儘量不要採取行動。你不該一次做很多決定，應該遵循一些政策和程序，讓你的投資決定進入自動導航狀態，把這樣做當成你是用定速巡航的方式，控制你的投資組合。

1995 年，我開著內弟的車子，收到超速罰單，難過之至，因此我發誓以後絕對不要再收到罰單。從此以後，我每次上高速公路，都會注意速限規定，設定巡航控制，消除自己因為粗心或情緒激動、最後違規超速的所有憂慮。康乃爾大學心理學家季洛維奇說：「你愈能夠讓投資自動化，要控制自己的情感應該愈容易。」下面是用自動巡航控制從事投資的方法，加上神經經濟學提供的一些其他教訓。

## 面對事實、坦白承認

本章開始時，談到羅伯森因為投資科技股失利，覺得自己像「落水狗」。但羅伯森沒有改變，起初他和夥伴蘇羅否認虧損，然而，大約虧損40%後，他們強迫自己面對痛苦。羅伯森說：「你藉著討論問題，把問題攤開來後，多少改變了問題的性質，這樣你可以改變自己的行為。」羅伯森覺得他們必須在剩下的錢虧光前採取行動。「我一直說，『我們是虧了錢，還是學到教訓？』，因為我們沒有利用市場高峰期間，還清債務，我們現在要利用這個教訓。」羅伯森和蘇羅拋售了現在知道一開始就根本不了解的所有高科技投資，利用收回的錢，還清抵押貸款，重新建立一個由股票、債券與指數型共同基金構成的保守型投資組合。他們的金融資產最高時達到 146 萬美元，最低時降到 46.8 萬美元，上次計算時，已經接近 100 萬美元。

因此，治療投資組合癱瘓最好的方法，是跟你信任的人，討論這種情況。朋友、父母、配偶或合夥人可以幫助你，消除恥辱和自責。你絕對不應該因為投資標的下跌，就把投資賣掉，但是如果突然下跌讓你了解自己根本不知道自己在幹什麼，那麼討論問題可能有幫助。為了從錯誤中學習，你首先必須承認自己犯了錯誤，公開承認錯誤比私底下痛悔交加、恨死自己健康多了。

## 制定除外規則

2006 年時，你很容易氣自己沒有在油價飛漲到半天高前，把所有資金投入能源股，你會說：「我當時就知道會這樣！」但是如果你當時遵循排除某些投資標的的規則，你後來比較不可能覺得後悔。遵守一些不買進原因的簡單方針，事後你回顧時可以說：「我沒有把所有的資金投入能源股，是因為這樣會破壞我自己的投資規則，這樣做會讓我覺得不對，早晚會變成錯誤。」你可以用這種方法，把衝動的決定，變成好像嚴重背離你正常行為的做法，因此你回顧時，比較不可能後悔沒有因為一時衝動而採取行動（請參閱附錄 B 投資除外規則。）

## 尋找推手幫助自己行動

因為賣掉毫無希望的虧損股票可能難之又難，或許你需要習慣這種想法。如果你已經重新評估原來的理由（請參閱第七章中的「利用文字」段落），斷定某種投資確實是錯誤，卻仍然不能面對自己，把錯誤排除掉，那麼你需要推手幫忙。巴塞隆納龐部法布拉大學心理學家霍格斯建議，把你登入券商帳戶的密碼，改成「拋售虧損股票」。每次你登入帳戶，打這種提醒你的文字，會讓你變成好像必須不斷練習的音樂家一樣。把這種想法內化後，賣掉虧損股票的想法會變成你的「第二天性」，你必須採取行動時，會變得比較自在。

作家、工程師和圖形設計師都知道，要找出自己的錯誤，最好的方法是請別人看自己的作品。有些基金管理公司強制規定，持有的每一種投資都必須由負責買進以外的人檢討；銀行找最初授權放款的經理人以外的人，重新評估不良放款，可以減少損失。如果你不是犯錯的人，承認投資一檔股票是錯誤就容易多了。要儘量遵循第二意見。

## 賣出時尋找一線希望

賣出的邏輯非常清楚：買進價格應該不是你決定是否賣出的因素，如果你認為一檔股票的價值高於目前的行情，你應該留下股票，如果目前行情高於你認定的價值，你應該把股票賣掉，如果你迫切需要現金，當然應該賣掉。但是你的買進價格多少不是考慮重點，不過柏克萊加州大學經濟學家歐丁說：「對大多數人而言，賣出決定和股價過去的表現關係比較密切，和未來可能的表現比較無關。」

這是因為情感壓倒了理智，後悔使大家注意到股價過去的變化，卻不分析事業價值可能沒有變化。最近一項針對個別投資人所做的訪調發現，只有 17%的投資人覺得買股票比賣股票難，然而，62%的受訪者花在做買進決定的時間超過賣出決定。大家非常清楚，要做出高明的賣出決定，必須做更多的研究和思考，因此大家就把問題藏起來。

不把投資虧損當成負債，而是當成資產，對你也有幫助。提列稅務抵減是美國稅法留給個人唯一有吸引力的漏洞。如果你讓虧損惡化，對你毫無價值，相反的，如果你賣掉股票、鎖定虧損，那麼你可以把得到的現金用在別的地方，可以沖銷虧損，降低稅負。你賣出時，是實現「帳面虧損」，把死錢變活，收到政府以稅務抵減方式，送給你的有價值禮物，你每年最高可以實現 3,000 美元的虧損，沖銷你的資本利得，降低你的應稅所得（認列稅務虧損前，可以請教稅務專家，或是上國稅局的網站查詢。）

你一把股票賣掉，就不應該再注意這檔股票是否反彈。T2夥伴公司基金經理人惠特尼・狄爾森（Whitney Tilson）喜歡說：「你不必想說從哪裡虧掉的就從哪裡賺回來。」如果一檔股票或基金確實是錯誤，你就應該擺脫掉，替你的資金尋找更好的利用方法。

如果你可以把賣股票變成像買進一樣的感覺，賣出可能會比較容易。首先，要找到另一檔你樂於持有的股票或基金，一定要利用投資對照表，找出這種投資標的。你手頭有現金可以買嗎？如果沒有，告訴你自己，要找錢買這檔可能賺錢的投資，最容易的方法是賣掉實際上讓你虧錢的東西。

另一個比較容易的賣股票方法是不把得到的現金，投資在截然不同的地方。心理學家在實驗中，把糖果、粉筆、鉛筆之類的小東西，送給受測者，然後出 5 美分，問受測者願不願意把新得到的東西拿出來交換，如果交換的是同類的另一種小東西，例如用粉筆交換粉筆，大家交換的意願會遠高於交換不同的東西（例如用粉筆交換糖果）。

因此，如果你不確定能夠找到更好的投資標的，那麼就投資和剛剛賣掉的股票類似，又能讓你安心的東西。這樣你不會有脫隊的感覺，也不會覺得自己冒然踏入不可知的天地〔例如，如果你擔心虧錢賣掉戴爾電腦（Dell Computer）後，戴爾電腦可能飛躍上漲，你可以賣掉戴爾，把得到的錢投入惠普（Hewlett-Packard）之類類似的股票，更好的是，買進電腦股的 ETF。〕

## 停損、但是不能損失太多

市場專家經常建議投資人，事先利用「停損」委託，要求營業員在股票跌破某種價格時，自動賣出股票。但是如果你定的停損太接近目前行情，你經常會把長期會大漲、短期卻小幅回檔的好股賣掉。每次你像這樣「停損出場」時，你的營業員都會賺到交易手續費，你卻可能一無所獲，反而後悔的看著你剛剛出脫的股票立刻回升。有些專家建議，停損應該定在儘量接近比目前行情低 5%的地方，這樣太瘋狂，除非你是當日沖銷客，否則不到25%的停損價位都太少。你希望增加自己的財富，不是讓營業員更有錢。

另一個方法是事前定出「本能檢查點」，也就是虧損到你要求自己重新評估當初投資原因的水準。例如，如果你以每股50美元買進一檔股票，你可以在45美元（虧損10%）、40美元（虧損20%）和37.5美元（虧損25%）時，進行新的研究。你不應該因為股價下跌賣股票，而是因為你的研究告訴你，標的企業出了問題。要問自己下面三個問題：

- 如果我不是已經擁有這檔股票，以現在的價格來說，我願意買嗎？
- 如果我不知道股價多少，我希望持有這家公司的股票嗎？
- 既然股價變得更便宜了，我的安全邊際（請參閱第六章）是不是變得更大了呢？

## 化惰性為動力

如果要你儲蓄很難，就把「意外之財」全部儲蓄起來。千百萬美國人利用直接存款，接受聯邦政府的退稅，把錢自動存進銀行帳戶中。但是錢一旦進了帳戶，大部分人都把錢花掉。如果你把退稅直接存進投資帳戶，你的惰性幾乎一定會促使你把錢放在裡面，這樣應該可以賺到比放在銀行裡高很多的報酬率。大部分大型共同基金公司都提供你國稅局規定的轉帳和帳戶號碼，好把退稅直接存進去，如果你已經在基金公司開立個人退休帳戶，你每年可以把退稅款加進去。把這種程序自動化，你絕對不會錯失這筆錢，或是受到誘惑，想要花掉。

## 不要堆積太多現金

華爾街金融家某先生把 1 億美元的獎金，放在貨幣市場基金中，因為他擔心在大跌前，把資金投入股市將來會後悔，因而動彈不得。你可以利用定期定額投資法，自動、分次投資，避免投資組合癱瘓，這是控制暴利而不被暴利控制最好的方法。

## 改變你的架構

如果一筆投資兩天內暴跌 25%，真的可能很嚇人——如果你在市場網站上，當場看著一筆又一筆的交易價格暴跌，更是嚇人。你在恐慌中，會不斷比較目前的行情和天價（或是崩盤前的價格）。反事實思考的想法可能把你活活吞下去：「要是我在最高價時賣出……要是我在三天前賣出……要是我在還能賣出前脫手……要是我聽自己本能的話。」

但是你也可以用雅虎財經之類的網站，查看你買進後股票的表現，把注意力放在你買進後賺到多少錢，而不是注意你從最高點到現在虧了多少錢，創造一種相反的「要是我」的架構，或許可以讓你不再覺得自己像白癡，才沒有賣掉。畢竟，如果你開始沒有買進，你一定會錯過股價下跌前你所賺到的所有利得。提醒自己，股價下跌前已經上漲了多少，甚至在下跌之後，你還賺了多少，這樣應該可以減少你的痛苦。

哈佛大學經濟學家柴豪瑟親身體驗過這種教訓。1996 年，他投資的一家新創科技公司賣給買給美國線上公司，柴豪瑟得到一大筆美國線上的股票，實際成本低於每股 2 美分。2000 年初，美國線上漲到每股 95 美元的天價，但是柴豪瑟沒有賣掉股票。美國線上（現在是時代華納集團的一部分）一直跌到 16 美元，而且在這個價位上凍結了好幾年。

柴豪瑟知道如果他在天價時出脫，會發大財。但是他沒有恨自己沒有賣掉，而是稱讚自己的投資成就。他語帶嘲諷的說：「如果你的美國線上股票從 2 美分漲到將近 100 美元，再回到 16 美元，你應該以 2 美分為參考架構，不是以 100 美元。」柴豪瑟斷定：「能夠控制自己的參考架構的投資人才會快樂。」

你不知道的東西不可能傷害你。哥倫比亞大學心理學家韋伯說：「如果你持有真正分散投資的投資組合，那麼根據定義，你一定會有一些資產表現優異，另一些資產表現不佳，如果你認為風險是可能在任何時間、在某些投資部位上碰到虧損，那麼分散的投資組合很可能比單一、集中的投資風險還高。但是風險的意義應該不是這樣，如果你不個別看待虧損，你就不會有虧損的感覺。」

為了減少虧損的痛苦，你可以選擇不讓你單獨看個別投資盈虧的投資組合。很多 401（k）計畫現在以單一方案的方式，提供「生命周期」或「目標」共同基金，這種基金結合很多種資產，包括美國股票、外國股票、債券，有時候還包括部分現金。因為生命周期基金報告報酬率時，是用一個數字涵蓋所有的資產，你就不會注意到一種資產的虧損，也不會因此後悔。2006 年 5 月是全世界股市黑暗的月份，投資這種基金的人應該會出現驚人的虧損：

| | |
|---|---|
| 先鋒全市場股價指數型基金 | -3.2% |
| 先鋒歐洲股價指數型基金 | -2.4% |
| 先鋒全市場債券市場指數型基金 | -0.1% |
| 先鋒太平洋股價指數型基金 | -5.3% |
| 先鋒新興市場股價指數型基金 | -10.7% |

我們很難想像，持有一個月下跌 10.7%基金不會覺得後悔，但是持有上述五檔基金的先鋒 2035 年退休目標（生命周期）基金，2006 年 5 月「只」下跌 2.8%。這檔目標基金讓你難以個別評估五檔基金的報酬率，使虧損看來似乎比較容易忍受，引發的後悔也少多了。這檔目標基金中還是有新興市場基金，而且新興市場基金仍然像石頭一樣重跌，但是你只感覺到整個投資組合的虧損輕微多了。凡是打過預防針的人都知道，什麼東西讓你多痛，經常要看你從多近的距離觀察而定。

## 保持平衡

1984 年初，有人投資 1 萬美元在一檔一般的美國股票型基金上，然後放著不動，到 2003 年底，獲得 50,308 美元。但是一般美國股票投資人不是把錢放著不動，而是經常動來動去，在市場熱絡時加碼買進，市場不熱時停止買進，甚至賣出。因此，一般投資人的 1 萬美元會成長到 46,578 美元，比把錢放著完全不動的投資人少賺將近 10%！法國哲學家巴斯卡寫道：「人的所有不幸只有一個原因：不知道怎麼留在房間裡安然不動。」，說得真是一針見血。

追逐原本熱門、最後卻不熱門的東西是一種毛病，治療之道叫做調整。先決定你要在幾種投資中的每一種，投入多少百分比的資金，再把儲蓄以精確的比率，分散投資在這些資產中。假設你原始的配置目標如下：

| | |
|---|---|
| 美國股市全市場指數型基金 | 50% |
| 國際股票指數型基金 | 25% |
| 新興市場股價指數型基金 | 5% |
| 美國債券全市場指數型基金 | 20% |

假設未來一年裡，美國與國際股票價值喪失五分之一，新興市場股票價值減少四分之一，債券持穩不動，這樣你的資產會變成美國股票大約占 48%，國際股票大約占 24%，新興市場占 4%，債券膨脹到 24%。

要讓這些比率恢復你原始的目標，你必須出售債券，買進股票。在 401（k）或個人退休帳戶之類的退休帳戶中，你可以調整比率，卻不致造成稅負。你可以規定一年必須調整兩次，每年在大約相隔半年、容易記得的兩個日子，例如你的生日和某一個假日，或是在你半年看牙醫的日子（你可以利用日曆軟體或具有提醒功能的網站，發送資訊給你，提醒你這樣做，你也要請跟你關係密切的人查對你是否遵照辦理。）長期而言，調整一定可以提高你的報酬率，降低風險。你的投資起伏愈劇烈，你各種資產價值增減的步調愈不一致，你從調整中得到的好處愈大。

這樣你可以不讓反射性腦部拉著你，追逐贏家、緊抱輸家，你利用事前決定的反映性承諾，賣出上漲最多的一部分資產，買進一點跌幅最重的資產。季洛維奇說：「這樣你不只是投資特定證券，也投資比較抽象的『買低賣高』的構想，這樣應該可以消除一部分情感因素的影響。」

大部分人不做調整，是因為害怕買賣引發的後悔，可惜他們不知道，這種程序可以自動化。最近針對 1,000 位投資人所做的訪調發現，61％的人寧可對配偶或心愛的人承認自己錯誤，也不願意賣掉賺錢的股票；但是只有 34％的人說，他們「定期或定出時間表」，調整自己的投資組合，不過其中有一半的人承認，至少一個月評估自己帳戶的價值一次。

投資人和拒絕跟別人交換樂透彩券的人一樣，擔心如果自己推動改變，會妨礙投資組合的績效，卻忽略了如果不改變，至少同樣可能妨礙自己。長期而言，在價格下跌的投資中加碼買進，在上漲投資中減碼──調整的基本意義──是鎖定買低賣高最好的方法。如果你陷在保持現狀的心態中，你會錯過提高投資報酬率的機會。先鋒基金公司分析師約翰‧艾美利克（John Ameriks）說：「強迫自己在某些時刻做決定，勝過完全讓惰性牽著鼻子走。」

自動調整的好處是你不必一次又一次的一再做決定。愈來愈多提供 401（k）計畫的公司容許你定出目標，決定你希望在持有的每檔基金中投資的百分比。然後基金公司每年會自動調整一到四次，賣掉夠多已經上漲的投資，買進夠多下跌的投資，使配置比率恢復到你決定的目標。你根本不必考慮這件事，這樣就把可能的後悔消除了一大部分。

這是投資巡航控制最好的地方，如果你的基金公司提供自動調整機制，你要簽署同意文件；如果沒有，你要要求公司提供這種服務。除了這個方法之外，沒有多少方法能夠同時提高你的報酬率和安心程度。

Chapter 10

# 幸福快樂

對人類這麼渺小的動物來說，沒有什麼東西太渺小，我們就是靠著研究渺小的東西，達成儘量減少痛苦、儘量增加幸福的重要藝術。

——約翰遜博士（Samuel Johnson）

## 錢（就是我要的東西）？

錢能夠買到幸福嗎？

問美國人什麼東西能夠改善他們的生活品質，最常得到的答案是「更多錢」。不過大部分人認為，自己大部分時間裡大致都很幸福快樂，幾乎每個人都希望變得更富有，而且愈來愈多的人說，對「很有錢」的重視，超過過著有意義的生活。

心理學家大衛：麥爾斯（David Myers）說，現代美國夢已經變成「生活、自由和購買幸福。」當然，還有披頭四合唱團（Beatles）（和很多其他音樂短劇）都曾經齊聲合唱：「錢就是我要的東西。」

不幸地是，如果你賺到的錢已經夠你生活，光是靠著更有錢，就會讓你更快樂的可能性低到接近零。還好其中有很多變化，你賺多少錢，重要性不如你希望有多少錢、打算怎麼花法。此外，不管你的錢是多是少，你都可以善用你的錢，過著更幸福的日子，前提是要了解錢對你的幫助有個限度，也了解你可以靠著自我控制，發揮你對錢的控制力量。

錢能夠買到幸福的說法值得懷疑，幸福卻能夠買到錢——意思是很多人走正好相反方向的路子過日子、賺到錢。我們愈努力工作、賺愈多的錢，花在運動、度假、嗜好、慈善或宗教活動的時間愈少，跟朋友和家人共同創造美好回憶的時間也愈少。然而，就是這種活動才能創造恆久的幸福快樂，而不是純粹多賺錢。我們不該幻想只要錢多一點就會快樂，因而勞勞碌碌，應該認清我們只要多花一點時間追求快樂，最後很可能就會更有錢的現實。

## 我是有錢人就好了

當父母的人都知道，「還要」是嬰兒最先學會說的幾個字之一。錢跟牛奶或蘋果醬沒有太大的差異，我們一旦嘗到味道，就會說「還要」。一項針對 800 位財產至少有 50 萬美元的人所做的調查發現，19%的人同意「擁有足夠的錢是我生活中一直擔心的事情。」但是財產至少有 1,000 萬美元的人當中，33%的人有這種感覺。看起來財產愈多，擔心增加的愈快。這些有錢人當中，不到一半的人覺得「我存愈多錢就愈快樂。」

1957 年時，（經過通貨膨脹調整）一般美國人大約賺 1 萬美元，沒有洗碗機、乾衣機、電視機或冷氣機。但是當時接受訪調的人當中，35%的人說自己的生活「很快樂」。到 2004 年，扣除通貨膨脹因素後，美國的實質個人所得增加將近三倍，而且一般人家裡擺滿了消費產品，但是只有 34%的人說自己「很快樂」。看來財富增加三倍卻使美國人變得稍微比較不快樂。而且我們還是想要有更多錢。

哲學家叔本華（Arthur Schopenhauer）警告過，財富「像海水一樣，喝愈多就愈渴。」很多人急於解渴，有時候會想到「要是我像蓋茲那麼有錢，那麼我所有的問題都會解決。」這種想法中有多少真實性？

在美國這種富裕社會裡，富人的確比窮人快樂。窮困促使大家傾向從事暴力犯罪，比較富有的人因為覺得能夠控制自己的狀況，因而覺得安心，窮困剝奪了窮人的這種感覺。窮人得高血壓和長期心臟病的可能性高多了，死於長期病痛的可能性也高多了。在貧困中成長，甚至可能降低左前額葉皮質的活動水準──腦部產生幸福快樂感覺的中樞之一──因而使窮人更容易患上長期憂鬱症。窮人家庭也比較不穩定，這種極為基本的現象甚至在藍知更鳥身上都有記載──藍知更鳥的家庭在食物不足時會提早破裂。整體而言，年所得低於 2 萬美元的美國人，中年死亡的機率，比年所得超過 7 萬美元的美國人高出大約 3.5 倍。你的所得和財產水準很低時，每一塊錢對你的生活品質都可能很重要。

但是和有幸超越貧窮線的我們相比，有錢人真的比我們快樂很多嗎？答案令人驚訝，是否定的。心理學家多年以來，一直在世界各地用下列標準化的問題問大家：「考慮所有的因素，你會說最近的情況如何？你很快樂、相當快樂或不快樂嗎？」答案通常根據量表評分，一分代表一點也不快樂，七分代表極為快樂。在肯亞和坦尚尼亞乾燥高原畜牧的馬賽族（Maasai）在這張量表上，平均得到 5.7 分。住在格陵蘭島北方冰天雪地荒野中的因努伊特人（Inuit），平均得分 5.8 分。過著古老農村生活方式的艾米西教徒（Amish）得分也是 5.8。《富比士雜誌》美國 400 大富豪排行榜中的人接受類似測驗時，平均得分也是 5.8。

換句話說，在美國擁有驚人財富──擁有豪宅、很多賓士車、廚師、訓練員、遊艇和私人噴射機──只讓你比喝牛血和牛奶混合飲料、住在乾糞所搭蓋房子的一般馬賽人稍微快樂一點。

進行這項調查時，要進入富比士美國 400 大富豪排行榜，財產至少要有 1.25 億美元、排行榜中的富豪平均年所得超過 1,000 萬美元。這些美國富豪說，他們平均 77% 的時間裡都很快樂，同樣的訪調中，中產階級美國人的樣本說，他們 62% 的時間裡都很快樂。這不是很小的差距，卻也不是很大的差距。

因為富比士美國 400 大富豪的平均年所得，大約是一般美國中產階級的 300 倍。此外，大部分富豪都比較快樂，卻有 37% 富豪的快樂感覺不如一般美國人。

因此，事實真相不是錢買不到快樂，而是一旦你有了足夠滿足基本需要的錢，更多的錢能夠買到的額外快樂，遠比你想像的少多了。

如果你 1995 年 11 月曾經出入匹茨堡（Pittsburgh）國際機場，你可能碰到卡內基梅隆大學的學生發給你糖果棒，感謝你參加一項調查。他們想知道大家預期未來的薪水變化，對大家的生活品質有多大的衝擊，然後衡量聲明家庭所得改變得人生活水準有什麼變化。研究小組訪調了幾十位旅客，發現他們預測所得變化對他們未來生活品質的影響，大約是一般人實際感受到的三倍。

為什麼我們認為錢的重要性比實際上高這麼多？這點跟我們的腦部構造有關係，我們在第三章看過，你預期會有財務利得時，反射性腦部中的阿肯伯氏核會強烈活動。但是你一賺到錢，這種熱切的期望會冷下來，反映性腦部會產生只能算是微溫的滿足感。想像自己未來的財富，總是比實際得到時快樂。換句話說，你預期的快樂通常比實際體驗到的快樂強烈，如果你不了解這一點，你註定會長期失望。

## 失焦

經歷甘迺迪總統遇刺的震撼後，新聞記者瑪麗．麥格羅麗（Mary McGrory）對當時的助理勞工部長丹尼爾．莫乃漢（Daniel Patrick Moynihan）難過的說：「我們再也笑不出來了。」莫乃漢回答說：「老天爺，瑪麗，我們一定會再度開懷大笑，卻不會恢復年輕。」

莫乃漢知道，人類從逆境中反彈的速度比想像中快多了。我們具備了行為科學家吉伯特所說的「心理免疫系統」，使我們預期的壞事通常會比實際上嚴重多了，因為我們想像自己對壞事的反應永遠不會減弱，我們的恢復能力卻讓我們大吃一驚。另一方面，我們對好事的適應速度也比我們想像的快多了。

把眼睛閉上片刻，想像你碰到了美妙之至的事情，例如，中了 2.5 億美元的樂透彩，想像一下，中獎之後，你的餘生會變成什麼樣子？

現在再想像一些可怕的事情，例如，車禍使你從脖子以下癱瘓，你現在覺得餘生會變成怎麼樣？

想到立刻變成億萬富翁，你的直覺反應可能是想到「我從此會變得無憂無慮」，或是「我所有的夢想都可以實現了。」另一方面，你想到終生癱瘓時，反應很可能是會想到「我無法忍受」，或是「我寧可死了算了。」

我們預測什麼事情會讓我們多快樂或多不快樂時，會發生奇怪的事情，我們會把焦點放在壞事上。你想像戲劇化的事件對你未來生活品質的衝擊時，事情似乎像閃電或鐵錘打在鐵砧上——是會讓你集中精神、獨佔你所有情感的突然劇變。我們生活中的大事發生那一刻，給人的感覺經常像我們所希望的那麼美好，或是像我們害怕的那麼可怕。但是改變得時刻過去後，留下來的是改變得結果和適應改變得過程。這種過程很微妙、很分散，會隨著時間的推移而逐漸展開。因為和變化本身相比，對變化的適應不明確多了，因此事前想像這種階段會給你什麼感覺難多了，你的想像會集中在發大財或癱瘓的那一刻，不會放在發財或癱瘓的狀態上。

實際狀況和變化大不相同，你想像贏得樂透彩時，精神會放在片刻之內得到幾億美元那種不可思議的興奮上，你會認為自己卸下了所有財務上的憂慮，開始終生度假，搬到豪宅裡，買賓利車（Bentley），這種想像在片刻之內，充斥你的腦部，你想像中發財的所有好處同時衝擊你，時間在這種巨變後，似乎凍結了。

但是時間不會停下來，變成樂透彩得主所花的時間只有片刻，樂透彩得主的狀態卻會在你的餘生中一直延續下去，幸運的事實經常使實際贏得樂透彩的人震驚，就像樂透彩得主預期的一樣'突然發大財會有很多讓人興奮的事情。但是其中也有比較不明顯、比較無法預測的後果。騙徒的電話會響個不停，認識你的人友善之至的電話也響個不停，你住在新豪宅裡，不能經常看到老鄰居，卻被應該繼續失聯的遠親包圍。跟你有過摩擦的每一個人，都對你提出訴訟。如果你辭職，你會想念朋友，又會無聊的發瘋，繼續工作的話，同事似乎都痛恨你，不然就是為了錢才跟你來往，你很難知道誰才是真正的朋友，因此你孤獨的時間增加了。回到家裡，你會為了錢應該怎麼花，不斷的跟配偶吵架。

突然暴發最後可能給你一種諷刺的感覺，提醒你錢買不到青春、時間、自制、自尊、友誼和愛情。這種挫折進而可能促使你瘋狂的花錢，買金錢所能買到的所有東西。根據一項估計，曾經贏得樂透彩的人，70% 都把錢財浪費掉，難怪一般樂透彩得主中獎幾年後，幾乎都不比過去快樂，很多人甚至很難過。紐約州樂透彩得主寇帝斯・夏普（Curtis Sharp Jr.）說出了十分常見的心聲：「樂透帶給我虛幻的快樂，如果你像我一樣亂花，錢花光時，你會一無所有。」

我們誤以為富有的狀態和發財那一刻一樣，充滿了快樂，同樣的，我們也誤以為癱瘓狀態和變成癱瘓那一刻一樣可怕。你想像四肢麻痹患者的命運時，把精神放在重傷造成的震撼與恐怖、失去行動能力和自由、工作生涯結束、希望了結殘生的誘惑上。但是人癱瘓後，新的日常生活取代舊的。通常經過一段可怕的否定、震驚、憤怒和沮喪期間後，創傷會逐漸消退，現在的狀況變得可以忍受，你會把精力和精神放在儘量利用現有狀況上，你想像到自己再也不能做的每一件事情時，也會想到你預料不到自己可以做的某些事情。

因此，雖然沒有人自願癱瘓，癱瘓可以忍受的程度卻超過大部分人、甚至超過這一行專家所能想像的程度。美國三個創傷中心超過 150 位護士、急診醫事技術人員和醫生當中，只有 18% 的人認為，如果自己碰到脊椎受傷，會高興自己還活著；只有 17% 的人認為，癱瘓之後，自己的生活品質會普普通通或是高於一般水準。但是因為脊椎傷害而癱瘓的病人當中，92% 的人說，他們高興能夠活下來，86% 的人覺得自己的生活品質和一般水準一樣好，甚至更好。這種情形看起來可能有點不可思議，但是在受傷後的第二年裡，四分之一的脊椎病患已經同意下述說法：「我的生活絕大部分接近我的理想。」其中的原因之一是病人已經開始善用自己的狀況，原因之二是快樂最大的來源是家人和朋友的社會支持──人癱瘓之後，這種關係可能變得更密切。

赫斯特是熱心的投資人，雖然肌萎縮側索硬化症（漸凍人症）幾乎使他完全癱瘓，他還是利用電腦連線，管理自己的股票和共同基金投資組合。他靠著呼吸器呼吸，靠著餵食管吃東西，每天肺部需要吸痰幾十次。他全身上下，唯一還能動的地方是右臉上的一小部分，有一樣設備貼在他臉頰上，把他臉部肌肉的電流活動轉變成信號，讓他可以操作手提電腦。我 2004 年 11 月跟赫斯特認識，從此一直用電子郵件密切來往。（赫斯特利用臉部肌肉，一分鐘最多可以打 10 個字。）他也是我所知道最滿足、最有魅力的人；癱瘓 20 年後，他眼中的光芒不曾暗下來，他動也不能動，卻還在訴說自己的幸福，他寫電子郵件告訴我：「太太表現出來的一般態度和愛心讓我快樂，幫助和支持我們的朋友很多，增加了我的快樂，我總是樂天派，不會去想消極的事情。我沒有很多讓我後悔的地方，因為我碰到什麼事情都全力以赴。」赫斯特從 1988 年起就不能再走路，然而他堅持說：「像我這樣的人沒有什麼好抱怨的。」

## 這樣不是很好嗎？

雖然我們預測自己未來的感情時經常錯誤，我們通常卻對自己的錯誤視而不見。伊利諾大學心理學家愛德・狄安納（Ed Diener）說：「人一生這麼長的時間裡，實際上會發生幾千、幾萬件事情，因此很難整理我們預測自己的感覺時所犯的錯誤。」

你告訴自己，「要是紅襪隊贏得世界棒球大賽，那麼最後我的人生就完滿了。」接著，紅襪隊贏了，幾天裡，欣喜的感覺消失。你發誓說：「要是我能得到這個新工作就好了，那麼我就可以停下來，聞聞玫瑰的香味。」然後你得到工作，最後壓力卻比過去還大。你祈禱說：「要是她願意嫁給我就好了，那麼我一輩子的每一天裡都會很快樂。」然後她嫁給你了，即使你們的婚姻能夠繼續維持，你餘生裡的每一天不見得都很快樂。此外，你祈禱她嫁給你時，忘了自己不久以前在傷心之餘，還發過神聖的誓言——絕對不再戀愛。

我們想像未來時，會誇大自己情感的強度和延續的時間。這種情形造成吉伯特所說的「錯誤想法」，也就是我們認為，擁有或體驗的欲望將來會讓我們快樂，但實際上卻非如此。除非你學會克服這種幻想，否則你可能浪費錢，去買似乎可以讓你得到很多快樂、實際上卻空無一物的東西。人類錯誤預測未來情感的方式多的讓人吃驚：

- 詢問大學足球球迷，如果他們最喜歡的球隊贏得大比賽，他們會有多快樂，快樂的時間會延續多久。他們預測自己會高興很多天，但是 48 小時後，他們就覺得好像什麼事情都沒有發生一樣？很多球迷在自己喜愛的球隊輸球後，反而更快樂。
- 詢問一些人，問他們理論上是否願意接受 5 美元的代價，在大庭廣眾前表演一段默劇，很多人都說願意。但是請他們走到觀眾前，要他們表演時，突然之間，只剩一半的人願意表演下去——雖然他們只要模仿大象或洗衣機的樣子，還是可以賺到 5 美元。
- 在藝術品和古董拍賣會上，潛在的買家經常發誓，自己出的價格絕對不能高於某一個價位——但是在激烈競標的情況下，買家驚恐的發現，自己變成了某些東西的主人，買進價格是高出他們「希望」出的最高價兩、三倍。連經驗豐富的執行長，都會有同樣的「買家後悔」或「贏家詛咒」的感覺，經常發現他們歡欣鼓舞併購的公司，只不過是頭痛問題而已。

我們根據自己認定的欲望，決定我們的目標；事實上，經濟學最基本的原則之一是大家知道自己的喜惡。但是我們經常發現，事前我們認為是自己真正想要的東西，在實際到手後，就不再是我們真正想要的東西。就像大家快速適應贏得樂透彩或變成癱瘓的突兀事件一樣，任何事情只要我們經常碰到，我們都會適應，這就是為什麼花大錢買東西、快樂會逐漸消失一樣。我們扭曲一下滾石合唱團（Rolling Stone）的歌詞：「你不可能一直想要你得到的東西」。

以新休旅車為例，你第一次把車子開出車商的停車場時，車子閃閃發亮，像一顆巨大的珠寶，快速、安全、柔軟和寬大的感覺就像你想像的一樣，變成車主比你想像的還讓你高興，但是維持車主狀態的感覺卻比較糟糕。

幾星期內，新車最後的氣味消失；一、兩個月內，外表出現刺傷或刮傷，內部潑灑了咖啡、開特力和只有老天爺才知道的東西。車子很難停車，每次你開出加油站，至少都要留下 50 美元。一天、一天過去，想像擁有新休旅車的憧憬，和實際擁有的情況會出現落差，落差會愈變愈明顯，因此你雖然很不可能拋棄新休旅車，新車帶給你的快樂，卻很可能遠比你以為自己會得到的快樂少多了。

你漂亮的新套裝或新鞋（很快就會弄髒或退流行）也一樣，

你重新裝潢的廚房也一樣，流理台面會裂開，地上的瓷磚會刮傷，有時候，冰箱還是不夠大。

我們事前想像花大錢買東西會讓我們非常快樂，不幸的是，這種快樂和實際狀況衝突時，你的憧憬會淡化，你會比較實際得到和你夢想得到的東西之間的差異，和夢想比較後，得到的結果是有缺陷和糟糕的感覺。

因為原來的美夢仍然極為清楚，你通常會得到錯誤的結論，不了解花大錢非常不可能讓你快樂，卻斷定自己只是花大錢買錯了東西：「下次我要買淩志車（Lexus），不再買這種爛雅歌車（Accord）。」接著，如果淩志車讓你失望，你希望改買寶馬車（BMW），一直這樣下去，陷入永無休止的興奮與失望循環中，如果你像這樣花錢，錢不但不可能讓你快樂，反而會讓你難過。蕭伯納（George Bernard Shaw）寫的好：「人生有兩種悲劇，一種是失去心理的欲望，另一種是得到這種欲望。」

## 你覺得過去如何？

如果你覺得奇怪，為什麼我們對什麼東西會讓我們快樂的預測這麼不可靠，請考慮下面的因素：讓我們覺得快樂的回憶其實好不了多少，因為沒有人喜歡承認錯誤，我們經常在回憶裡，把過去美化，因而覺得過去畢竟沒有這麼差。這樣會讓我們比較願意重複當時並非總是覺得很喜歡的經驗。

- 一群擁有手提電腦的大學生放春假時，每天要填電子調查表七次，評估自己歡樂、鎮定、友善、愉快或快樂的感覺有多強烈。他們大致是當場評估自己的情感，反映在陽光下尋歡作樂的實際情況，也伴隨著蟲子咬傷、曬傷、泳衣裡灌進沙子和嚴重的宿醉。他們回學校一個月後，主持實驗的人請他們回憶春假時的情感，他們現在記得的感覺比度假時好 24%。
- 自行車騎士在加州一次自行車之旅中，就像預期的一樣，享受充分的運動、新鮮空氣和美景，卻也感覺到無聊、被雨淋濕、熱浪和距離讓他們筋疲力盡的感覺。61% 的騎士說，這次自行車旅程至少有一點比他們預期的還糟糕。然而，只不過是一個月後，只剩下 11% 的人還記得這種感覺，就好像最近的過去在玫瑰色的照後鏡中反映出來。
- 你看相簿裡的度假照片，假期給你的感覺比實際度假時還愉快，這點可能扭曲你的回憶。畢竟你先生從船上掉進水裡時，你必須放下照相機；而且你在攝氏 35 度的高溫中等上半輩子，等著上洗手間時，也沒有什麼好拍的；你一定不記得六歲大的兒子吃完薯條後嘔吐的情形，反而記得叫大家在灰姑娘的城堡前笑著擺姿勢的樣子。
- 有一項研究根據不同的時間間隔，問幾十位受測者童年有多快樂。大家從大約 30 歲回顧時，只有 40% 的人覺得兒童時期「大致上快樂」；然而，到了將近 70 歲時，57% 的人認為自己小時候大致上相當快樂，等他們到 70 多歲回憶時，83% 的人覺得小時候大致上很快樂。

- 多倫多一家醫院接受結腸鏡檢查的病人當中，有一半接受傳統的檢查方式，大約持續 27 分鐘。另一半病人在檢查結束後，結腸鏡放著不動（不錯，放在肛門裡）多放三分鐘。實際上，兩組病人都認為檢查程序幾乎一樣痛苦，但是後來他們回想時，第二組病人覺得檢查的痛苦程度少多了，這些病人痛苦的時間比較長，但是因為最後幾分鐘不舒服的程度下降，因此他們現在回想起來，覺得比較舒服。感覺延續多久的重要性不如感覺結束的方式。

因此你的記憶不只是回憶而已，也是重建，這點有助於說明為什麼你從經驗中學到的東西這麼少。你對往事的記憶，大致上受這件事情的現狀影響；因為你現在變得比較快樂，看起來你過去一定也比較快樂。你忘了過去事情實際發生後，這件事會變得比較像你當初所預期的情形。

你的假期理當很有趣，因此實際上或許的確是這樣。你痛罵自己做了傻事後，可能想到，要是事情真的是這麼蠢，你起初應該不會做才對。回憶的這些花招揭露了一個寶貴的教訓：你逐漸習慣你的新休旅車或重新裝潢的廚房後，這些東西的價值通常會減少，你回憶過去的事情時，過去的經驗經常會變得更美好。隨著時間的過去，你花在併購上的資金，通常會讓你覺得愈來愈不像是錯誤，隨著你的記憶變得比較美好，你花在經驗上的錢，價值通常會提高。

## 難以捉摸的不安

我們已經知道，大家經常誤解將來的什麼事情會讓自己快樂，甚至誤解過去有什麼事情讓自己快樂過，但是我們一定知道現在讓我們快樂的事情是什麼。

不幸的是，實際上這一點一樣不正確。

- 已婚的人說，他們對生活有多滿意，大致上要看他們跟配偶在一起有多快樂而定——但是只有在你先問婚姻生活、再問他們大致上有多快樂，才會得到這樣的答案。同樣的，大學生說他們多快樂，跟他們多常約會無關——但是只有在你先問他們的整體快樂程度時，才會得到這樣的答案。如果你先問他們的社交生活，再問他們的快樂程度，你會得到大不相同的答案。
- 德州將近 1,000 位職業婦女詳細記錄一天的活動，根據從中得到的滿意度，為 16 種常見的活動打分數。結果和子女在一起排名接近最後，只比上網略高、比打瞌睡略低。通勤是唯一讓她們覺得比工作還不快樂的活動，她們喜歡祈禱勝於購物，和朋友交往讓她們比單獨休息快樂多了。但是如果有人問什麼事情讓你最快樂，你可能會想到達成工作目標、跟子女在一起、購物或純粹的休息。你或許不會想到，你可能比較喜歡想到這些事情，比較不喜歡實際去做這些事情。

- 一項實驗在兩周期間裡，每天請最近開始約會的大學生，評估自己對雙方關係、性生活和整個生活的滿意程度。最後再請這些被愛沖昏頭的人回顧，評估他們對前兩周生活與愛情的感覺。六個月後，研究人員再找他們，了解哪些愛情還繼續發展，哪些人已經分手，結果發現每天說自己當天多快樂，不是關係能夠延續很久的良好指標，但是回憶說自己過去兩周很快樂，卻是雙方會不會繼續在一起的絕佳指標。

看來奇怪的是，你過日子時，想到日常生活的波折，就可能讓你覺得比較不快樂。更奇怪的是，時間消逝可以撫平其中的起伏，讓你在回顧時，對生活的滿意度，高於實際經歷時。

## 大家同樂

評估快樂看來好像是想把彩虹關在瓶子裡，幸運的是，有一些發現已經得到證實。最重要的是，你對生活多滿意，要看你覺得跟別人的關係如何而定。心理學家狄安納和馬丁・賽里格曼（Martin Seliigman）連續好多個月，研究 200 多人，進行很多實驗，以便決定誰真正快樂。最快樂的人在絕大部分的時間裡，對一般生活狀況的滿意程度遠高於別人，碰到逆境時，他們很少難過很久，碰到順境時，也不會欣喜若狂。最重要的是，快樂的人朋友比較多，孤獨的時間比較少。

研究人員請 100 多人帶著會發出嗶聲、提醒主人填快樂調查表的手錶，在外向測驗中得分比較高的人，比內向的人快樂。事實上，說自己朋友超過五個的人，比朋友不到五個的人，覺得自己「很快樂」的可能性高出將近 50%。一般說來，孤獨能夠產生的快樂極少，以至於大部分人寧可跟老闆混在一起，也不願意獨處。

我們也知道，人快樂時，頭腦會發亮，出現特別的光芒。威斯康辛州大學神經科學家戴維森利用腦部掃描、參考頭皮上發出的資訊，發現比較快樂的人左前額葉皮質的活動量大多了。左前額葉皮質的神經元發射，會幫助你從難過的事件中復原，讓你在重重考驗的環境中，致力達成正面的目標，而且會壓制杏仁核中產生的負面情感。左前額葉皮質平均活動水準較高的人，看恐怖或噁心的電影時，也比較不會難過。此外，腦部這個地區活動力較強的人對最近的獲利狀況，也記得比較清楚。這樣幾乎就像這個部位是心理內在陽光的來源一樣：解剖也顯示，長期憂鬱症患者的左前額葉皮質細胞會嚴重萎縮。

有些人可能天生左前額葉的發育比較好。戴維斯森研究十個月大嬰兒在媽媽離開房間一分鐘時的反應，比較哭鬧和不哭的嬰兒，發現比較平靜的嬰兒左前額葉皮質的活動，遠高於哭鬧的嬰兒。還好，天生左前額葉發育比較不足的人或許可以繼續發展，經年累月坐禪、追求內心寧靜的和尚，左前額葉皮質的活動水準似乎特別高，連不打坐時也一樣。刻意排除負面情感似乎會產生正面情感。

知道金錢是手段，不是目的，是滿足的另一個關鍵。不把變得更有錢當成優先目標的人，通常比比較重視物質的人快樂。狄安納說，為了財富而追求財富，對快樂會有「毒化效應」。相信金錢在人生中最重要的人，比較可能罹患心理疾病（除非他們已經很富有）。

不幸的是，不安全感和不確定感幾乎可能引發任何人內心的物欲。在管教不一致家庭中長大、或是在艱困、敵視氣氛中成長的小孩長大後，比較可能追求金錢，作為心理補償，這樣會引發惡性循環：把追求金錢當成目的，可能造成沮喪、焦慮、壓力和家庭裡的緊張，進而引發更急切追求更多金錢、以便從中得到解脫的行為。

但是你把輪子踩地更快，卻不能讓苦日子慢下來。在最近的一項調查中，職業婦女評估時說，年所得低於 2 萬美元的人，心情不好的可能性會比年所得超過 10 萬美元的人，高出兩倍以上。事實上，所得較低的人說，自己心情不好的頻率只稍微高一點，畢竟，你花愈多時間在高所得的職位上，追逐更多的金錢，追求想像中的快樂，愈沒有時間從事能夠增加生活中實際快樂的事情。

## 多計較、多痛苦

你這麼不容易從這種單調而辛苦的追求中解脫，原因之一你的鄰居也拚命追求這種事。你擁有的錢能夠讓你多快樂，一部分要看你身邊的人賺多少錢而定。

嫉妒是人性，但是人類不是唯一在乎跟別人計較的生物。很多物種會形成自己的社會階級，底層的生物向比較上層的生物磕頭。動物領袖的皮毛可能由團體中的其他成員梳理，其他動物可能服從領袖對食物或伴侶選擇的權威。

在物種本身圖騰柱上地位低落的動物，血液中壓力荷爾蒙的水準經常會比較高。老鼠受到團體中比較強壯老鼠的威脅時，腦部會產生額外的蛋白質，增強老鼠的記憶，鼓勵老鼠未來的「社會挫折」──不只是小老鼠立刻會這樣而已，未來幾星期裡，這隻小老鼠身邊的同伴都會這樣。

團體中階級低落的老鼠通常會喪失食欲、變得昏昏欲睡，斷斷續續地睡著，而且身上產生壓力荷爾蒙的腎上腺會變大。一群魚的領土被同種的另一條魚控制時，這群魚會停止生產能夠增強繁殖能力的蛋白質；它們「擁有」的「領土」愈少，愈不可能繁殖。

猴子在神經生物學家麥克・卜拉特（Michael Platt）的訓練下，學會把果汁當成貨幣使用，牠們願意付錢，觀看團體中其他比較高階猴子的影像；相反的，牠們也願意花用果汁錢幣，避免看比牠們低階猴子的影像。猴子主宰身邊的猴子社會三個月後，吸收多巴胺的特殊分子數量會增加 20%；在圖騰柱上高高在上，實際上可能會加強腦部的報酬系統。

現代人的腦海裡，仍然保留這種對社會地位的原始反應。德國年輕人看汽車照片時，強烈偏愛閃閃發亮的跑車照片，不喜歡小車或笨重的轎車。這點不足為奇，但是這些男性在核磁共振造影機器裡選擇時，只要看著最熱門跑車的影像，他們反射性腦部的報酬中樞就會大力發作。只要看看大部分人最豔羨的車子，就足以使他們腦中男性看到美女臉孔相片時會發亮的同一個部位，充滿多巴胺。這種叫做「車迷」的迷戀背後的動力，很可能是希望炫耀和提升社會階級的古老基本欲望。

嫉妒和社會比較的根源紮得非常深，以至於變成我們生物結構的本能。在採獵社會中，領導人物能夠主導大局，完全是因為他們比較善於採獵和保存稀有的資源。社會比較可能對原始人很有幫助；我們的遠祖觀察擁有比較多資源的人，學習怎麼獲得更多資源的技巧。例如，嫉妒──然後是模仿──最善於採集水果的成員，應該會幫助其他成員，也學到採集更多水果的技術。在原始人的世界裡，嫉妒協助每一個人生存下來。

然而，這種情感深深銘刻在現代人的基因裡，卻令人憂喜參半。現代西方社會的大部分人不再過著極力奮鬥、以免挨餓的生活。不能模仿成功的同儕，通常不會害你陷入沒有後代或夭折的噩運。有一點點「比較情結」可能有好處，這種情結會刺激你努力工作，為你的未來帶來希望，使你不至於徹底失敗，也促使你在訪客上門前，把家裡整理的乾乾淨淨。

然而，十誡以「你不能嫉妒」非常多的事情，作為結束，一定有很好的理由。一點秘密的嫉妒雖然是積極的動力，長期的計較情結卻可能毀掉你的生活。如果你不能控制這種和同儕比較自己是否成功的原始衝動，你是否快樂，總是會變成不是看你擁有多少錢而定，而是看別人擁有多少錢而定。別人有多少錢，永遠不是你能夠控制的事情，千百萬人為了趕上比較有錢的人，總是希望賺更多的錢，結果就是長年的不快樂。

即使你認為自己不在乎「跟別人比較」，你仍然可能在不知不覺中，受到比較情結的侵害。想像下面兩種情況：在第一種情況中，你買了中產階級社區最大的房子；在第二種情況中，你買了富豪社區最小的房子。在這兩種狀況中，你賺的都是上層中產階級的所得，兩棟房子的價格一樣，你住在哪個社區裡會比較快樂？

從理財的角度來看，富豪社區裡的房子可能變成比較好的投資。然而，從心理觀點來看，你住在中產階級社區會比較快樂的可能性高多了，因為隨著一年一年過去，你在中產階級社區的房子看來絕對不會變小，你鄰居的花費不會一直都比你多。一項針對 300 多個城市 700 多位居民所作的研究發現，一般說來，你住的社區裡最富有的人賺的錢愈多、比你會賺錢的鄰居愈多，你對自己的生活愈可能覺得不滿意。

有一項研究詢問幾千個瑞士人，問他們覺得要賺多少錢，才能夠滿足自己所有的需要。經過長期調查，這項研究發現，他們的所得每增加 10%，大家就希望自己還能多賺 4%。你愈有錢，愈希望有更多的錢。

有一項研究請將近 5,200 位英國勞工，評估他們對自己的工作和所得的滿意程度，做類似工作、賺的錢比較起來卻愈少的人，對自己的工作和薪資愈不滿意──即使他很有錢，也是這樣。換句話說，在類似工作上比別人多賺一點錢的人，很可能比在其他領域賺大錢、但別人卻賺更多錢的人快樂。

窮國裡的很多人比歐美人士想像的還快樂，原因可能就在這裡。你認識的人當中，幾乎每個人大概都跟你一樣窮，你比較不可能受到比較情結的侵害。因此馬賽人和因努伊特人雖然大致上過著沒有電、沒有電視、很多東西都沒有的日子，卻很少擔心住在奈羅比或納諾塔里克（Nanortalik）的人多有錢，更不擔心比佛利山、達拉斯或蘇黎世的人了。

你的錢讓你多快樂，甚至要看你跟家人比較的結果。新聞記者孟肯（H. L. Mencken）曾經開玩笑的說，財富是指每年至少比內弟多 100 美元的所得，經濟學家最近證明他的說法正確：丈夫賺的錢比妹夫多時，女性對自己家庭所得的滿意度會高多了。此外，賺的錢沒有父母多的人，和賺錢比父母多的人相比，覺得「很快樂」的可能性少多了。

跟朋友比較財富也可能讓人難過。《錢雜誌》2002 年所做的調查發現，美國 63% 的富人同意下面這句話：「我比較不容易跟賺錢比我多很多的人交朋友」──比率是覺得比較不容易跟錢比自己少的人交朋友的三倍。這是財富競爭可能讓你覺得比較窮的另一個原因。你最近獲得的財富可能害你跟老朋友切斷關係，因為積極的社交生活是快樂的關鍵之一，變得比較富有卻比較孤獨，絕對不是過著比較滿足生活的方法。

## 快樂能夠買到金錢嗎？

曾經有人開玩笑說：「快樂有什麼好？你又不能用快樂買到金錢。」這句話說的很有道理，卻很可能並不正確。心情好的人比較可能嘗試學習新技巧，從更廣大的角度看事情，想出解決問題的創意，跟別人愉快合作，而且會堅忍不拔，而不是放棄。如果你正在寫怎麼賺更多錢的方法，這些因素是你一定會納進去的第一批材料。英文的「發生」和「快樂」起源於古老英語相同的字根，快樂的人似乎更常使好事發生。

神經科學家戴維森發現，左前額葉皮質比較活躍的人、也就是腦中可能是產生快樂主要部位比較活躍的人，在注射流行性感冒疫苗後，會產生比較多的抗體，顯示他們的免疫系統比較強健。在人類和猴子身上，腦部的這個部位比較活躍，跟血液中壓力荷爾蒙的水準較低有關係，這樣有助於阻止我們對日常生活中的波折過度反應。比較快樂的女性一天開始時，身體裡的壓力荷爾蒙水準較低，而且整天一直保持較低的水準。將近 1,000 個荷蘭老人中，比較經常哈哈大笑、瞻望未來、致力完成目標的人，和比較不樂觀的人相比，死亡率低 29%。外向對你的健康也有好處；比較外向的人血液中的醣化血色素水準較低，顯示他們得糖尿病和相關疾病的風險較低。

1976 年，美國有幾千位大學新生評估自己多快樂，將近 20 年後，在快樂評分表中得分最高的學生，平均所得比得分最低的人高出 31%。比較快樂的職業板球員平均打擊率高於比較不快樂的球員，一直保持好心情的員工缺勤的日數比較少，連俄國也一樣。

一項針對美國三家公司將近 300 位員工所做的研究發現，員工愈快樂，18 個月後的薪水愈高。比較快樂的執行長比較可能擁有比較有生產力的勞工，創造比較高的利潤。不論賺賠都保持好心情的當日沖銷客長期之後，通常會賺到比較高的報酬率。事實很簡單：你愈快樂，很可能就愈長壽、愈健康，可能擁有的錢愈多。

## 爭取幸運之神眷顧

1994 年 5 月的某一個美好的早晨，巴尼特・赫茲伯格（Barnett Helzberg Jr.）走過紐約市的廣場大飯店（Plaza Hotel）時，聽到有人叫「巴菲特先生！」赫茲伯格轉頭，看到一位穿紅洋裝的女性跟他認得是巴菲特的人談話。赫茲伯格回憶說：「我向巴菲特走過去，說：『我是堪薩斯市赫茲伯格鑽石公司的赫茲伯格，也是波克夏公司的股東，我真的很喜歡你公司的股東會，而且我認為，我的公司符合你的投資標準。』」

幾星期後，巴菲特從赫茲伯格和他家人手中，買下他們的公司，價格沒有揭露。赫茲伯格說：「我的運氣很奇異，你愈相信自己幸運，就會愈幸運。」赫茲伯格的故事顯示，幸運不只是在適當的時間出現在適當的地點而已，幸運是善盡利用在適當時間處在適當地點的狀態。

1970年，美國海軍上尉羅伯・伍華德（Robert U. Woodward）負責送一份包裹，到海軍作戰司令辦公室。辦公室裡沒有人簽收，因此他只好坐下來等待。不久之後，一位年紀比較大的男性走進會客室，一聲不響地坐下來，伍華德強迫自己看著對方，再自我介紹，很快的就跟這位陌生人聊了開來，談到自己身為海軍軍官，年紀輕輕，不知道下半輩子要做什麼才好。

然後伍華德和陌生人談到自己都上過喬治華盛頓大學（George Washington University）的研究所，因為這層關係，兩個人談得情投意合。年紀比較大的這個人叫做馬克・費爾特（Mark Felt），自願提供一些有關職業生涯的建議，兩個人後來繼續保持聯絡。不久之後，伍華德離開海軍，到《華盛頓郵報》當記者，費爾特是聯邦調查局的高級官員，後來變成伍華德和卡爾・伯恩斯坦（Carl Bernstein）的秘密消息來源「深喉嚨」。

兩個人握手前，伍華德不知道費爾特是什麼人，也完全料想不到自己後來會變成調查記者。如果伍華德像一般在會客室裡等待的人一樣，尷尬地坐著，一言不發，他和伯恩斯坦可能永遠無法揭露水門弊案的全部內容。伍華德把陌生人變成朋友，最後改變了美國歷史。

英國心理學家理察・魏斯曼（Richard Wiseman）研究過幾百位自稱很幸運或不幸的人，發現有些人的確比較幸運，也發現幸運是一種技巧。魏斯曼指出，幸運的人通常具有幾項共同特性，這些特性為幸運者帶來好運。

## 幸運者絕不放棄

魏斯曼說：「不幸的人在惡運下崩潰，幸運的人把惡運當成學習經驗。」愛迪生為了尋找「白熱燈泡」的燈絲材料，費盡千辛萬苦，一次實驗一種材料，一共實驗了幾千種材料，包括黃楊木和竹子（他說天才是百分之一的靈感，百分之九十九的努力時，確實是親身體驗到自己所說的話。）最後，愛迪生發現碳化棉線符合要求。如果他輕易地打退堂鼓，今天你想到好主意時，應該不會用頭腦上亮起燈泡來表示。

## 幸運者向外看

幸運的人有好奇心，喜歡觀察，樂於接觸和探索周遭的世界。1946 年，雷神公司（Raytheon Corp.）工程師史賓塞（Percy

Spencer）走進一間實驗室，裡面正在測試短波雷達的核心動力——磁電管。片刻之後，他有種奇怪的感覺，覺得口袋裡的糖果棒開始熔化。果然不錯，糖果棒已經變成一小袋巧克力花生湯。史賓塞不是第一位碰到這種事情的工程師，卻是第一個針對這種現象採取行動的人——雖然他只受過初中教育。史賓塞立刻拿來一袋爆玉米花，放在磁電管前面；然後又拿來一顆蛋，兩樣東西很快的都炸了開來。史賓塞抓住這番際遇，發明了「雷達爐」，就是後來大家熟知的微波爐。

如果你過於狹隘的專注手頭的工作，你可能永遠用不上自己的邊緣視力，因而錯過了社會學家羅伯．墨頓（Robert K. Merton）所說的「放任意外發生的重要性」，或是「結構性不確定。」

美盛價值信託基金經理人米勒用大致相同的方式，強迫自己打開心扉，創造了絕佳的投資記錄，他靠著偏離正常範圍，買進美國線上與戴爾電腦之類、比較傳統的「價值型」投資人看都不看的股票。幾十年前，富達麥哲倫基金經理人林區的投資構想來自四面八方，包括太太穿的新褲襪；他不怕購買其他投資專家看都不看的資產，如瑞典汽車公司或長期國庫公債。智慧型投資人不會只窩在一個地方，還帶上眼罩，會張開雙眼，看所有的東西，一有可能，就會走上意外際遇的道路。

## 幸運者注重光明面

想像兩部只有駕駛人開著的汽車高速迎面相撞，兩部車都全毀，兩位駕駛人都安然無恙的下了車。不幸的那位悲慘的叫著，「天啊，看看我的車！」幸運的那位大聲的說：「謝天謝地，我還活著！」一個人只看到壞事；另一個人看的是好事，兩個人都拿著同樣的杯子，覺得自己幸運的人認為杯子是半滿的，覺得自己不幸的人認為杯子半空。

現在想像後續的發展。覺得幸運的駕駛人非常高興還能活著，因此對當天碰到的任何挫折都一笑置之，他告訴大家，光是能夠活下來就是奇蹟，其他人受到他的熱情感染，向他道賀，說他命大，大家的認同使他覺得更幸運。

認為自己不幸的駕駛人一心一意、只看其他出問題的地方，不管問題多小，都認為是天地跟他作對的證據。受到他的負面態度影響，女服務生打混，警衛要檢查他好幾種身分證明，結帳櫃檯職員甚至不對他說：「祝你好運」。一天結束時，他確定自己受到了詛咒。

哪一位駕駛人在人生中會有比較大的成就？問題已經自行說出答案。兩個人從同樣的地點出發，在幸運之路上開向截然相反的方向。誠如路易・巴斯德（Louis Pasteur）說的一樣：「機會偏愛做好準備的人。」

## 時間與人生

你比較願意今天得到 10 美元，還是明天得到 11 美元？如果你像大部分人一樣，你應該比較願意今天得到 10 美元，比較不願意等 24 小時，多得 1 美元。

接著考慮下面的問題：你願意在一年後得到 10 美元，還是在一年加一天後得到 11 美元？問題用這種方式表達時，大部分人都把答案改成 11 美元，雖然兩種報酬仍然同樣間隔 24 小時。不知道為了什麼，大家就是在未來的時間裡，似乎比較有耐心，現在比較沒有耐心。

就像這個思考練習所顯示的一樣，你做需要時間才能展開的投資決定時，頭腦經常混淆不清。連我們跟時間的諺語都是一團矛盾：一鳥在手勝過二鳥在林，但是雞蛋孵出前，不要計算你有幾隻小雞；早起的鳥兒有蟲吃，但是緩慢而穩定的人會贏得最後勝利；猶豫不決的人會失敗，耐心等待的人卻會得到所有的好結果；魔鬼會抓最後一個人，但是傻瓜直衝天使都不敢去的地方。我們談到時間時，實際上是首鼠兩端，一方面，我們莽撞而沒有耐心，重視短期，急於立刻消費、快速致富。另一方面，我們卻能夠撥出錢來，為可能是幾十年後的目標做準備，例如為子女的大學學費或自己的退休做準備。

普林斯頓大學神經科學家柯恩引用伊索寓言中螞蟻和蚱蜢的故事，螞蟻忙著為冬天採集食物，蚱蜢沐浴在陽光下，嘲笑螞蟻在最美好的夏日時光中忙於工作。伊索的蚱蜢為今天而活；螞蟻為明天而計畫。我們每個人的腦海裡，都有蚱蜢和螞蟻互相對抗，希望控制我們跟時間有關的決定。這兩種情形和我們在第二章中所看到的一樣，是同樣的兩種系統——情緒性的蚱蜢象徵反射性的頭腦，分析性的螞蟻代表反映性的頭腦。除非你能控制心裡蚱蜢的衝動力量，否則你不可能變成成功的投資人，也不可能變成絕對快樂的人。

我們和大部分其他動物一樣，花錢、借錢和交易的衝動起源於反射性腦部中的情感迴路。針對很多種鳥類和老鼠所做的實驗顯示，牠們通常不願意冒額外的風險，增加所能得到的食物數量或其他報酬，但是如果可以縮短等待報酬的時間，通常願意冒比較大的風險。在自然界裡，不耐煩經常有代價，千百萬年前，生命很短促，食物容易腐敗，地盤難以保衛，為今天而活確實有道理。

快速致富讓我們特別興奮，是因為這種態度是協助人類遠祖生存的急性子的現代版。然而，我們也有充分的餘裕為明天而活。重視長期的觀念是在人類特有的反映性腦部分析中樞產生。其他動物也可以為未來計畫，所有生物都必須在報酬可能多大，和可能必須等待多久才能得到報酬之間，評估得失。但是沒有其他物種能夠訂定這麼複雜、又觸及極為遙遠未來的計畫。然而，我們的計畫並非總是正確，時間幾乎總會用什麼方法，來捉弄每一個人。

- 美國人離職時，可以把自己的 401（k）計畫，「轉入」另一個退休儲蓄帳戶，或是繳交懲罰性的稅負，立刻動用現金。不到一半的人選擇轉入未來的儲蓄；12% 的人把錢花在消費產品和日常開銷上，另 22% 的人用這筆錢買房子、創業或清償債務。對很多人來說，現在花費的引誘壓倒了為將來儲蓄的決心。
- 投資人非常願意購買每年另外收取 0.75% 費用的共同基金，不願意買收取一次性 5.75% 銷售手續費的基金，雖然後者能夠賺取較高的報酬率。
- 幾千家信用卡公司激烈競爭業務，為什麼他們收的利息從來都不會跌破 20% ？每兩位卡友中，大約有一位認為自己「幾乎總是繳清欠款」，但是四分之三的帳戶每個月都會出現利息！大家現在申請信用卡，根本不擔心高利率，因為大家認為，自己絕對不會負債；到了後來，卻幾乎總是負債。
- 如果你從 62 歲開始請領社會安全給付，每個月領的錢只有再等幾年後才領的 75%。但是最近退休的人當中，大約 70% 選擇屆滿 65 歲的法定退休年齡前，開始領取社會安全給付，急性子使大家希望早點拿到一些錢，代價是錯過將來高很多的所得來源。
- 大多數體育館會員都先繳交月費或年費，希望這樣能夠強迫自己多利用體育館，但是通常大家去的次數非常少，以至於改成每次付費的話，還可以省一些錢，但是大家害怕如果改變繳費計畫，就會完全不上體育館。

- 1990 年代初期，美國國防部為了鼓勵軍職人員提早退休，提出優退計畫，官兵可以選擇一次領取一筆現金，或是選擇領取長期年金（保證未來很多年裡，每個月都有源源不絕的收入。）申請優退的人當中，超過 90% 的人接受一次性給付，選擇開始時多領一些錢，卻錯過了將來平均 3.3 萬美元的給付。
- 洛杉磯威士塢（Westwood）一家咖啡廳推出賭博遊戲，其中一種賭法是賭一次，有 50% 的機會贏得 20 美元或輸 10 美元，三分之二的顧客都願意參與這種賭法。另一種方式是同樣的賭法賭 100 次，只有 42% 的顧客願意賭；未來幾乎確定可以贏更多錢的情況不夠明顯，無法壓倒現在可能輸錢的痛苦。

普林斯頓大學神經科學家柯恩最近領導研究小組，探討螞蟻和蚱蜢在你腦海中拔河的情形，研究人員請受測者在亞馬遜公司的兩種禮券中，進行一系列的選擇，一種是金額比較小、比較早可以拿到的禮券，另一種是金額比較大、比較晚才拿得到的禮券（例如今天拿到價值20.28美元的禮券，或是等一個月，拿到價值23.32美元的禮券。）研究小組發現簡單而驚人的現象：不管你選擇立即的滿足或延後滿足，前額葉皮質和頂葉皮質的反映性區域都會啟動，但是只有在你選擇比較早得到報酬時，反射性腦部才會啟動，引發阿肯伯氏核四周和附近區域的活動強烈激增，因此，選擇立即的好處會讓你受到多巴胺的衝擊，選擇延後報酬卻不會這樣，除非未來的利益大很多。柯恩說：「未來的報酬必須真的很大，才能使這個系統像得到近期或立即的報酬一樣興奮。」

這點有助於說明為什麼大部分人比較喜歡今天拿到 10 美元，比較不喜歡明天得到 11 美元，卻願意為了額外的 1 美元，等上一個月。你立刻可以拿到 10 美元時，光是想到這件事，就會促使多巴胺激增，排擠你多等一天、得到更多錢的能力，這時蚱蜢擊敗了螞蟻，但是如果你要到很久以後，才能獲得其中一種報酬，那麼你的反映性腦部不會感情勃發，你可以做出比較不衝動的選擇，這時螞蟻可能勝過蚱蜢。

很久以前，心理學家華德・米契爾（Walter Mischel）請學前兒童進行一系列蚱蜢和螞蟻交戰的選擇，例如選擇現在得到一塊軟糖，或是 15 分鐘後得到兩塊軟糖，他發現，最善於延後滿足的是，經常是玩著彈簧玩具，讓自己分心的四歲小孩 Slinky，他成年後，擁有比較高明的社交技巧、比較堅強的自信心和比較高的學測分數。

金錢和軟糖一樣。研究人員最近請受測者，想像自己贏得一家高級餐廳的十張晚餐券，可以在今後兩年裡，隨時上門吃大餐。研究人員問誰會受到誘惑，在第一年裡，把餐券用光，以至於第二年裡可能會後悔，25% 的受測者承認自己會這樣。

有多少人願意接受要到第二年才能使用的餐券？只有 7% 的人說願意。令人驚奇的是，這 7% 的受測者已經在自己的退休帳戶中，儲蓄了多很多錢。對於比較能夠自我控制的人來說，儲蓄才是很自然的事情——政府考慮推動社會安全民營化時，應該謹記這一點。

因為得失現在具有極大的情感力量，但是得失推遲到將來時，情感力量會消退，因此我們在購買一樣東西的價格和擁有這種東西的成本之間，會長期混淆不清。我們對價值很敏感，因為價值是現在的事情，我們對成本的敏感度差多了，因為成本是將來的事情。

一個世紀前，一位名叫金恩·吉列（King Camp Gillette）的人利用我們腦中這種奇怪的特性發財：他先用幾乎免費的方式，引誘男士買安全刮鬍刀，男士上鉤後，就得無限期的每隔幾天，向他買新刀片，這也是為什麼今天的消費者以極低的價格，買到噴墨印表機時極為興奮，後來才發現墨水匣會無限期的讓他們喪失一筆小財。這是你內心的蚱蜢胡亂花錢，卻讓螞蟻設法還債。

## 我愛明天！

我們總是說：「我晚一點再做」，這句話似乎無傷大雅，卻可能在你的財務生活中形成重大差異。

哈佛大學經濟學家大衛・賴柏森（David Laibson）說，拖延只是「把不愉快的工作拖到比你自認為應該還久以後才做。」當然，不愉快的工作將來經常會帶來愉快的結果。對我們有好處的事情，我們經常拖的最厲害：例如在 401（k）帳戶中多存一點錢、戒菸、清償卡債、運動、先繳交房屋貸款本息、節食、提高保險扣除額、申請線上銀行與繳款服務、尋找比較便宜的電話服務、整理我們的開支帳目。

帝博大學（DePaul University）心理學家約瑟夫・費拉利（Joseph Ferrari）估計，25% 的美國人有慢性拖延的毛病，「在趕上最後期限方面，會習慣性的拖延。」（他說，不管什麼年齡，男性和女性拖延的毛病大致相同。）根據美國國稅局的說法，2005 年內，美國 1.2 億件個人報稅案件中，有 27% 是在最後一刻（或剛剛過了限期時）申報；3,200 萬件報稅案是在 4 月 9 日到 4 月 22 日之間申報。將近 40% 的報稅案需要退稅，連把錢從美國政府要回來的興奮，都不足以阻止大家拖延。

某一家美國大企業有 68% 的員工，認為自己的 401（k）儲蓄率「太低」。認為儲蓄不夠的人當中，超過三分之一的人說已經做好計畫，準備在今後幾個月裡，提高個人退休帳戶的提撥金額，但是只有 14% 的人確實實施這種良好的計畫。

因此，問題不在於我們不知道什麼東西對我們有好處，只是看起來明天再做似乎比今天做好，明天來臨時，明天的明天突然之間看起來更好。

其中原因是很多決定的大部分好處將來才會出現，因此看起來模糊不清，可以拖延。然而，成本現在卻在情感上立刻鮮明的表現出來。例如，你要運動的話，你必須從忙碌的一天裡，找出一小時，變成氣喘如牛、汗如雨下、髒兮兮的人。將來你的體重當然很可能降低，得到活的更長壽、更健康的好處，但是好處要以後才會出現；壞處現在就出現。

同樣的，如果你今天把更多的錢提撥到 401（k）計畫裡，幾十年後，你會有更多的退休金——但是首先你必須克服一大堆文書作業，從複雜得嚇人的菜單中挑選基金，忍受薪水略為減少後必須減少花費的痛苦。在這種情況下，成本又是當下就出現——你會說：「我寧可買那幾雙鞋子！」——好處卻要相當久以後才出現。你反射性腦部的情感迴路只注意到當下的成本，會阻止你的反映性腦部分析未來的好處。

因此，把今天該做的事情拖到明天，我們就可以把成本拖到未來。未來再麻煩一定比現在就做輕鬆多了。我們如果對自己玩這種小把戲，就可以假裝我們已經把心理總帳的兩邊——一邊是成本，另一邊是好處——恢復平衡。現在好處和成本都往後拖了，你整個生活就可以這樣輕鬆地打混過去，你每天都重新向自己保證，會正確地吃東西、會戒菸、增加運動量、多存錢、少花錢——從明天開始。

## 老來天天是好日

想像你突然間變成老人的情況。如果你現在才 20 多、30 多或 40 多歲，你很可能會想像到，現在已老年的自己變成像鬼一樣——最小的煩惱都會讓你生氣，什麼東西都不記得，只記得自己的名字，比鏈鋸低的聲音你都聽不到，每天在電視機前打瞌睡，每晚得剝下假牙，全身上上下下、裡裡外外、時時刻刻都酸痛。Who 合唱團的彼得・湯森（Pete Townshend）在「我這一代」這首歌裡，寫下「我希望我在變老前就死掉」，幾乎道盡了每一個人心裡的恐懼。

因為對年輕人來說，年老似乎是極為糟糕的事情，大部分人認為，隨著自己年華老去，花錢的能力會跟著降低。因此大家為今天而活：努力花錢而不儲蓄，利用信用卡大肆借貸，從事高風險的投機，希望快速致富，而不願意用比較可靠的投資，慢慢發財。羅德島州史密斯菲爾德（Smithfield）的布萊恩特大學（Bryant University）心理學家海勒・雷西（Heather Pond Lacey）說：「很多人都怕變老，這點有助於說明為什麼年輕人經常從事高風險的行為，不為未來維護自己的身體和財產。」

但是大部分年輕人對衰老的直覺嚴重錯誤。最近有將近 300 位年輕人（平均年齡 31 歲），和將近 300 位比較年老的美國人（平均年齡 68 歲），參與一次線上調查。兩組人都評估一般人 30 歲和 70 歲時有多快樂。不但 30 歲的人覺得自己 70 歲時應該比較不快樂，而且年齡較大的一組認為，自己30歲時比較快樂。接著讓人震驚的事情發生了：調查主持人請大家評估自己的快樂程度，將近70歲的人得分比30歲左右的人，高出10%以上！因此，令人驚訝的事實是：大家的年齡愈大，會變得愈快樂，不過大家事前都沒有預料到這一點，甚至可能根本不知道會有這樣的變化。

你年齡增加後，經驗會變得更豐富，你從經驗中學會剔除過去讓你不高興的事情，只注意最可能讓你快樂的事情。隨著時間過去，你的頭腦會變成更善於管理情感，你的好心情會延續愈久，從不好的心情中恢復的速度愈快，你變成愈善於忘掉過去讓你失望的事情。史丹佛大學心理學家蘿拉柯斯登森（Laura Carstensen）發現，隨著年齡增加，大家愈來愈可能放棄隨隨便便的關係，會把更多的時間，跟你知道自己最喜歡的人相處，而且會放棄短暫的興趣，把更多的精力，放在你知道自己最喜歡的活動上，隨著你的時間架構變短，你從為娛樂而娛樂的事情中得到快樂會減少，但是從花精神在能夠增加生活意義與滿足的經驗和關係上、得到的快樂會增加。

- 神經科學家曾經精確測量受測者看相片時眼球的瞬間運動。一組20多歲的人和另一組平均64歲的人，看到令人生氣的影像時──例如，看到士兵用槍比著逃走的兒童──比較年輕的一組眼睛停留的時間大約多25%。
- 根據評估汽車價格、燃油里程、安全性與舒適性等因素的圖表，比較六種不同的汽車時，年紀比較大的人比年紀比較輕的人多花大約 10% 的時間，評估正面的特性，比年紀 較輕的人少花將近 20% 的時間，評估負面特性。

- 比較年輕和比較老的人看表達快樂、悲傷或恐懼之類快速展示情感的影像後，比較老的人記得的正面照片，幾乎和年輕人一樣多，但記得的讓人生氣的照片，卻不到年輕人的一半——幾乎就像老人的記憶銀行不再接受負存款一樣。
- 掃描顯示，受測者在核磁共振造影腦部掃描機器裡，看帶有感情的相片時，一般年輕人的杏仁核對負面影像，會產生重大的熱烈反應。但是年紀比較大的人看到令人生氣的相片時，腦中的杏仁核反而會略微冷卻。

神經科學家認為，年紀較大的人利用前額葉皮質的反映性力量，發展出一種自動對抗杏仁核反射性反應的能力。事實上，你年紀愈增加，腦中具有分析性能力的部分愈會加強運作，對你比較年輕、比較容易興奮時，容易讓你產生負面情感的反應，產生抑制作用。這樣你的心裡會留下更多的空間，容納你預期中的正面經驗、容納你的人生變短後，希望專心注意的事情。

當你變老後，反映性腦部藉著抑制杏仁核對負面事件的反應，改變你記憶的性質。第七章說過，你的杏仁核因為恐懼而發揮作用時，會像烙鐵一樣，把這種事件燒進你的記憶中。但是杏仁核變得比較不活躍後，事件可能留存在未來記憶中的分量會減少。年老不但促使我們產生一種記得好事的衝動，也使我們對不好的事情產生失憶症。人老之後，腦部似乎聽從強尼，莫瑟（Johnny Mercer）老歌中的建議一樣，「強調好事，消除壞事」。

一旦你了解老化的真相，你對 20 多歲憂鬱症患者比 65 歲以上的憂鬱症患者多的現象，再也不會覺得訝異。只有「最老的族群」（年齡接近 90 歲以上的人），憂鬱症的現象才會跟年輕人一樣常見。假設你的健康狀況良好，你滿 65 歲以後，對人生的滿意程度應該比年輕時還高。

內心平靜會使年紀比較大的投資人比較有耐心。1970 年代可怕的空頭市場期間股價下跌時，只有年齡超過 65 歲的「老糊塗」持續、穩定的買進股票，到 1979 年，《商業周刊》封面宣稱「股票已死」時，很多比較年輕的投資人憤慨的放棄股市，但是 1970 年代的股價下跌，為 1980 和 1990 年代的多頭市場奠定基礎後，年紀比較大、勢跌中一直買進的投資人終於可以從漲勢中，得到最多的利潤。

總之，我們對衰老的恐懼沒有根據，儲蓄因此變得很有道理：你變得比較老、比較有智慧時，會從財富中得到更多的享受。到時候你會知道自己年輕時絕不可能知道的事情，知道怎麼善用你的財產，增加生活的意義和滿足。你不應該害怕老年，應該期望一年、一年過去後，你會從年輕時儲蓄和投資的金錢中，得到更豐厚的收穫。

如果你利用本書裡的教訓，最善盡利用你的反射性和反映性腦部，那麼你面對和進入未來時，應該毫無恐懼。羅伯・勃朗寧（Robert Browning）詩作中，班・艾斯拉（Ben Ezra）教士說的下面這段話十分正確：

> 陪我一起年老！
>
> 最好時光尚未來到，
>
> 燦爛晚年正待展現
>
> 早年歲月塑造功勞。

## 要幸福喔！

從有關快樂的新研究中，得到最有力、最令人安心之至的教訓，就是你不必有錢才能快樂。要增加你的幸福感時，管理你的情感和期望，至少跟管理你的金錢一樣重要。你可以花最少的功夫，採取很多小撇步和一些大動作，得到最大的快樂，我們先從小撇步談起。

### 深呼吸

戴維森針對和尚所做的研究顯示，能夠培養內心平靜的人，腦中幸福感生產中樞之一的左前額葉皮質會比較活躍。你每天一定要為自己定出幾分鐘的寧靜時刻。拔掉所有電線，關掉手機，放下黑莓機，關掉電子郵件，閉上眼睛，深深的呼吸，花一點時間沉思、祈禱或思考快樂回憶中的細節。做完這種練習後，想出你今天可以完成那些可以讓你覺得愉快的事情──愈簡單愈好。你的投資不順利時，這種技巧會特別重要。

## 關掉電視機

因為不管你賺多少錢，嫉妒和「比較情結」都會讓你覺得難過，你應該儘量少跟別人比較。黃金時段的電視節目和廣告用極多的影像轟炸觀眾，讓人覺得自己像失敗者，而不覺得自己更富有。美國、中國和澳洲的研究都顯示，看愈多電視，愈可能認為自己的幸福要由買不起的東西來決定，對生活會變得愈不滿意。如果你希望對自己的財產更滿意，要關掉電視機，把時間用來從事自己的嗜好、上夜間課程，或是跟親友聚會。

## 開車找快樂

通勤幾乎是每一個人最不喜歡的活動，跟朋友在一起卻幾乎是大家最喜歡的事情，因此你可以實施一石二鳥的計畫：跟兩、三個好友定出共乘計畫，不但把壞事變成好事，還可以節省油錢。

## 順勢而為

如果你在工作上碰到問題，再拚老命很可能也找不到解決方法。每天花一小時，從事運動、藝術或音樂活動，會吸引你的注意力、讓你的精力重新聚焦，讓時間似乎停格，也會消除你心中的煩惱。你重新回到辦公室時，解決方法可能突然間變得很清楚。同理，愉快的度假也具有神奇的力量，可能讓你立刻忘掉股市下跌的煩惱。

## 舉辦聚會

高明的經理人知道，情勢艱困時，提振士氣特別重要。老牌選擇權交易員馬克．高德凡（Mark Goldfine）說，他在交易廳裡碰到特別不利的日子後，經常招待同事喝酒或吃晚飯。他說：「任何人結束順利的一天後都可以慶祝，但是我認為結束難過的一天後慶祝比較好，這樣你可以忘掉市場，不再生氣和傷害自己。比較快樂的人在交易廳裡有比較多賺錢的日子。」

## 以高潮作為結尾

因為情感的記憶大致由一種經驗結束的方式決定，你現在或許可以操縱未來的記憶。例如進行兩周的度假時，要抗拒一開始度假就立刻大肆花錢的衝動，把特別之至的場合留到最後，到最後才進行羅曼蒂克的晚餐、星空下的夜航、和親友驚喜的重逢、以及最可能為你和旅伴創造美好回憶的任何事情。將來你回憶時，以高潮結束度假有助於消除先前的任何不愉快。同理，營業員和財務規劃專家或許可以把最好的消息，留到見面的最後一刻才說出來，這樣或許可以提高客戶的滿意度。

## 讓別人驚喜

第四章說過，意外的報酬會刺激腦部釋出大量多巴胺。就像你不能自己搔癢一樣，你也不能送給自己意料不到的禮物，但是讓別人驚喜很容易，你為別人購買意外禮物所花的每一塊錢，跟你花在自己身上的每一塊錢相比，都會為別人和自己創造更多的快樂。禮物不見得必須是昂貴的珠寶；真正重要的是這番心意。

## 重新上學

大家回顧過去時，不管他們過去念過多少年的書，一定都會說他們生平最大的憾事是沒有受到足夠的教育。不管你是否對中古史、南北戰爭史、烹飪、電腦維修或棒球物理學感興趣，附近的大學幾乎一定都會開辦讓你大開眼界的收費課程。你要從沙發上爬起來，走進教室；你會學到一些有趣的東西，交到新朋友，附帶的收穫是，你甚至可能找到能夠幫助你賺更多錢的構想。

## 老來別太大膽

因為年老會讓我們重視好事、排除壞事，騙子和訟棍長久以來就喜歡欺騙老人。對老年投資人來說，總是強調獲利的快速致富方案，幾乎有著無可抗拒的吸引力〔佛羅里達州博卡拉頓（Boca Raton）一向是老人天堂，美國沒有幾個地方的拆爛污券商──和知名券商──像這裡這麼多。〕人老了以後，根本不喜歡想不好的事情，因此保護老人很重要。如果你的同伴已經老了，或是你自己超過 65 歲，要安裝垃圾郵件篩檢程式，剔除不請自來的電子郵件，要申請來電顯示，過濾電話行銷人員的電話，如果有人主動要替你或你父母親管理資金，總是要好好調查一番，而且沒有參考附錄 B 和附錄 C 的對照表和投資政策聲明前，絕對不要投資。

## 強調好事

你不常看到老爺爺或老奶奶大發雷霆，老年人比較平靜、比較會往好的方面看，這點表示恐懼經常不是煽動他們的好方法，如果你強調不好的決定會讓他們損失多少，他們會不理你，應該強調比較好的選擇可以帶來好結果，尤其是可以讓他們有更大的自由，跟他們最重視的人共度。

## 追求目標

你反射性腦部有一種蚱蜢直覺，使你很難為未來儲蓄，因為很久以後的報酬在情感上，沒有今天花錢的那種衝擊力量，解決之道是儘量明確、儘量清楚的訂出未來的目標，為你的儲蓄或退休帳戶取個小名，例如叫做「艾蜜莉的大學教育基金」或是「土司坎別墅基金」，也訂出達成目標的日期，例如「2024 年 4 月 17 日艾蜜莉的 18 歲生日」，或是「2029 年聖誕夜。」

從雜誌上剪下一張照片或是下載一些圖片，貼在你的帳戶記錄上，你愈能清楚想像這筆錢將來可以做什麼用途，你的目標會變得愈接近、愈明確，你今天愈容易把錢撥出來存進去。

## 把時間變成你的後盾

精明的行銷人員知道，要把報酬放在前面，把風險放在後面；這樣好處會造成最大的刺激，壞處的困擾會降到最低。要強迫自己不只是注意現在的買進價格，也要注意擁有一種資產的總成本。例如，如果你要申辦房貸，不要光是因為 30 年房貸每月繳交本息低於 15 年房貸，就選擇 30 年房貸；要看看因此負擔的債務總額差多少。也不要受到愚弄，假設不收「買進手續費」的共同基金，就一定比年度費用較低的基金便宜；要先看看公開說明書裡的費用表格。每次花大錢買重要的東西時，如果付款方法有不同的選擇，要求對方拿出書面分析，不但說明每一種方法今天要付的成本，也要列出五年後要付的成本。你可能突然間發現，你以為今天節省的錢，將來會從暗處跑出來。

## 約束大肆花費的衝動

如果你發現自己有胡亂花錢的衝動，後來卻覺得後悔，要把你的錢分開來。日常生活開支從正常的支票帳戶支出，為大肆花費另外開一個不同的支票帳戶，而且申請一張簽賬卡，把信用卡剪掉、絞碎，這樣你可以繼續享受刷卡付款的方便，但是跟信用卡不同的是，你花的錢不能超過帳戶中現有的餘額。

## 自己創造運氣

心理學家魏斯曼花了很多年時間，研究特別幸運（或不幸）的人。他舉的例子當中，讓人印象最深刻的是一位參加宴會前想定一種顏色的女性，她會有系統的跟宴會廳裡每一位穿同色衣服的人談話，她強迫自己有系統的表現出友善的態度，認識了原本絕不可能談話的對象，得到更多約會的機會。

藉著打破常規、擁抱新經驗的方法，你可以抒發自己的好奇心，迎接新構想。你愈常走上意外發現之路，在投資或事業生涯中，愈有機會獲得幸運的突破。每周嘗試到新的地方吃中飯，跟另一個部門的人出去喝咖啡；跟陌生人談話；如果你經常搭巴士上班，要把其中一段路改用走的。訓練自己每天注意周遭環境中不同的地方：別人開什麼車、穿什麼牌子的鞋子、用什麼牌子的手機。到跟你平常興趣差很遠、會讓你驚奇的領域中上網、看雜誌和產業出版品，尋找新的資訊來源。

1998 年，我出於毫無來由的好奇，在一家機場書店裡，買了一本《科學人》（Scientific American）雜誌，看了一篇談論神經科學的文章，完全是因為文章一開頭有一張很漂亮的相片。讓我驚訝的是，我看到腦部切成兩半的人計算機率時，是用跟大家截然不同的方式。這篇文章最後促使我想到我從平常來源絕對找不到的投資看法，如果那天我沒有突破平常的閱讀範圍，本書絕對不會出現。

魏斯曼也建議大家，記錄一張「幸運目標」的清單，上面的記錄要儘量明確、儘量務實（「我希望致富」不算，「我希望下個月找到十位新顧客」才算數。）然後注意你推展這些目標的進度，定下一些目標，因此在某個領域運氣不好，可以靠另一個領域裡的幸運克服。

## 現在就做

拖延是致富最大的敵人之一，也是不快樂最大的來源。我們都知道應該多儲蓄一點，而且相信如果我們只要能夠提振一點意志力，我們都會這樣做。但是心理學家羅伊．包美斯特（Roy Baumeister）用極為巧妙的實驗，證明意志力根本不夠。他請大家坐在爐子前面，爐子上正在烘焙新鮮的巧克力棒餅乾，他告訴受測者，可以隨心所欲，吃放在桌上碗裡的紅蘿蔔，但是絕對不能吃餅乾，然後他離開受測者幾分鐘。同時，第二組受測者可以隨心所欲，願意吃多少餅乾，就吃多少。最後包美斯特請所有的受測者解決一個幾何謎題，需要集中意志力、對抗餅乾誘惑的人當中，放棄解決謎題的人數比可以隨心所欲吃餅乾的人，多出兩倍以上。其中的教訓很清楚：至少在短期內，意志力不是再生資源，用掉了，就沒了。自我控制的力量可能極為輕易就消耗掉，以至於你需要發揮這種能力時，會覺得自己愚蠢。

哈佛大學經濟學家賴伯森指出，幸運的是，「你可以今天下定決心，鎖定明天的行為，打造不需要發揮自制力的世界。」下面是幾種事前下定決心的簡單方法：

## 跟朋友合作

如果你認識的人當中，有人也希望下定同樣的決心，你們可以合作，協商出達成你們共同目標的日期，也協商出如果你們兩個都達成目標，你們會互相贈送對方什麼獎勵（可能是在你們最喜歡的餐廳裡吃一頓大餐、晚上去看電影，或是做你們喜歡做的事情。）如果只有一個人在期限前達成目標，兩個人都得不到獎品。

## 請求另一半幫忙

如果你曾經拖延過什麼事情，告訴配偶或重要的另一半，說你終於下定決心，要在這個星期五前把這件事做好；如果不能做好，那麼下星期六你就得做對方選定要你做的家事。

## 尋找技術性的協助

假設你知道自己應該提高 401（k）計畫中的儲蓄金額，卻覺得猶豫不決，賴伯森建議你告訴一位朋友，「如果我下星期五下午五點前，沒有做好這件事，我就欠你一樣你自己選定的禮物。」你們兩個要握手約定，這樣你將來就不能自毀諾言。然後利用你的黑莓機、另一台個人數位助理或共用的網路日曆，寫出一則下星期五早晨會自動傳給你朋友的簡訊。賴伯森建議你，再寫一則事前通知自己的簡訊，說「他下午五點會跟我通話！」如果這一切都不能促使你早早在星期五來臨前把事前做好，到了那天下午四點45分，也一定會驅策你把事情火速辦好。

## 分開來做

把事情分成好幾個小步，而不是一次把所有的事情完成，可以把行動成本變得似乎沒有那麼痛苦。假設你打算為所有的費用帳單申請網路繳款，不要同時為所有的費用申請，這樣做的困難度太高、太嚇人。要改為挑選為一種費用、例如為長途電話費用，申請網路繳款。你會很驚訝的發現申請起來非常容易，然後你會發現不必再開支票、貼郵票、裝在信封裡貼好、再寄出去的感覺多好。藉著一步、一步的嘗試，而不是立刻全神投入的方式，你會了解好處遠超過成本，要不了多久，你所有的費用都會改成網路繳款。

## 提升自我的幸福感覺

心理學家賽里格曼證明，每星期記一天快樂日記——只要寫下你碰到的三件好事，加上你認為好事發生的原因——就可以讓你在未來好幾個月裡快樂多了，好像計算自己的幸福會讓幸福增加很多倍一樣。

你也可以進行賽里格曼所說的感恩之旅：想到幾位對你一生有重大正面影響的人，寫一封文長300字、細節詳實、說明對方做了什麼，對你的人生旅途有什麼意義，你為什麼感激對方的原因，然後找出這個人今天在什麼地方，要求去拜訪對方，如果對方問為什麼要拜訪，就說只是驚喜而已。到達目的地後，大聲把信的內容念出來；如果你覺得這樣太肉麻，就跟對方坐在一起，讓對方自己看信，這樣你們兩個都會維持很長一段時間的溫暖感覺。

另一個做法是想像自己「最美好的狀態」。想像如果你所有的目標都達成、所有的夢想都實現，潛力全都發揮出來，你將來的生活會變成什麼樣子。想像你從這種有利的地位回憶，回想當時你最自豪的事情，把將來的你儘量詳細的記錄下來，寫在一張紙上，隨時帶在皮夾裡或行動電子設備的檔案夾裡，每次想到新的細節，都要補上去。

最後，到了每一年新舊交替時或到了元月裡，在你制定新年新計畫、針對你的投資進行年底結算時，要簡單的記錄你在快樂方面的進展。把你的生活分成幾大項，例如分成愛情、友誼、健康、工作、娛樂、財產、學習、捐贈和整體的快樂。每一個項目都為自己打一到十分的分數，把這些分數加進你的財富清單裡，年復一年追蹤，可能是看出你什麼地方需要加強、才能達成目標，使生活更豐富最簡單的方法。藉著提升自己的情感財富水準，最後你應該也會提升自己的物質財富。

### 行動與存在勝過擁有

最後，想靠賺更多錢得到快樂，會讓你忽略一些簡單卻意義深遠的事情。基本上，快樂之路有三條：擁有、行動與存在。擁有以購買和持有為主，是賽里格曼所說的「愉快的生活」。但是就像新休旅車經常顯示的一樣，你不能靠著買東西得到長久的快樂。行動跟經驗與活動有關，是賽里格曼所說的「優質生活」，安排跟親友見面的特別會晤、為學習而學習、選讀大學課程、或是從事某種嗜好，全都可以產生記憶，形成新技巧，擴大視野——為比較持久的快樂加分。存在跟更大的目標有關：對一種理想、志業或你希望成為其中一分子的社區，奉獻一部分時間和精力，到貧民食物供應處當義工，擔任所屬宗教團體領袖，或是為你最喜歡的慈善團體募款，都是讓你覺得可以影響別人生活、豐富自己人生的活動，這種歸屬與奉獻會形成賽里格曼所說的「有意義的生活」。

前面說過，不好的地方是，你花在擁有上的錢、創造的報酬率會下降；你對買來的東西愈習慣，從中得到的快樂愈少。好消息是，你花在行動和存在的錢，會帶來長長久久的快樂回憶，因為經驗會擦亮你的回憶，歸屬感會提升你的自尊。最後能否過著豐富的生活，大致上比較不是由你擁有多少錢而定，比較是由你做了多少事情、你代表什麼、你的潛力發揮了多少而定。

巴菲特的事業夥伴蒙格喜歡說：「想得到你想要的東西，最好的方法是值得拿到你想要的東西。」你必須記住，要成為真正有智慧的投資人，你利用本書裡的教訓和技巧賺到的錢只是手段，不是目的。增加自己財產的重要性，不如儘量提高自己的價值那麼重要。捐錢給能夠把你的生活變得更有價值的目標，才是最好的「價值投資」，這樣就是儘量利用你的天賦，影響別人，使世界變得更美好。從頭腦的運作方式來看，你是否幸福快樂，終究不是看你知道自己可以買多少東西而定，而是看你知道自己可以變得多偉大而定。

附錄 A

# THINK TWICE 三思而行

## Take the global view. 建立整體視野

利用強調財產總值的試算表——不要在意每種資產的變化——保持鎮定。買進股票或共同基金前，要了解是否跟你已經擁有的資產重複。

## Hope for the best, but expect the worst. 抱最大的希望，做最壞的打算

藉著分散投資和了解市場歷史，為慘劇做準備，可以讓你不會驚慌。每一種好投資都有表現不好的時候，智慧型投資人會堅持到逆境變成順境。

## Investigate, then invest. 先研究，再投資

股票不只是價格而已；也是活生生企業組織的一部分，要研究公司的財務報表，買進之前，要先詳閱共同基金的公開說明書。如果你希望借重營業員或財務規劃專家，繳錢前先查核他們的背景。

## Never say always. 千萬別說總是這樣

不管你多肯定一種投資必賺無疑，投入的資金都不要超過你投資組合的 10%。如果你的看法正確，你仍然會賺到很多錢；但是如果你的看法錯誤，你會很高興大部分的子彈都完好無損。

## Know what you don't know. 學習你不知道的知識

別以為自己已經是專家，要拿股票和基金的報酬率，跟整個市場相比、跟不同的期間相比。要問什麼原因可能使這種投資下跌，了解推銷這種投資的人本身是否投資在內。

## The past is not prologue. 過去不能代表未來

在華爾街上，漲上去的東西一定會跌下來，漲非常多的東西通常會慘跌下來。絕對不要因為股票或共同基金已經上漲，你就買進。智慧型投資人買低賣高，不是買高賣低。

## Weigh what they say. 評估別人的話

要叫市場預測專家封口，最簡單的方法是索取他所有預測的完整記錄，如果你拿不到完整記錄，不要聽信他的話。嘗試任何策略前，要搜集曾經採用這種策略的人過去績效的客觀證據。

## If it sounds too good to be true, it probably is. 東西如果好到不像真的，很可能就是如此

這句話不完全正確，正確的說法是：如果東西好到不像真的，就絕對不是真的。短期內提供高報酬、低風險的人很可能是騙子，聽信這種話的人絕對是傻子。

## Costs are killers. 成本是殺手

交易成本每年可能吃掉你 1%的本錢，稅負和共同基金費用分別又會吃掉 1%或 2%的本錢。如果中間人每年吃掉你 3%到 5%的本錢，一定會發財。如果你希望發財，要用非常慢的速度貨比三家和交易。

## Eggs go splat. 雞蛋容易破

因此絕對不要把所有的雞蛋放在一個籃子裡，把你的投資分散在美國和外國股票、債券和現金上。不管你多喜歡自己的工作，絕對不要把所有的退休儲蓄投資在自己公司的股票上；安隆和世界通訊的員工也都喜歡自己的公司。

附錄 B

# 投資對照表

## 買股票前

### 要：

- 分散投資，把部分資金投資範圍廣泛的美國股票，部分投資外國股票，部分投資債券。
- 確定如果自己看錯股票時，能夠承受百分之百的虧損。
- 評估自己了解一家公司業務的能力。
- 問這家公司有哪些主要競爭對手，這些對手變強還是變弱。
- 考慮這家公司如果提高產品或服務價格，客戶會不會把業務轉移到其他地方。
- 回頭看這家公司最賺錢年度的年報，閱讀董事長寫給股東的信，執行長是否吹噓公司高明的決策和無限的成長潛力，是否警告大家，別指望將來會有同樣理想的狀況？

- 想像股市關閉五年，你沒有辦法把股票賣給別人，你仍然願意擁有這家公司嗎？
- 上相關網站，下載公司至少三年的年報和過去四季的季報。從第一頁看到最後一頁，特別注意財務報表的附註，企業通常把骯髒的秘密藏在這裡。
- 上相關網站，下載最新的委託書聲明，了解公司由哪些人經營，公司是否純粹只因為股價上漲，就發給經營階層認股權，還是經理人必須超過合理的績效標準，才能拿到認股權？注意「關係人交易」項目的內容，你可以從中得到警告，知道有沒有不公平的特權和利益衝突。
- 請記住，你付出所有交易成本和稅負後，股價必須上漲 3%以上，你才能損益兩平。做短線交易的話，扣除所有交易成本和稅負後，你必須賺 4%，才能損益兩平。
- 寫下你希望變成這家公司股東的三個原因──原因都必須跟股價無關。
- 請記住，除非有人願意賣出，否則你不可能買進一檔股票，你清楚了解對方可能忽略了什麼因素嗎？

不要：

- 光是因為股價上漲，就買進股票。

- 用「每個人都知道……」或是「顯然……」開頭的原因，為自己的投資行為合理化。
- 根據朋友的「明牌」、電視「技術分析」的推薦或有關併購的謠言進行投資。
- 把超過 10％的資金，投資在一家公司上（包括你服務的公司——如果你的個人退休帳戶也投資你們的公司。）

## 買進共同基金前：

**要：**

- 從第一頁到最後一頁，詳閱公開說明書或基金受益人手冊，以免錯過可以警告你可能發生什麼問題的細小文字。
- 看看如果你擁有一檔基金，基金公司每年要收你不少錢（「年度費用比率」會列在公司的公開說明書和年報中。）
- 了解基金經理人的交易頻率，把「財務重點」中「投資組合周轉率」項下的百分比，除以 1,200，你就會知道這檔基金通常持有一檔股票多少個月，如果持股期間低於 12 個月，還是找別家基金公司吧。
- 詳細研究公開說明書中前面的表格，看看這檔基金表現最糟糕的一季裡績效如何，知道自己在三個月期間，至少虧這麼多錢，是否還覺得安心。
- 了解基金的淨資產成長狀況。基金管理的資產只有幾億美元時，績效通常勝過管理幾十億美元時。

- 了解基金是否曾經「對新投資人關閉」，避免新投資人資金迅速流入，以免基金規模在非常短的期間裡變得太大。你應該偏愛過去曾經關閉投資之門的基金。
- 詳閱基金經理人寫給受益人的信，看到經理人承認自己犯錯，警告大家，未來的表現可能不會這麼好，敦促投資人要有耐心，就是好消息。看到經理人吹噓基金的成長速度多快，最近的報酬率多高，或是展望多麼美好，就是壞消息。
- 知道連十年的「平均年度總報酬率」，都可能受到短期的幸運影響。你也要查對每一年的報酬率，看看基金績效的一貫性如何。
- 請記住，你總是可以──而且很可能應該──買指數型基金，這種投資組合持有 S&P 500 股價指數之類市場基準指數的每一檔成分股。因為指數型基金的操作成本只有其他基金的幾分之一，應該成為你的隱含選擇。

## 不要：

- 純粹因為一檔基金最近很紅，就買進這檔基金。
- 純粹因為看到基金經理人上電視，說的話似乎很精明，就買進一檔基金。
- 考慮任何基金，除非基金的年度費用比率低於下列標準：
  ──政府公債基金，低於 0.75%

——美國績優股基金，低於 1.00%

——小型股或垃圾債券基金，低於 1.25%

——外國股票基金，低於 1.50%。

- 以為需要投資自己所服務行業的類股基金。你的事業生涯已經寄託在這種行業上；你的財產應該寄託在別的地方，才能分散風險。
- 除非你至少願意持有五年，否則不要買任何基金。

附錄 C

# 張三夫婦的投資政策聲明

## 投資組合目標

提供穩定的資本成長，也提供扣除通貨膨脹和稅負後，每年至少 ______ 美元的年度所得，讓我們能夠滿足目前和退休後的需要。

## 期望

扣除通貨膨脹因素後，股票的平均年度報酬率大約為 7%，稅後年度平均報酬率大約為 5%；扣除交易成本與管理費後，年度平均報酬率低於 4%。遠高於這種水準的長期報酬率不可能長久維持，如果我們希望更有錢，就得增加儲蓄。

## 時間架構

我們知道，個別投資的價格短期內可能突然劇跌，令人難過。但是我們決心注重整個投資組合的長期成長，不注重個別投資暫時性的下跌。因為我們希望持有這個投資組合一輩子，再遺贈給子女，我們的投資時間架構為 50 至 100 年。將來我們的投資表現如何，重要性遠低於我們自己未來幾十年的投資行為。

## 分散投資策略

我們的投資組合由現金、個股、債券與共同基金組成。我們會努力分散投資下列資產類別:現金(銀行存款與貨幣市場基金)、債券、美國股票、外國股票、不動產證券（例如不動產投資信託）、以及抗通膨公債（TIPS）之類對抗通貨膨脹的證券。

## 調整

我們會為每一種資產類別，訂定「配置目標」（例如，10%現金，10%債券，40%美國股票，30%外國股票，5%不動產，5%抗通膨公債。）每六個月──每年 1 月 1 日與 7 月 1 日，我們會賣掉上漲的資產，恢復原定的資產配置比率。

## 績效評估

我們會拿投資組合的各類資產，和適當的績效標準比較（例如，美國股票的威爾夏 5000 股價指數、雷曼兄弟美國債券累積指數。）我們會在計算整個投資組合的總報酬率和個別資產的報酬率後，才評估個別投資的績效。

## 評估頻率

我們每三個月會評估投資績效一次，拿投資組合當時的總值，和三個月前、一年前、三年前、五年前和十年前的總值比較。為了降低投資成本，我們每年至少會編制一次分項列舉的費用總表，包括所有證券商費用、管理費、股息與資本利得稅負。短線交易會提高證券商費用與租稅負擔；我們愈少交易，保留下來的錢也多。

## 加加減減

我們有多餘的現金可以投資時，會依據資產配置目標，在各種帳戶中增加資金。我們必須提款時，會先從現金帳戶提款；如果我們必須從股票或債券帳戶中提款，會先設法把提領造成的租稅負擔降到最低。退休後，這個投資組合可能是我們維持生活的主要依據，我們每年提領的金額不會超過帳戶的 ____%。

## 我們……

在任何個股上的投資金額，絕對不會超過總資產的 10%，我們絕對不會純粹因為價格上漲，就買進任何投資，絕不會純粹因為價格下跌，就賣掉投資，我們絕不交易期貨或選擇權，絕不從事融資交易，絕不根據「明牌」或「靈感」交易，絕不對不請自來的投資郵件有所反應。

上述投資政策聲明只是簡單的例子。目的是為了說明每位投資人都應該根據自己的目標和需要，訂出個人特有的投資政策聲明。

我的IPC
書城
BLOG
財金觀點
NEWS
哈燒快訊
課程
www.ipci.com.tw
IPC 寰宇財金網
即刻選購寰宇
折優惠叢書
熱門排行 MOST POPULAR ITEMS
寰宇嚴選
IPC 寰宇財金網
財金趨勢與產業動態的領航家

# 寰宇圖書分類

## 技　術　分　析

| 分類號 | 書名 | 書號 | 定價 |
|---|---|---|---|
| 1 | 波浪理論與動量分析 | F003 | 320 |
| 2 | 股票 K 線戰法 | F058 | 600 |
| 3 | 市場互動技術分析 | F060 | 500 |
| 4 | 陰線陽線 | F061 | 600 |
| 5 | 股票成交當量分析 | F070 | 300 |
| 6 | 動能指標 | F091 | 450 |
| 7 | 技術分析 & 選擇權策略 | F097 | 380 |
| 8 | 史瓦格期貨技術分析 ( 上 ) | F105 | 580 |
| 9 | 史瓦格期貨技術分析 ( 下 ) | F106 | 400 |
| 10 | 市場韻律與時效分析 | F119 | 480 |
| 11 | 完全技術分析手冊 | F137 | 460 |
| 12 | 金融市場技術分析 ( 上 ) | F155 | 420 |
| 13 | 金融市場技術分析 ( 下 ) | F156 | 420 |
| 14 | 網路當沖交易 | F160 | 300 |
| 15 | 股價型態總覽 ( 上 ) | F162 | 500 |
| 16 | 股價型態總覽 ( 下 ) | F163 | 500 |
| 17 | 包寧傑帶狀操作法 | F179 | 330 |
| 18 | 陰陽線詳解 | F187 | 280 |
| 19 | 技術分析選股絕活 | F188 | 240 |
| 20 | 主控戰略 K 線 | F190 | 350 |
| 21 | 主控戰略開盤法 | F194 | 380 |
| 22 | 狙擊手操作法 | F199 | 380 |
| 23 | 反向操作致富術 | F204 | 260 |
| 24 | 掌握台股大趨勢 | F206 | 300 |
| 25 | 主控戰略移動平均線 | F207 | 350 |
| 26 | 主控戰略成交量 | F213 | 450 |
| 27 | 盤勢判讀的技巧 | F215 | 450 |
| 28 | 巨波投資法 | F216 | 480 |
| 29 | 20 招成功交易策略 | F218 | 360 |
| 30 | 主控戰略即時盤態 | F221 | 420 |
| 31 | 技術分析 ・ 靈活一點 | F224 | 280 |
| 32 | 多空對沖交易策略 | F225 | 450 |
| 33 | 線形玄機 | F227 | 360 |
| 34 | 墨菲論市場互動分析 | F229 | 460 |
| 35 | 主控戰略波浪理論 | F233 | 360 |
| 36 | 股價趨勢技術分析—典藏版 ( 上 ) | F243 | 600 |
| 37 | 股價趨勢技術分析—典藏版 ( 下 ) | F244 | 600 |
| 38 | 量價進化論 | F254 | 350 |
| 39 | 讓證據說話的技術分析 ( 上 ) | F255 | 350 |
| 40 | 讓證據說話的技術分析 ( 下 ) | F256 | 350 |
| 41 | 技術分析首部曲 | F257 | 420 |
| 42 | 股票短線 OX 戰術 ( 第 3 版 ) | F261 | 480 |
| 43 | 統計套利 | F263 | 480 |
| 44 | 探金實戰 ・ 波浪理論 ( 系列 1) | F266 | 400 |
| 45 | 主控技術分析使用手冊 | F271 | 500 |
| 46 | 費波納奇法則 | F273 | 400 |
| 47 | 點睛技術分析—心法篇 | F283 | 500 |
| 48 | J 線正字圖 · 線圖大革命 | F291 | 450 |
| 49 | 強力陰陽線 ( 完整版 ) | F300 | 650 |
| 50 | 買進訊號 | F305 | 380 |
| 51 | 賣出訊號 | F306 | 380 |
| 52 | K 線理論 | F310 | 480 |
| 53 | 機械化交易新解：技術指標進化論 | F313 | 480 |
| 54 | 趨勢交易 | F323 | 420 |
| 55 | 艾略特波浪理論新創見 | F332 | 420 |
| 56 | 量價關係操作要訣 | F333 | 550 |
| 57 | 精準獲利 K 線戰技 ( 第二版 ) | F334 | 550 |
| 58 | 短線投機養成教育 | F337 | 550 |
| 59 | XQ 洩天機 | F342 | 450 |
| 60 | 當沖交易大全 ( 第二版 ) | F343 | 400 |
| 61 | 擊敗控盤者 | F348 | 420 |
| 62 | 圖解 B-Band 指標 | F351 | 480 |
| 63 | 多空操作秘笈 | F353 | 460 |
| 64 | 主控戰略型態學 | F361 | 480 |
| 65 | 買在起漲點 | F362 | 450 |
| 66 | 賣在起跌點 | F363 | 450 |
| 67 | 酒田戰法—圖解 80 招台股實證 | F366 | 380 |
| 68 | 跨市交易思維—墨菲市場互動分析新論 | F367 | 550 |
| 69 | 漲不停的力量—黃綠紅海撈操作法 | F368 | 480 |
| 70 | 股市放空獲利術—歐尼爾教賺全圖解 | F369 | 380 |
| 71 | 賣出的藝術—賣出時機與放空技巧 | F373 | 600 |
| 72 | 新操作生涯不是夢 | F375 | 600 |
| 73 | 新操作生涯不是夢—學習指南 | F376 | 280 |
| 74 | 亞當理論 | F377 | 250 |
| 75 | 趨向指標操作要訣 | F379 | 360 |
| 76 | 甘氏理論 ( 第二版 ) 型態 - 價格 - 時間 | F383 | 500 |
| 77 | 雙動能投資—高報酬低風險策略 | F387 | 360 |
| 78 | 科斯托蘭尼金蛋圖 | F390 | 320 |
| 79 | 與趨勢共舞 | F394 | 600 |
| 80 | 技術分析精論第五版 ( 上 ) | F395 | 560 |

## 技 術 分 析 (續)

| 分類號 | 書名 | 書號 | 定價 |
|---|---|---|---|
| 81 | 技術分析精論第五版(下) | F396 | 500 |

## 智 慧 投 資

| 分類號 | 書名 | 書號 | 定價 |
|---|---|---|---|
| 1 | 股市大亨 | F013 | 280 |
| 2 | 新股市大亨 | F014 | 280 |
| 3 | 新金融怪傑(上) | F022 | 280 |
| 4 | 新金融怪傑(下) | F023 | 280 |
| 5 | 金融煉金術 | F032 | 600 |
| 6 | 智慧型股票投資人 | F046 | 500 |
| 7 | 瘋狂、恐慌與崩盤 | F056 | 450 |
| 8 | 股票作手回憶錄(經典版) | F062 | 380 |
| 9 | 超級強勢股 | F076 | 420 |
| 10 | 約翰 · 聶夫談投資 | F144 | 400 |
| 11 | 與操盤贏家共舞 | F174 | 300 |
| 12 | 掌握股票群眾心理 | F184 | 350 |
| 13 | 掌握巴菲特選股絕技 | F189 | 390 |
| 14 | 高勝算操盤(上) | F196 | 320 |
| 15 | 高勝算操盤(下) | F197 | 270 |
| 16 | 透視避險基金 | F209 | 440 |
| 17 | 倪德厚夫的投機術(上) | F239 | 300 |
| 18 | 倪德厚夫的投機術(下) | F240 | 300 |
| 19 | 圖風勢—股票交易心法 | F242 | 300 |
| 20 | 從躺椅上操作:交易心理學 | F247 | 550 |
| 21 | 華爾街傳奇:我的生存之道 | F248 | 280 |
| 22 | 金融投資理論史 | F252 | 600 |
| 23 | 華爾街一九〇一 | F264 | 300 |
| 24 | 費雪 · 布萊克回憶錄 | F265 | 480 |
| 25 | 歐尼爾投資的 24 堂課 | F268 | 300 |
| 26 | 探金實戰 · 李佛摩投機技巧(系列 2) | F274 | 320 |
| 27 | 金融風暴求勝術 | F278 | 400 |
| 28 | 交易 · 創造自己的聖盃(第二版) | F282 | 600 |
| 29 | 索羅斯傳奇 | F290 | 450 |
| 30 | 華爾街怪傑巴魯克傳 | F292 | 500 |
| 31 | 交易者的 101 堂心理訓練課 | F294 | 500 |
| 32 | 兩岸股市大探索(上) | F301 | 450 |
| 33 | 兩岸股市大探索(下) | F302 | 350 |
| 34 | 專業投機原理 I | F303 | 480 |
| 35 | 專業投機原理 II | F304 | 400 |
| 36 | 探金實戰 · 李佛摩手稿解密(系列 3) | F308 | 480 |
| 37 | 證券分析第六增訂版(上冊) | F316 | 700 |
| 38 | 證券分析第六增訂版(下冊) | F317 | 700 |
| 39 | 探金實戰 · 李佛摩資金情緒管理(系列 4) | F319 | 350 |
| 40 | 探金實戰 · 李佛摩 18 堂課(系列 5) | F325 | 250 |
| 41 | 交易贏家的 21 週全紀錄 | F330 | 460 |
| 42 | 量子盤感 | F339 | 480 |
| 43 | 探金實戰 · 作手談股市內幕(系列 6) | F345 | 380 |
| 44 | 柏格頭投資指南 | F346 | 500 |
| 45 | 股票作手回憶錄 - 註解版(上冊) | F349 | 600 |
| 46 | 股票作手回憶錄 - 註解版(下冊) | F350 | 600 |
| 47 | 探金實戰 · 作手從錯中學習 | F354 | 380 |
| 48 | 趨勢誡律 | F355 | 420 |
| 49 | 投資悍客 | F356 | 400 |
| 50 | 王力群談股市心理學 | F358 | 420 |
| 51 | 新世紀金融怪傑(上冊) | F359 | 450 |
| 52 | 新世紀金融怪傑(下冊) | F360 | 450 |
| 53 | 金融怪傑(全新修訂版)(上冊) | F371 | 350 |
| 54 | 金融怪傑(全新修訂版)(下冊) | F372 | 350 |
| 55 | 股票作手回憶錄(完整版) | F374 | 650 |
| 56 | 超越大盤的獲利公式 | F380 | 300 |
| 57 | 智慧型股票投資人(全新增訂版) | F389 | 800 |
| 58 | 非常潛力股(經典新譯版) | F393 | 420 |
| 59 | 股海奇兵之散戶語錄 | F398 | 380 |
| 60 | 投資進化論:揭開"投腦"不理性的真相 | F400 | 500 |

## 共同基金

| 分類號 | 書名 | 書號 | 定價 |
|---|---|---|---|
| 1 | 柏格談共同基金 | F178 | 420 |
| 2 | 基金趨勢戰略 | F272 | 300 |
| 3 | 定期定值投資策略 | F279 | 350 |
| 4 | 理財贏家 16 問 | F318 | 280 |
| 5 | 共同基金必勝法則 - 十年典藏版 ( 上 ) | F326 | 420 |
| 6 | 共同基金必勝法則 - 十年典藏版 ( 下 ) | F327 | 380 |

## 投資策略

| 分類號 | 書名 | 書號 | 定價 |
|---|---|---|---|
| 1 | 經濟指標圖解 | F025 | 300 |
| 2 | 史瓦格期貨基本分析 ( 上 ) | F103 | 480 |
| 3 | 史瓦格期貨基本分析 ( 下 ) | F104 | 480 |
| 4 | 操作心經：全球頂尖交易員提供的操作建議 | F139 | 360 |
| 5 | 攻守四大戰技 | F140 | 360 |
| 6 | 股票期貨操盤技巧指南 | F167 | 250 |
| 7 | 金融特殊投資策略 | F177 | 500 |
| 8 | 回歸基本面 | F180 | 450 |
| 9 | 華爾街財神 | F181 | 370 |
| 10 | 股票成交量操作戰術 | F182 | 420 |
| 11 | 股票長短線致富術 | F183 | 350 |
| 12 | 交易，簡單最好！ | F192 | 320 |
| 13 | 股價走勢圖精論 | F198 | 250 |
| 14 | 價值投資五大關鍵 | F200 | 360 |
| 15 | 計量技術操盤策略 ( 上 ) | F201 | 300 |
| 16 | 計量技術操盤策略 ( 下 ) | F202 | 270 |
| 17 | 震盪盤操作策略 | F205 | 490 |
| 18 | 透視避險基金 | F209 | 440 |
| 19 | 看準市場脈動投機術 | F211 | 420 |
| 20 | 巨波投資法 | F216 | 480 |
| 21 | 股海奇兵 | F219 | 350 |
| 22 | 混沌操作法 II | F220 | 450 |
| 23 | 傑西．李佛摩股市操盤術 ( 完整版 ) | F235 | 380 |
| 24 | 智慧型資產配置 | F250 | 350 |
| 25 | SRI 社會責任投資 | F251 | 450 |
| 26 | 混沌操作法新解 | F270 | 400 |
| 27 | 在家投資致富術 | F289 | 420 |
| 28 | 看經濟大環境決定投資 | F293 | 380 |
| 29 | 高勝算交易策略 | F296 | 450 |
| 30 | 散戶升級的必修課 | F297 | 400 |
| 31 | 他們如何超越歐尼爾 | F329 | 500 |
| 32 | 交易，趨勢雲 | F335 | 380 |
| 33 | 沒人教你的基本面投資術 | F338 | 420 |
| 34 | 隨波逐流～台灣 50 平衡比例投資法 | F341 | 380 |
| 35 | 李佛摩操盤術詳解 | F344 | 400 |
| 36 | 用賭場思維交易就對了 | F347 | 460 |
| 37 | 企業評價與選股秘訣 | F352 | 520 |
| 38 | 超級績效一金融怪傑交易之道 | F370 | 450 |
| 39 | 你也可以成為股市天才 | F378 | 350 |
| 40 | 順勢操作一多元管理的期貨交易策略 | F382 | 550 |
| 41 | 陷阱分析法 | F384 | 480 |
| 42 | 全面交易一掌握當沖與波段獲利 | F386 | 650 |
| 43 | 資產配置投資策略 ( 全新增訂版 ) | F391 | 500 |
| 44 | 波克夏沒教你的價值投資術 | F392 | 480 |
| 45 | 股市獲利倍增術 ( 第五版 ) | F397 | 450 |
| 46 | 護城河投資優勢：巴菲特獲利的唯一法則 | F399 | 320 |

## 程式交易

| 分類號 | 書名 | 書號 | 定價 |
|---|---|---|---|
| 1 | 高勝算操盤(上) | F196 | 320 |
| 2 | 高勝算操盤(下) | F197 | 270 |
| 3 | 狙擊手操作法 | F199 | 380 |
| 4 | 計量技術操盤策略(上) | F201 | 300 |
| 5 | 計量技術操盤策略(下) | F202 | 270 |
| 6 | 《交易大師》操盤密碼 | F208 | 380 |
| 7 | TS 程式交易全攻略 | F275 | 430 |
| 8 | PowerLanguage 程式交易語法大全 | F298 | 480 |
| 9 | 交易策略評估與最佳化(第二版) | F299 | 500 |
| 10 | 全民貨幣戰爭首部曲 | F307 | 450 |
| 11 | HSP 計量操盤策略 | F309 | 400 |
| 12 | MultiCharts 快易通 | F312 | 280 |
| 13 | 計量交易 | F322 | 380 |
| 14 | 策略大師談程式密碼 | F336 | 450 |
| 15 | 分析師關鍵報告 2─張林忠教你程式交易 | F364 | 580 |

## 期貨

| 分類號 | 書名 | 書號 | 定價 |
|---|---|---|---|
| 1 | 高績效期貨操作 | F141 | 580 |
| 2 | 征服日經 225 期貨及選擇權 | F230 | 450 |
| 3 | 期貨賽局(上) | F231 | 460 |
| 4 | 期貨賽局(下) | F232 | 520 |
| 5 | 雷達導航期股技術(期貨篇) | F267 | 420 |
| 6 | 期指格鬥法 | F295 | 350 |
| 7 | 分析師關鍵報告(期貨交易篇) | F328 | 450 |
| 8 | 期貨交易策略 | F381 | 360 |

## 選擇權

| 分類號 | 書名 | 書號 | 定價 |
|---|---|---|---|
| 1 | 技術分析 & 選擇權策略 | F097 | 380 |
| 2 | 交易，選擇權 | F210 | 480 |
| 3 | 選擇權策略王 | F217 | 330 |
| 4 | 征服日經 225 期貨及選擇權 | F230 | 450 |
| 5 | 活用數學・交易選擇權 | F246 | 600 |
| 6 | 選擇權賣方交易總覽(第二版) | F320 | 480 |
| 7 | 選擇權安心賺 | F340 | 420 |
| 8 | 選擇權 36 計 | F357 | 360 |
| 9 | 技術指標帶你進入選擇權交易 | F385 | 500 |

## 債券貨幣

| 分類號 | 書名 | 書號 | 定價 |
|---|---|---|---|
| 1 | 賺遍全球：貨幣投資全攻略 | F260 | 300 |
| 2 | 外匯交易精論 | F281 | 300 |
| 3 | 外匯套利 I | F311 | 450 |
| 4 | 外匯套利 II | F388 | 580 |

## 財務教育

| 分類號 | 書名 | 書號 | 定價 |
|---|---|---|---|
| 1 | 點時成金 | F237 | 260 |
| 2 | 蘇黎士投機定律 | F280 | 250 |
| 3 | 投資心理學 ( 漫畫版 ) | F284 | 200 |
| 4 | 歐丹尼成長型股票投資課 ( 漫畫版 ) | F285 | 200 |
| 5 | 貴族・騙子・華爾街 | F287 | 250 |
| 6 | 就是要好運 | F288 | 350 |
| 7 | 財報編製與財報分析 | F331 | 320 |
| 8 | 交易駭客任務 | F365 | 600 |

## 財務工程

| 分類號 | 書名 | 書號 | 定價 |
|---|---|---|---|
| 1 | 固定收益商品 | F226 | 850 |
| 2 | 信用衍生性 & 結構性商品 | F234 | 520 |
| 3 | 可轉換套利交易策略 | F238 | 520 |
| 4 | 我如何成為華爾街計量金融家 | F259 | 500 |

投資進化論：揭開 " 投腦 " 不理性的真相 / 傑森．茲威格 (Jason Zweig)
作；劉道捷譯 . -- 初版 . -- 臺北市：寰宇， 2016.11
面；14.8 x 21 公分 . -- ( 寰宇智慧投資；400)
譯自：Your money and your brain : how the new science of
neuroeconomics can help make you rich

ISBN 978-986-93275-6-5( 平裝 )

1. 投資心理學

563.5014　　　　105021633

**寰宇智慧投資 400**

# 投資進化論：揭開“投腦”不理性的真相



作　　者　傑森．茲威格（Jason Zweig）
譯　　者　劉道捷
編　　輯　江大衛
校　　稿　王誼馨
美術設計　富春全球股份有限公司
封面設計　三人制創

發 行 人　江聰亮
出 版 者　寰宇出版股份有限公司
臺北市仁愛路四段 109 號 13 樓
TEL: (02) 2721–8138　FAX: (02) 2711–3270
E–mail:service@ipci.com.tw
http://www.ipci.com.tw
劃撥帳號　1146743–9
登 記 證　局版台省字第 3917 號
定　　價　500 元
出　　版　2016 年 11 月初版一刷

ISBN 978-986-93275-6-5( 平裝 )